Introduction to Applied Mathematics for Engineers

공학도를 위한 응용수학

이승준 지음

GS인터비전

들어가기

이 책은 필자가 근무하는 충남대학교 선박해양공학과의 대학원 1학년 1학기 전공 필수과목인 응용수학특론 1의 강의록을 보강, 정리하여 만들어졌다. 한 학기가 15주인 점을 감안하여 총 14장으로 편성하였으며,

1장부터 6장까지의 1부는 실변수 함수의 해석적 기초,

7장부터 10장까지의 2부는 선형 대수 및 선형 변환 또는 텐서의 기초,

11장부터 14장까지의 3부는 상미분 방정식에 대해 다루었다.

복소변수 함수와 편미분 방정식에 대해서는 기회 닿는 대로 2권에서 다루고자 한다.

1부와 3부는 교재로 사용하는 Greenberg(1978), 'Foundations of applied mathematics'를 기초로 하여 편성되었고, 2부는 졸저, '역사로 배우는 공학수학'을 기준으로 하여 다시 쓰였다. 연습문제는 상당 부분 위 책들의 연습문제 중 숙제로 부과하던 것을 참고로 하여 실었으며, 응용수학의 기초와 관련하여 항상 옆에 두고 쓸 수 있는 책으로 만들고자 하였다.

이 책을 쓰게 된 주요한 이유는 우리 학생들의 대부분이 영어 때문에 수학을 배우는 것이 힘들다는 것이었으므로, 학생들이 대학원 수준의 응용수학을 배우는데 이 책이 조금이라도 도움이 된다면, 이 책을 쓰는데 투자한 저자의 시간과 노력은 충분히 보상받을 수 있을 것이다. 나아가 우리 학생들이 응용수학을 어려운 과목이 아니고 대단히 편리한 과목으로 느낄 수 있다면, 저자로서는 더 이상 바랄 것이 없다.

공과대학에서 배우는 수학은 자연과학대학 수학과에서 배우는 수학과는 많이 다르지만, 그래도 대학원 과정에서 수학을 도구로 사용하기 위해서는 최소한의 기초가 필요하다. 단 어디까지나 수학을 도구로 전제하고 배우는 것이므로, 정리의 증명 보다는 그 내용과 적용 범위를 확실히 알아야 한다. 응용수학은 이와 같이 수학의 응용을 전제로 하는 과목이므로, 기초와 응용의 균형을 잘 잡아야 할 것이다.

이 책이 만들어지던 기간 동안, 연구실을 통해 나간 졸업생들, 김기범, 이동엽, 송제하 군의 이 책의 집필과 관련된 제반 도움에 대해 깊은 고마움을 표한다.

유성에서, 2014년 7월 7일,

이승준

차 례

정의 목차

정리 목차

서론

이 책에서는 대학원 수준의 뉴턴(Newton)[1] 역학, 유체역학, 고체역학, 열전달 등을 배우고 익히는데 필요한 수학에 대해 논의하기로 한다. 과학혁명의 초기를 장식한 뉴턴 역학으로 대표되는 물리는 수학과 불가분의 관계에 있다. 뉴턴은 과학혁명의 시작을 알리는 Principia(1687)를 저술함에 있어 미적분을 창안하여 대부분의 결과를 얻었다고 알려져 있다. 뉴턴 이후 물리는 지속적인 발전을 거듭하는데, 이와 같은 발전은 항상 새로운 수학적 개념, 방법론을 통해 이루어졌다고 볼 수 있으며, 오일러(Euler), 코쉬(Cauchy) 등의 기여는 수학과 역학 전반에 걸쳐 찾을 수 있다.

근자에 이르러 컴퓨터의 발전에 힘입어 예전과는 비교도 되지 않을 만한 계산력을 개개인이 가지게 되었는데, 이 책에서는 그와 같은 현실을 직시하여 실제 수치 계산(numerical computation)에 필요한 방법론과 그 기초적인 개념들에 대해서도 가능한 한 충분히 다루기로 한다.

제1부에서는 먼저 실변수 함수의 기본적인 사항에 대해 다루기로 하며, 특히 미분, 적분과 관련하여 극한, 무한 급수 등의 기본적인 사항과 푸리에(Fourier) 급수, 푸리에 적분, 라플라스(Laplace) 변환 등에 대해 확실히 정리해 두기로 한다.

제2부에서는 선형 대수의 기본적인 개념, 결과들에 대해 고찰하며, 선형 벡터 공간, 선형 변환, 선형 방정식, 고유값과 고유벡터에 대해 기술하는데, 보다 자세한 사항에 대해서는 [참고문헌 1]로 미루기로 한다.

제3부에서는 상미분 방정식의 해법에 대해 공부하는데, 가장 기본이 되는 1계 미분 방정식을 먼저 다루고, 여기서 얻어진 결과들에 근거하여 2계 이상의 미분 방정식을 다루기로 한다. 또한 선형 미분 방정식들을 해석하는 기본적인 방법들, 예를 들면 급수 해석, 그린 함수(Green function) 방법을 살펴보고, 그와 관련된 기초적인 개념들에 대해 고찰한다.

---

1) 수학자들의 생몰 년도와 조국을 포함한 간단한 소개는 이름이 처음 나오는 절, 또는 부분의 맨 끝에 한꺼번에 실어 본문을 읽는데 연속성을 잃지 않도록 하였으며, 공학 수학에서 매우 자주 등장하는 학자들의 이름은 한글로 표기하였다.

대부분 대학의 한 학기가 기말시험 포함 15주임을 감안하여 이 책도 14장으로 구성하였고, 응용수학특론2에서 복소변수 함수와 편미분 방정식에 대해 다루기로 하며 이 부분은 별도의 책으로 내기로 한다.

수학자들의 소개

- 뉴턴(Newton; 1642-1727, UK): 미적분학의 공동 창시자.
- 오일러(Euler; 1707-1783, Switzerland): 미적분학의 응용 분야를 역학 전 분야로 넓힘.
- 코쉬(Cauchy; 1789-1857, France): 엄밀한 의미의 해석학의 창시자.
- 푸리에(Fourier; 1768-1830, France): 일반적인 적용 가능성이 있는 편미분 방정식의 해법.
- 라플라스(Laplace; 1749-1827, France): 라플라스 변환과 행렬값의 전개.

제1부
실변수 함수

함수(function)는 원래 운동하는 물체의 궤적을 뜻하는 단어로 라이프니쯔(Leibniz)에 의해 사용되기 시작하였으므로, 기하학적인 요소를 강하게 가지고 있었다. 그러나 18세기 중엽, d'Alembert가 파동 방정식(wave equation)의 해와 관련하여, 그리고 19세기 초, 푸리에가 열전도 방정식(heat conduction equation)과 관련하여 당시의 학자들이 받아들이기 몹시 힘든 결과를 제시하였는데, 여기서 발생한 문제점들을 해결하는 과정 중에 함수를 보다 대수적인 개념으로 파악해야 할 필요성이 제기되었다. 오늘날 우리가 알고 있는 함수와 관련된 대부분의 정의는 이와 같은 역사의 산물로 가능한 한 기하학적인 요소를 배제하고자 하는 노력의 결과임을 미리 지적해 둔다.

이 책에서 수(number)는 특별히 구분하지 않는 한, 실수(real number)를 뜻하는 것으로 한다. 제1부 실변수 함수라는 제목은 보다 공식적으로는 실변수 함수론이라고 부를 수 있는데, 함수론(theory of functions)은 해석학(analysis)으로도 불리며, 함수에 대해 여러 가지 연산, 미분, 적분 등을 수행할 때 알아야 하는 함수의 성질 및 특성에 대해 고찰하는 학문으로 생각할 수 있다. ~~응용수학특론2~~와 관련된 2권에서 복소변수(complex variable) 함수론에 대해서 고찰할 것이므로 이와 구분하기 위해서 실변수 함수라고 칭하였으며, 따라서 여기서는 변수와 함수가 모두 실수인 경우에 대해 고찰하기로 한다.

미분, 적분은 본질적으로 극한(limit)을 이용하여 정의되므로, 1장에서는 먼저 극한으로 정의되는 연산(operation)과 그와 관련된 기초적인 개념들에 대해 고찰하여 앞으로 생각할 여러 가지 문제들을 다룰 수 있는 기본적인 틀을 정립한다.

2장과 3장에서는 무한 급수(infinite series)와 특이 적분(singular integrals)의 성질, 계산 등에 대해 살펴보며, 4장에서는 위에서 논의한 여러 가지 극한의 순서를 바꾸는 것이 어떤 때 허용되는지, 그리고 다양한 문제를 푸는데 사용되는, 엄밀한 의미에서 함수는 아니지만, 일반적으로 델타 함수(delta functions)라고 부르는 개념의 특성에 대해 알아본다.

5장에서는 주기 함수(periodic functions), 또는 정의역(domain)이 유한한 함수의 푸리에 급수(Fourier series)에 대해 고찰하며, 비주기 함수(non-periodic functions), 또는 정의역이 무한하며 유한한 주기를 가지지 않는 함수에 대한 푸리에 적분(Fourier integrals)으로의 확장을 시도한다. 이어서 6장에서는 푸리에 변환(Fourier transforms)과 라플라스 변환(Laplace transforms) 등의 적분 변환을 정의하고, 이들이 미분 방정식의 해를 구하는데 어떻게 사용되는지에 대해 공부한다.

수학자들의 소개

- 라이프니쯔(Leibniz; 1646-1716, Germany): 미적분학의 공동 창시자.
- d'Alembert(1717-1783, France): 미분의 엄밀한 정의 및 편미분 방정식에 의한 파동 현상 연구.

1장

극한으로 정의되는 연산

1.1 기본적인 개념 및 정의

고등학교 때 함수의 성질에 대해 처음 배울 때, 좌표계를 먼저 생각하고, 그렇게 해서 얻은 좌표 평면 위에 그려진 곡선을 함수로 간주하여, 함수의 기본적인 성질들에 대해 생각하는 것이 일반적이다. 그러나 앞에서 언급한 바와 같이 이와 같이 함수를 기하학적으로 취급하는 것은 함수의 근본적인 성질에 대해 오류를 범하게 할 가능성이 매우 크다는 것이 알려져 결국 많은 시행착오 끝에 다음과 같은 지극히 대수적인 (algebraic) 극한의 정의(definition)가 만들어 졌다.

정의 1.1: 극한값

만약 임의의 매우 작은 영보다 큰 실수 ϵ에 대해, $0 < |x - x_0| < \delta$이면 항상 $|f(x) - f(x_0)| < \epsilon$이 성립하는 영보다 큰 실수 $\delta(\epsilon, x_0)$가 존재하면, 함수 $f(x)$는 x가 x_0로 갈 때, 극한값(limit) L을 가진다고 하며, $\lim_{x \to x_0} f(x) = L$이라고 쓴다.

위의 정의에 포함된 표현들은 해석학에서 매우 자주 나오는 문구이므로 다음과 같이 영어, 기호를 사용, 짧게 줄여 표현하는 경우도 많다.

정의 1.1a: 극한값

If $\forall \epsilon > 0 \ \exists \delta(\epsilon, x_0)$ s.t. $|f(x) - L| < \epsilon$ whenever $0 < |x - x_0| < \delta. \leftrightarrow \lim_{x \to x_0} f(x) = L.$

여기서 물론 함수는 독립 변수(independent variable)인 x의 값이 주어지면 종속 변수(dependent variable)인 함수의 값이 유일하게 결정되는 수의 관계(relation)를 뜻한다. 함수의 미분 가능성과 관련하여 통상 유연도(smoothness)라는 표현을 사용한다. 함수가 유연할수록 고계(higher orders)의 미분이 존재함을 뜻하는데, 이와 관련하여 가장 기본적으로는 함수의 연속성이 먼저 정의되어야 한다.

정의 1.2: 함수의 연속

함수 $f(x)$가 x_0에서 극한값 L을 가지며, 만약 $f(x_0) = L$이면, $f(x)$는 $x = x_0$에서 연속(continuous)이다.

고려 중인 함수가 한 점에서 뿐만 아니라 어떤 구간(interval)에서 연속인 경우, 함수의 유연성을 구분하기 위해 다음과 같은 균일 연속의 개념이 필요하다.

정의 1.3: 함수의 균일 연속

만약 임의의 매우 작은 영보다 큰 실수 ϵ에 대해, 또 구간 D에 속하는 임의의 점 x_0에 대해 $0 < |x - x_0| < \delta$이면 항상 $|f(x) - f(x_0)| < \epsilon$이 성립하는 영보다 큰 실수 $\delta(\epsilon)$가 존재하면, 함수 $f(x)$는 구간 D에서 균일 연속(uniformly continuous)이다.

위의 정의에서 $\delta(\epsilon)$은 점 x_0에 관계없이, ϵ에 따라서만 결정되는 수임에 유의한다.

미분, 적분은 뉴턴과 라이프니쯔에 의해 독립적으로 창안, 도입되었지만, 초기에는 위에서 본 것과 같은 극한, 연속 등의 개념이 아직 정립되지 않은 때였으므로, 미분, 적분의 사용과 관련하여 많은 혼동이 야기되었다. 이와 같은 문제점은 시간이 지남에 따라 위와 같은 기본적인 개념들이 도입되면서 해결되었는데, 다음과 같이 극한을 이용하여 미분을 정의하고자 하는 시도는 d'Alembert(1750)에 의해 처음 이루어졌다.

정의 1.4: 미분

미분은 다음과 같이 차분비(difference quotient)의 극한으로 정의한다.

$$\frac{df}{dx} = \lim_{\Delta x \to 0} \frac{f(x+\Delta x) - f(x)}{\Delta x}. \tag{1.1}$$

위와 같이 정의된 미분은 동역학에서 순간 속도(instantaneous velocity) 및 가속도를 정의하는데 없어서는 안 될 도구였으며, 차후 역학의 수많은 분야가 미분의 활용 범위를 넓혀 가며 개척되었다.

한편, 적분은 미분의 역연산(inverse operation)으로 도입되어 곡선의 길이, 곡선 아래의 면적 등을 구하는데 사용되었는데, 리만(1868)은 다음과 같이 극한을 사용하여 적분을 엄밀하게 정의하였다.

정의 1.5: 리만 적분

구간 $[a,b]$를 $x_0 = a < x_1 < x_2 < \cdots < x_{n-1} < x_n = b$로 분할하고, $\xi_k \in [x_{k-1}, x_k]$이라고 하면, 리만 합(Riemann sum)의 수열 s_n을 $s_n = \sum_{k=1}^{n} f(\xi_k)(x_k - x_{k-1})$로 정의하고, 리만 적분(Riemann integral) I는 다음과 같이 s_n의 극한으로 정의한다.

$$I=\int_a^b f(x)dx=\lim_{\delta\to 0} s_n, \text{ 단 } \delta=\max_k(x_k-x_{k-1}). \tag{1.2}$$

수학적인 양들의 크기를 따질 때 점근한다(asymptotic)라는 표현을 사용하며, 또 영어 대문자 O를 사용하여 그 크기의 차수(order)를 나타낸다.

정의 1.6: 함수의 점근성과 차수

1) $\lim_{x\to x_0}\dfrac{f(x)}{g(x)}=1$이면, $f(x)\sim g(x),\ x\to x_0$라고 쓰며, $x\to x_0$일 때 f는 g에 점근한다고 한다.

2) $\lim_{x\to x_0}\dfrac{f(x)}{g(x)}<\infty$이면, $f(x)\sim O[g(x)],\ x\to x_0$라고 쓰며, $x\to x_0$일 때 f는 g와 같은 차수라고 한다.

다음으로는 적분의 기본 정리(fundamental theorem of the integral calculus)를 생각한다.

정리 1.1: 적분의 기본 정리

함수 $f(x)$가 구간 $[a,b]$에서 연속이고, $\int_a^x f(\xi)d\xi=F(x),\ x\in[a,b]$이면, $\dfrac{dF}{dx}=f(x),\ x\in[a,b]$이며,

역으로 $f(x)$가 구간 $[a,b]$에서 연속이고, $\dfrac{dF}{dx}=f(x),\ x\in[a,b]$이면, $\int_a^x f(\xi)d\xi=F(x),\ x\in[a,b]$이다.

이 정리를 이용하여 미분이 알려져 있는 경우에는 그 적분을, 또는 적분이 알려져 있는 경우에는 그 미분을 쉽게 얻을 수 있다.

다음으로, 매개변수(parameter)를 포함한 적분의 미분에 대한 라이프니쯔 규칙(Leibniz rule)을 생각한다.

정리 1.2: 라이프니쯔 규칙

$I(\alpha)=\int_{a(\alpha)}^{b(\alpha)} f(x,\alpha)dx$일 때 다음이 성립한다.

$$\frac{dI}{d\alpha}=\int_{a(\alpha)}^{b(\alpha)}\frac{\partial f(x,\alpha)}{\partial\alpha}dx+f[b(\alpha),\alpha]\frac{db}{d\alpha}-f[a(\alpha),\alpha]\frac{da}{d\alpha}. \tag{1.3}$$

수학자들의 소개

- 리만(Riemann, 1826-1866, Germany): 비유클리드 기하학과 적분의 엄밀한 정의.

1.2 수치 적분(numerical integration)

실제 역학 문제를 풀 때는 다양한 적분을 다루게 되는데, 이때 적분을 항상 우리가 아는 형태의 함수로 구할 수 있는 것이 아니므로, 많은 경우 수치 적분을 수행하여 얻고자 하는 값을 얻는다. 이하에서는 가장 기본적인 방법으로 생각되는 직사각형 규칙(rectangular rule), 사다리꼴 규칙(trapezoidal rule)에 대해 먼저 생각하고, Romberg 적분(Romberg integration, 1955), 가우스 적분(Gaussian integration) 등에 대해 고찰한다.

구하고자 하는 적분값 $I=\int_a^b f(x)dx$에 대해 구간 $[a,b]$를 등간격 h인 n 개의 소구간으로 분할하여 $x_0=a<x_1<x_2<\cdots<x_{n-1}<x_n=b$라고 가정하고, $f_j=f(x_j)=f(x_0+jh)$로 나타내기로 한다.

정리 1.3: 직사각형 규칙

$$I\approx h(f_0+f_1+\cdots+f_{n-1})\equiv R_n \text{ 이며, } I-R_n=\frac{(b-a)hf'(\xi)}{2},\ \xi\in(a,b). \quad (1.4)$$

따라서 직사각형 규칙을 사용하여 적분값을 구하는 경우, 그 오차(error)는 구간의 길이와 소구간의 길이 h에 비례하여 증가한다.

정리 1.4: 사다리꼴 규칙

$$I\approx h\left(\frac{f_0}{2}+f_1+\cdots+f_{n-1}+\frac{f_n}{2}\right)\equiv T_n \text{ 이며, } I-T_n=\frac{(b-a)h^2f''(\xi)}{12},\ \xi\in(a,b). \quad (1.5)$$

따라서 사다리꼴 규칙을 사용하여 적분값을 구하는 경우, 그 오차는 구간의 길이와 h^2에 비례하여 증가한다. 직사각형 규칙에 비해 계산량의 증가는 거의 없지만 오차는 상당히 감소할 것으로 기대할 수 있다.

Romberg 적분

사다리꼴 규칙을 예로 들어 Romberg 적분을 설명하기로 한다. 식 (1.5)로부터 다음을 알고 있다.

$$I = T_n + Ah^2 + O(h^4), \tag{1.6}$$

여기서 A는 상수이다. 만약 소구간의 수를 배가하면 다음을 얻으므로

$$I = T_{2n} + A\frac{h^2}{4} + O(h^4), \tag{1.7}$$

이 두 결과로부터 h^2항을 소거하면 다음을 얻는다.

$$I = \frac{4T_{2n} - T_n}{3} + O(h^4). \tag{1.8}$$

다시 말하면 소구간의 수를 배가하여 한 번 더 계산함으로써 오차가 h^4에 비례하는 양으로 감소함을 알 수 있다.

나아가 위의 과정을 한 번 더 수행하면 즉 $I = \dfrac{4T_{2n} - T_n}{3} + Bh^4 + O(h^6)$이므로, 소구간의 간격을 반감시킴으로써 h^4항을 소거할 수 있고, 따라서 오차를 h^6에 비례하는 양으로 줄일 수 있다.

명백히 이와 같은 과정은 적분값을 충분히 정확하게 얻을 수 있을 때까지 반복할 수 있으므로, 매우 실용적이고도 유용한 방법으로 볼 수 있다.

아래에서는 식 (1.8)로부터 **심프슨 규칙**(Simpson rule)을 유도해 보기로 한다. 식 (1.8)을 다시 쓰고 정리하면 다음을 얻는데,

$$
\begin{aligned}
I &= \frac{1}{3}\left[4h\left(\frac{f_0}{2}+f_1+\cdots+f_{2n-1}+\frac{f_{2n}}{2}\right)-2h\left(\frac{f_0}{2}+f_2+\cdots+f_{2n-2}+\frac{f_{2n}}{2}\right)\right]+O(h^4) \\
&= \frac{h}{3}(f_0+4f_1+2f_2+\cdots+4f_{2n-1}+f_{2n})+O(h^4) \qquad (1.9)
\end{aligned}
$$

위의 식 (1.9)는 잘 알려진 심프슨 규칙이다[1].

가우스 적분

위에서는 주어진 구간을 등간격으로 분할하는 방법에 대해서만 생각하였는데, 가우스는 함수가 계산되는 점의 위치 또한 적분값에 큰 영향을 미칠 것이라는 점에 착안하여 새로운 형태의 수치 적분 공식을 얻었다.

먼저 주어진 구간 $[a,b]$를 $x=\left(\frac{b-a}{2}\right)t+\left(\frac{a+b}{2}\right)$의 치환을 사용하여 $[-1,1]$ 구간으로 바꾸면 다음을 얻는데,

$$
I=\int_a^b f(x)dx=\frac{b-a}{2}\int_{-1}^{1}F(t)dt, \qquad (1.10)
$$

이에 대해 다음과 같은 근사를 가정하고

$$
I\approx A_0F(t_0)+A_1F(t_1)+\cdots+A_nF(t_n), \qquad (1.11)
$$

오차가 최소가 되도록 $j=0,1,\cdots,n$에 대해 A_j, t_j를 결정하였으며, $n=1$인 경우 다음을 얻었다.

$$
I\approx F\left(-\frac{1}{\sqrt{3}}\right)+F\left(\frac{1}{\sqrt{3}}\right). \qquad (1.12)
$$

1) 12장 각주 4) 참조.

$n \geq 2$인 일반적인 경우에 대해서는 [참고문헌 2]과 같은 Table이나 공식집을 참조하기 바란다.

수학자들의 소개

- 가우스(Gauss; 1777-1855, Germany): 대수학의 기본 정리, 선형 방정식의 해법, 최소 자승법, 수치 계산, 곡면의 미분 기하, 적분 정리 등을 제시하였고, 수학 논문의 작성 틀 제시.
- 심프슨(Simpson; 1710-1761, UK): 일반적인 방정식의 근, 수치 적분 등에 기여.
- Romberg(1909-2003, Norway): 수치 적분(1955)에 기여.

연습문제

1. 다음을 증명하시오.

   1) $\lim_{x \to a} Cf(x) = C\lim_{x \to a} f(x)$.

   2) $\lim_{x \to a} [f(x) + g(x)] = \lim_{x \to a} f(x) + \lim_{x \to a} g(x)$.

2. 위의 1-1)과 1-2)를 이용하여 $\lim_{x \to a}$가 선형 연산자(linear operator)임을 증명하시오, 즉 임의의 스칼라 α, β에 대해서 다음이 성립함을 보이시오.

$$\lim_{x \to a} [\alpha f(x) + \beta g(x)] = \alpha \lim_{x \to a} f(x) + \beta \lim_{x \to a} g(x),$$

   물론 여기서 우변의 두 극한은 존재하는 것으로 가정한다.

3. $x \to \infty$일 때, $e^{-x} = O(1)$임을 보이시오. 보다 쉽게는 대단히 큰 임의의 n에 대해, $e^{-x} = O(x^{-n})$임을 보이시오. 여기서 n을 아무리 크게 잡아도, e^{-x}가 x^{-n} 보다 빨리 작아짐에 유의하기 바란다. n이 아무리 커도 e^{-x}가 x^{-n} 보다 빨리 감소하므로, e^{-x}는 보통 그대로 써서 그 크기를 나타낸다. 예를 들어 $x \to \infty$일 때, $\dfrac{x^2 e^{-x}}{\cos x + 3x} = O(xe^{-x})$라고 쓰며, '양수이며 임의로 큰 n에 대해 $O(x^{-n})$'이라고 쓰지는 않는다. $x \to \infty$일 때, e^x에 대해서는 어떤지 설명하시오.

4. $0 < x < \infty$에 대해 $\ln x$를 그리고, $x \to \infty$일 때, α가 매우 작은 임의의 양수라고 하면 $\ln x = O(x^{\alpha})$임을 증명하시오. 그러므로 $\ln x$는 무한대에서 지극히 약한 특이성을 가진다. 또한 $\ln x$는 원점에서도 같은 정도로 약한 특이성을 가지는 것을 보이시오, 즉 $x \to 0$일 때, α가 위에서와 같이 매우 작은 임의의 양수라고 하면 $\ln x = O(x^{-\alpha})$임을 보이시오. $x \to 0(\infty)$일 때, α를 아무리 작게 잡아도 $\ln x$가 $x^{-\alpha}(x^{\alpha})$보다 작으므로, $\ln x$ 또한 보통 그대로 써서 그 크기를 나타낸다. 예를 들어 $x \to \infty$일 때, $(3x^2 + \sin x)\ln x = O(x^2 \ln x)$라고 쓰며, '양수이며 임의로 작은 α에 대해 $O(x^{2+\alpha})$'라고 쓰지 않는다.

5. $\int_1^2 x^{-1/2} e^{-x} dx$의 적분을 사다리꼴 규칙을 사용하여 $\pm 10^{-5}$ 오차 한도 내로 구할 수 있는 n을 구하시오.

6. Romberg 적분과 관련하여, $I = \dfrac{4T_{2n} - T_n}{3} + Bh^4 + O(h^6)$에서 시작하여 다음을 얻으시오.

$$I = \frac{64T_{4n} - 20T_{2n} + T_n}{3} + O(h^6).$$

2장

무한 급수

이 장에서는 먼저 무한 급수(infinite series)의 수렴(convergence)에 대한 기본적인 사항에 대해 알아보고, 멱급수(power series)와 테일러 급수(Taylor series)의 성질에 대해 살펴 본 후, 실제 급수의 계산과 관련하여 몇 가지 유용한 방법들에 대해 고찰하며, 마지막으로 발산하는(divergent) 급수이지만 수치 계산 또는 1항 근사(one-term approximation)에 매우 유용하게 쓰이는 점근 급수(asymptotic series)에 대해 공부한다.

수학자들의 소개

- 테일러(Taylor; 1685-1731, UK): 유한 차분, 테일러 급수.

2.1 기본적인 개념과 중요한 정리

무한 급수는 항의 수가 무한히 많지만 결과적으로는 유한한 합을 가지는 경우도 있고 그렇지 않은 경우도 있어 수학사의 초기에 사람들에게 많은 혼란을 야기하였던 문제이다.

고등학교 때 배운 등차 급수는 산술 급수(arithmetic series), 또 등비 급수는 기하 급수(geometric series)라는 별명을 가지고 있다. 첫 항을 제외하면, 등차 급수의 임의의 한 항은 인접한 두 항의 산술 평균(arithmetic mean), 즉 두 항의 합의 반에 해당하고, 등비 급수의 한 항은 인접한 두 항의 기하 평균(geometric mean), 즉 두 항의 곱의 제곱근에 해당하는데 기인하여 이와 같은 이름으로 불리는데, 이들 급수의 합에 대해서는 비교적 오래 전에 그 결과가 얻어졌다.

수학자들이 가장 힘들어 했던 경우는 조화 급수(harmonic series)라고 불리는 다음과 같은 급수이다.

$$\sum_{n=1}^{\infty}\frac{1}{n}=1+\frac{1}{2}+\frac{1}{3}+\cdots. \tag{2.1}$$

조화 급수라는 이름은 이 급수의 첫 항을 제외한 임의의 한 항은 인접한 두 항의 조화 평균(harmonic mean), 즉 한 항의 역수가 인접한 두 항의 역수의 합의 반으로 주어지는데 기인한다. 예를 들면 $\left(\frac{1}{3}\right)^{-1}=\frac{2+4}{2}$임을 확인할 수 있다.

조화 급수는 결국 발산한다는 사실이 알려졌으나, 그 발산이 매우 느려 처음 10^{43} 항을 더하여도 100보다 작은 결과를 주는 것을 보일 수 있다.

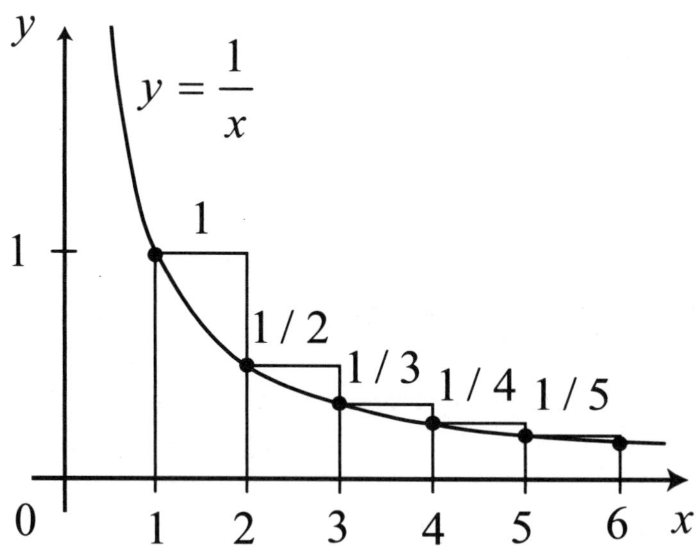

그림 2.1 조화 급수의 발산

조화 급수의 발산을 보이기 위해 $f(x)=\dfrac{1}{x}$인 곡선 아래의 면적과, $h=1$로 택하고, $x=n$인 점에서의 값을 취하여 얻어지는 직사각형들의 면적의 합을 비교해 보자(그림 2.1). 먼저 1부터 ∞까지의 곡선 아래의 면적은 $A_1=\displaystyle\int_1^{\infty}\frac{1}{x}dx$이고, 직사각형의 면적의 합은 $A_2=\displaystyle\sum_{n=1}^{\infty}\frac{1}{n}$로 주어지며, 명백히 $A_1<A_2$인데, $A_1=\ln x\big|_1^{\infty}=\infty$이므로 A_2 역시 무한히 커져 결국 발산함을 알 수 있다.

한편 오일러는 조화 급수의 부분합(partial sum)을 생각하여 대수 함수(logarithmic function)와 조화 급수 사이의 관계를 밝혔다. 부분합 s_N은 다음과 같이 정의되며,

$$s_N=\sum_{n=1}^{N}a_n, \tag{2.2}$$

조화 급수에 대해서는 다음을 얻는데(그림 2.1),

$$s_N=\sum_{n=1}^{N}\frac{1}{n}>\int_1^{N+1}\frac{1}{x}dx=\ln(N+1), \tag{2.3}$$

오일러는 $N\to\infty$인 경우에 대해 다음을 보였다.

$$s_N=\sum_{n=1}^{N}\frac{1}{n}=\ln N+\gamma+\epsilon_N,\ \ \gamma\simeq 0.57721566490,\ \epsilon_N=\frac{1}{2N}. \tag{2.4}$$

여기서 γ는 오일러 상수(Euler constant)[1]라고 불린다. 결국 조화 급수는 N이 증가함에 따라 대수 함수 $\ln N$처럼 증가함을 알 수 있으며, 조화 급수의 합은 N이 매우 커지면 $\ln N$과 오일러 상수만큼 차이가 난다.

위에서 도입된 개념들을 사용하면 무한 급수의 수렴은 다음과 같이 정의할 수 있다.

---

1) 이 수가 무리수인지 아닌지에 대한 증명은 아직도 얻어지지 않았다.

정의 2.1: 무한 급수의 수렴

무한 급수 $\sum_{n=1}^{\infty} a_n$의 부분합 $s_N = \sum_{n=1}^{N} a_n$에 대해, $\lim_{N \to \infty} s_N = s$ 인 s 가 존재하면 무한 급수는 s 로 수렴한다(convergent)고 한다.

무한 급수의 수렴과 관련하여 엄밀한 수학적 토대를 쌓은 사람은 코쉬(1821)라고 할 수 있는데, 그는 먼저 다음과 같이 코쉬 수열(Cauchy sequence)을 정의하였다.

정의 2.2: 코쉬 수열

임의로 주어진 아무리 작은 $\epsilon > 0$에 대해서도 $N(\epsilon)$ 보다 큰 모든 m과 n에 대해 $|s_m - s_n| < \epsilon$이 성립하면, 수열 s_j는 코쉬 수열이라고 한다.

정리 2.1: 코쉬 수렴 정리

수열 s_j가 수렴하면 s_j는 코쉬 수열이며, 또한 그 역도 성립한다.

다시 말하면 s_j가 수렴하기 위한 필요 충분 조건은 s_j가 코쉬 수열이어야 하며, 따라서 수열은 코쉬 수열일 때만 수렴한다.

코쉬 수렴 정리에 따라 다음 정리를 얻을 수 있다.

정리 2.2: 급수 수렴의 필요 조건

급수 $\sum_{n=1}^{\infty} a_n$가 수렴하기 위한 필요 조건은 $n \to \infty$일 때 $a_n \to 0$이어야 한다.

조화 급수의 경우에는 물론 위의 조건을 만족하지만 발산하므로, 위의 조건이 충분 조건이 아님을 확인할 수 있다.

수열의 수렴에 대해 보다 정확하게 논의하기 위해서는 집합(set)에 속한 요소들(elements) 사이의 거리(distance), 유계성(boundedness), 근방(neighborhood), 극한점(limit point), 집합의 닫힘(closedness) 등에 대한 정의가 필요하다.

정의 2.3: 거리

집합 S에 속한 요소 x, y, z에 대해 거리 d는 다음을 만족하는 함수로 정의한다.

1) $d(x,y) = d(y,x)$, 대칭성(symmetry), (2.5)

2) $d(x,y) > 0$, $d(x,y) = 0 \Leftrightarrow x = y$, 양정성(positivity), (2.6)

3) $d(x,z) \leq d(x,y) + d(y,z)$, 삼각형 부등식(triangle inequality).(2.7)

위와 같이 거리를 정의하면 주어진 집합의 유계성에 대해 다음과 같이 정의할 수 있다.

정의 2.4: 유계성

집합 S에 속한 임의의 x, y에 대해 $d(x,y) < M$인 상수 M이 존재하면 집합 S는 유계(bounded)하다고 한다.

한편, 집합 S에 속하는 요소 x_0에 대해 근방 N은 다음과 같이 정의한다.

정의 2.5: 근방

$N(x_0, R)$은 $d(x_0, x) < R$을 만족하는 집합 S에 속한 모든 요소 x의 집합이며, 여기서 실수 R은 근방의 반경이라고 부른다.

또한, 집합 S의 극한점은 다음과 같이 정의된다.

정의 2.6: 극한점

집합 S를 포함하는 집합 Σ에 속하는 요소 x_0에 대해 임의의 반경 R을 가지는 모든 근방 $N(x_0, R)$이 최소한 하나의 S에 속하는 요소($\neq x_0$)를 포함하면 x_0는 집합 S의 극한점이라고 한다.

위의 정의에 따라 만약 x_0가 집합 S의 극한점이면 임의의 반경 R을 가지는 근방 $N(x_0, R)$은 S에 속하는 무한히 많은 요소를 포함하는 것을 알 수 있다. 극한점의 개념을 사용하여 집합의 닫힘에 대해 다음과 같이 정의할 수 있다.

정의 2.7: 닫힌 집합

집합 S가 그 극한점을 모두 포함하면 S는 닫혔다(closed)고 한다.

위에서 정의한 개념들을 사용하면 다음과 같은 중요한 정리를 얻을 수 있다.

정리 2.3: Bolzano-Weierstrass

유계인 집합 S가 무한히 많은 수의 요소를 가지면 최소한 하나의 극한점을 가진다.

수학자들의 소개

- Bolzano(1781-1848, Czech Republic): 수 체계와 관련된 집합론의 제안.
- Weierstrass(1815-1897, Germany): 근대적인 의미의 함수론의 창시자. 정칙 함수의 멱급수 표현 및 타원 함수의 성질.

2.2 수렴 검사

무한 급수의 수렴을 검사하는 방법 중 가장 자주 쓰이는 것은 비교 검사(comparison test), 비율 검사(ratio test), Dirichlet 검사를 들 수 있으며, 이 절에서는 이들에 대해 논하는데, 급수의 각 항이 영보다 큰 경우에 대해 생각하기로 한다.

정리 2.4: 비교 검사

두 급수 $\sum_{n=1}^{\infty} a_n$, $\sum_{n=1}^{\infty} b_n$가 충분히 큰 모든 n에 대해 $a_n < Kb_n$을 만족하고, $\sum_{n=1}^{\infty} b_n$이 수렴하면 $\sum_{n=1}^{\infty} a_n$ 역시 수렴한다. 여기서 K는 영보다 큰 상수이다.

한편 충분히 큰 모든 n에 대해 $a_n > kb_n$을 만족하고, $\sum_{n=1}^{\infty} b_n$이 발산하면 $\sum_{n=1}^{\infty} a_n$ 역시 발산한다. 여기서 k는 영보다 큰 상수이다.

정리 2.5: 비율 검사

급수 $\sum_{n=1}^{\infty} a_n$에 대해 $r = \lim_{n\to\infty} \frac{a_{n+1}}{a_n}$이라고 하면, 다음과 같이 세 경우로 분류된다.

i) $r < 1$이면 급수는 수렴한다.
ii) $r > 1$이면 급수는 발산한다.
iii) $r = 1$이면 $r = 1 - \frac{r_1}{n}$이라고 할 때 역시 다음과 같은 세 경우로 분류된다.
  가) $r_1 > 1$이면 급수는 수렴한다.
  나) $r_1 < 1$이면 급수는 발산한다.
  다) $r_1 = 1$이면 판정할 수 없다.

조화 급수의 경우는 위의 정리 2.5, iii다)에 해당하는 경우임을 확인할 수 있으며, 비율 검사에 의해서는 수렴을 판정할 수 없음을 알 수 있다.

보다 일반적으로 다음과 같은 리만의 제타 함수(zeta function) 또는 p-급수의 수렴에 대해 생각해 보자. p-급수는 다음과 같이 쓸 수 있는데,

$$\zeta(p) = \sum_{n=1}^{\infty} \frac{1}{n^p}, \tag{2.8}$$

여기에 비율 검사를 적용하기 위해 다음을 고려하면,

$$\frac{a_{n+1}}{a_n} = \frac{n^p}{(n+1)^p} = \left(1+\frac{1}{n}\right)^{-p} = 1 - \frac{p}{n} + \cdots \sim 1 - \frac{p}{n}, \tag{2.9}$$

이 경우는 정리 2.5의 iii)에 해당하여, $p > 1$이면 수렴하고, $p < 1$이면 발산하며, $p = 1$인 경우는 위의 검사에 의해서는 결과를 알 수 없으나, $p = 1$이면 조화 급수이므로 발산한다.

급수를 구성하는 항의 부호가 교대로 바뀌는 교대 급수(alternating series)에 대해서는 절대 수렴(absolute convergence)의 개념을 정의하여 수렴에 대해 논의하는 것이 편리하다.

정의 2.8: 절대 수렴

급수 $\sum_{n=1}^{\infty} a_n$에 대해 $\sum_{n=1}^{\infty} |a_n|$이 수렴하면 $\sum_{n=1}^{\infty} a_n$은 절대 수렴한다고 한다.

위의 정의에 따라 급수 $\sum_{n=1}^{\infty} a_n$이 절대 수렴하면 $\sum_{n=1}^{\infty} a_n$ 역시 수렴함을 알 수 있다.

정리 2.6: Dirichlet 검사

급수 $\sum_{n=1}^{\infty} b_n$의 각 항이 영보다 큰 경우, $n \to \infty$일 때 $b_n \downarrow 0$, 즉 단조적(monotonic)으로 영으로 감소하고, $\sum_{n=1}^{\infty} a_n$이 유한한 부분합을 가지면, 급수 $\sum_{n=1}^{\infty} a_n b_n$은 수렴한다.

$a_n = (-1)^{n+1}$이면, 부분합은 항상 유한하므로, 위의 검사에 따라 예를 들어 다음과 같이 주어지는 수열은 수렴함을 알 수 있다.

$$\sum_{n=1}^{\infty} c_n = 1 - \frac{1}{2} + \frac{1}{3} - \frac{1}{4} + \cdots. \tag{2.10}$$

물론 위의 급수는 각 항의 절대값을 취하면 조화 급수가 되어 절대 수렴하지 않음을 알 수 있으며, 이와 같은 급수는 조건 수렴한다(conditionally convergent)고 한다.

또한 위의 검사에 따라 $b_n \downarrow 0$이면, 교대 급수 $\sum_{n=1}^{\infty} (-1)^{n+1} b_n$은 항상 수렴함을 알 수 있다.

수학자들의 소개

- Dirichlet(1805-1859, Germany): 해석적 및 대수적 수론(number theory), 푸리에 급수에 대한 엄밀한 증명, 포텐셜 및 수동역학 문제의 엄밀한 해석.

2.3 함수의 무한 급수; 멱급수와 테일러 급수

무한 급수의 각 항이 실수 a에 대해 $(x-a)$의 멱(power)으로 주어지는 $\sum_{n=1}^{\infty} a_n(x-a)^n$과 같은 급수는 멱급수(power series)라고 부른다. 비율 검사로부터 $l=\lim_{n\to\infty}\left|\frac{a_{n+1}}{a_n}\right|$라고 하면, 멱급수는 $|x-a|<\frac{1}{l}$일 때는 절대 수렴함을 알 수 있다. 구간 $|x-a|<\frac{1}{l}$을 수렴 구간, $r=\frac{1}{l}$은 수렴 반경(radius of convergence)이라고 각각 부르는데, 수렴 구간 밖에서 멱급수는 발산한다.

예를 들어 멱급수 $\sum_{n=1}^{\infty} a_n(x-a)^n$에 대해 $a_n=\frac{1}{n!}$이라고 하면, $l=0$이므로 $r=\infty$이며, 따라서 이와 같은 멱급수는 모든 x에 대해 수렴한다.

무한 급수의 각 항이 일반적인 x의 함수로 주어지는 $\sum_{n=1}^{\infty} a_n(x)$와 같은 급수에 대해서는 균일 수렴(uniform convergence)의 개념이 매우 중요하며, Weierstrass에 기인하는 이 개념은 다음과 같이 정의된다.

정의 2.9: 균일 수렴

급수 $\sum_{n=1}^{\infty} a_n(x)$와 관련하여, 임의로 주어진 $\epsilon>0$에 대해서 $N(\epsilon)>0$ 보다 큰 모든 n에 대해 $|s_n(x)-s(x)|<\epsilon$이 $x\in[\alpha,\beta]$일 때 성립하면, 급수 $\sum_{n=1}^{\infty} a_n(x)$는 구간 $x\in[\alpha,\beta]$에서 $s(x)$로 균일 수렴한다고 한다.

여기서 N이 x의 함수가 아니고 ϵ만의 함수인 점에 유의하며, 아래에서는 무한 급수 $\sum_{n=1}^{\infty} a_n(x)$의 균일 수렴에 대한 정리에 대해 알아본다.

정리 2.7: 각 항이 함수로 된 무한 급수의 수렴

$\rho_n(x) = \left| \dfrac{a_{n+1}(x)}{a_n(x)} \right|$라고 할 때, 충분히 큰 모든 n과 $x \in [\alpha, \beta]$에 대해 $\rho_n \leq r < 1$이 성립하는 r이 존재하면, 급수 $\sum_{n=1}^{\infty} a_n(x)$는 구간 $x \in [\alpha, \beta]$에서 절대, 균일 수렴한다.

정리 2.8: 각 항이 함수로 된 무한 급수의 균일 수렴

$n \to \infty$일 때 $b_n(x) \downarrow 0$, 즉 단조적으로 구간 I에서 균일하게 영으로 감소한다고 하자. 이 때 모든 n과 $x \in I$에 대해 $\left| \sum_{k=1}^{n} a_k(x) \right| < K$을 만족하는 실수 K가 존재하면, 급수 $\sum_{n=1}^{\infty} a_n(x) b_n(x)$는 구간 I에서 균일 수렴한다.

정리 2.9: Weierstrass-M 검사(Weierstrass-M test)

수렴하는 급수 $\sum_{n=1}^{\infty} M_n$에 대해 구간 I에서 $|a_n(x)| < M_n$이 성립하면, 무한 급수 $\sum_{n=1}^{\infty} a_n(x)$는 구간 I에서 절대, 균일 수렴한다.

정리 2.10: 극한 함수의 연속

연속인 함수로 이루어진 무한 수열 $s_n(x)$가 구간 I에서 $s(x)$로 균일 수렴하면, 극한 함수(limit function) $s(x)$ 또한 구간 I에서 연속이다.

무한 급수의 각 항이 x의 함수로 주어진 경우, 급수의 수렴이 곧 균일 수렴을 뜻하는 것은 아니며, 이와 같은 사실은 푸리에 급수와 관련하여 더욱 명백해 질 것이다.

다음으로는 멱급수 중에서 가장 자주 쓰이는 테일러 급수에 대해 생각해 본다. 구간 $[a,b]$에서 정의된 미분 가능한 함수 $f(x)$에 대해 다음 식은 항상 성립한다.

$$f(x) = f(a) + \int_a^x f'(x)dx,\ x \in [a,b], \tag{2.11}$$

여기서 $f(x)$는 임의의 미분 가능한 함수이므로, 만약 $f'(x)$가 미분 가능하다면 다음과 같이 쓸 수 있고,

$$f'(x) = f'(a) + \int_a^x f''(x)dx, \tag{2.12}$$

이 식을 식 (2.11)에 대입하면 다음을 얻는다.

$$f(x) = f(a) + \int_a^x \left\{ f'(a) + \int_a^x f''(x)dx \right\} dx = f(a) + f'(a)(x-a) + \int_a^x \int_a^x f''(x)dxdx, \tag{2.13}$$

만약 $f''(x)$가 미분 가능하다면 다음과 같이 쓸 수 있고,

$$f''(x) = f''(a) + \int_a^x f'''(x)dx, \tag{2.14}$$

이 식을 식 (2.13)에 대입하면 다음을 얻는다.

$$f(x)=f(a)+f'(a)(x-a)+\int_a^x\int_a^x\left\{f''(a)+\int_a^x f'''(x)dx\right\}dxdx,$$

$$=f(a)+f'(a)(x-a)+\frac{f''(a)}{2!}(x-a)^2+\int_a^x\int_a^x\int_a^x f'''(x)(dx)^3, \qquad (2.15)$$

명백히 이와 같은 과정은 계속 반복하여 수행할 수 있으므로, 다음 정리를 얻는다.

정리 2.11: 테일러 공식(Taylor formula)

구간 $[a,b]$에서 정의된 n 번 미분 가능한 함수 $f(x)$에 대해 다음 식이 성립한다.

$$f(x)=f(a)+f'(a)(x-a)+\frac{f''(a)}{2!}(x-a)^2+\cdots+\frac{f^{(n)}(a)}{n!}(x-a)^n+R_n,\ x\in[a,b], \qquad (2.16)$$

여기서 $R_n=\int_a^x\cdots\int_a^x f^{(n+1)}(x)(dx)^{n+1}$로 잔여항(remainder)이라고 부르며, 위의 식은 테일러 공식이라고 부른다.

한편 $f^{(n+1)}(x)$이 연속이면 $m\le f^{(n+1)}(x)\le M$을 만족하므로, 잔여항에 대해 다음을 얻으며

$$m\frac{(x-a)^{n+1}}{(n+1)!}\le R_n\le M\frac{(x-a)^{n+1}}{(n+1)!}, \qquad (2.17)$$

따라서 다음을 얻는다.

$$R_n = \frac{f^{(n+1)}(\xi)}{(n+1)!}(x-a)^{n+1},\ \xi \in [a,x]. \tag{2.18}$$

이와 같은 형태의 잔여항은 Lagrange 잔여항(Lagrange remainder)이라고 한다. 식 (2.16)에 Lagrange 잔여항을 대입하고, $n=0$을 취하여 다음과 같은 미분의 중간값 정리(mean value theorem of the differential calculus)를 얻는다.

정리 2.12: 미분의 중간값 정리

구간 $[a,b]$에서 정의된 미분 가능한 함수 $f(x)$, $x\in[a,b]$에 대해 다음 식이 성립한다.

$$f(x)=f(a)+f'(\xi)(x-a) \Rightarrow \frac{f(x)-f(a)}{x-a}=f'(\xi),\ \xi\in[a,x]. \tag{2.19}$$

또한 함수 $f(x)$가 $x=a$에서 무한히 여러 번 미분 가능하면, 식 (2.16)으로부터 다음과 같이 무한 급수를 얻는다.

정리 2.13: 테일러 급수

구간 $[a,b]$에서 정의된 무한히 여러 번 미분 가능한 함수 $f(x)$, $x\in[a,b]$에 대해 다음과 같은 무한 급수를 얻을 수 있으며,

$$f_T(x)=\sum_{n=0}^{\infty}\frac{f^{(n)}(a)}{n!}(x-a)^n, \tag{2.20}$$

이 급수는 $f(x)$의 $x=a$에 대한 테일러 급수라고 부른다.

어떤 함수가 어떤 점에서 테일러 급수를 가진다고 가정하는 것은 그 함수가 그 점에서 무한히 여러 번 미분 가능한 것을 가정하는 것과 등가임에 유의한다.

정리 2.14: 테일러 급수의 수렴과 정칙성(analyticity)

식 (2.20)의 급수 $f_T(x)$가 어떤 $\delta > 0$에 대해 $|x-a| < \delta$인 구간에서 함수 $f(x)$에 수렴하면 다음 식이 성립하며,

$$f(x) = \sum_{n=0}^{\infty} \frac{f^{(n)}(a)}{n!}(x-a)^n, \tag{2.21}$$

이 때 함수 $f(x)$는 $x = a$에서 정칙(analytic)이라고 한다.

예를 들어 $f(x) = e^x$라고 하면, $x = 0$에서 함수와 모든 도함수의 값이 1이므로 다음을 얻으며,

$$f_T(x) = \sum_{n=0}^{\infty} \frac{(x-a)^n}{n!}, \tag{2.22}$$

이 식 우변의 멱급수는 정의 2.9 위에서 고려한 $a_n = \frac{1}{n!}$인 경우이므로, 모든 x에 대해 수렴하며, 또 Lagrange 잔여항은 다음과 같은데,

$$R_n = e^{\xi} \frac{x^{n+1}}{(n+1)!}, \ \xi \in [0, x], \tag{2.23}$$

고정된 x에 대해 $n \to \infty$일 때 $R_n \to 0$이므로, 결국 식 (2.22)로 주어지는 테일러 급수는 주어진 함수 $f(x) = e^x$에 수렴하며, 또 e^x는 모든 점에서 정칙 함수이다.

한편 함수 $f(x) = e^{-\frac{1}{x^2}}$ 에 대해 고려하면, $x = 0$에서 함수와 모든 도함수의 값이 0이므로 다음을 얻으며,

$$f_T(x) = 0, \tag{2.24}$$

이 결과는 명백히 어떤 함수의 테일러 급수가 수렴한다고 하더라도, 항상 원래 함수에 수렴하지 않을 수 있다는 점을 보여 주고 있다. 이 경우에는 잔여항을 고려하면 다음을 얻으며,

$$R_n = e^{-\frac{1}{x^2}} = f(x), \tag{2.25}$$

따라서 아무리 많은 항을 취한다고 하더라도 잔여항, 즉 주어진 함수를 멱급수로 나타낼 수 없다는 사실을 보여 주고 있다. 함수 $f(x) = e^{-\frac{1}{x^2}}$ 는 $x = 0$에서 특이(singular)하다고 하며, 또 $x = 0$는 함수 $f(x) = e^{-\frac{1}{x^2}}$ 의 **특이점**(singular point)이라고 한다.

또한 함수 $f(x) = \dfrac{1}{x}$ 에 대해 $x = 1$에서의 함수와 도함수 값을 구하면 다음을 얻으므로,

$$f(1) = 1,\ f'(1) = -1,\ f''(1) = 2,\ \cdots,\ f^{(n)}(1) = (-1)^n n!, \tag{2.26}$$

함수 $f(x) = \dfrac{1}{x}$ 의 $x = 1$에 대한 테일러 급수를 다음과 같이 얻으며,

$$f_T(x) = \sum_{n=0}^{\infty} (-1)^n (x-1)^n, \tag{2.27}$$

이 때, Lagrange 잔여항은 다음과 같다.

$$R_n = (-1)^{n+1}\frac{(x-1)^{n+1}}{\xi^{n+2}}, \ \xi \in [1, x]. \tag{2.28}$$

따라서 $|x-1|<\xi$이면 $n\to\infty$일 때 $|R_n|\to 0$이며, $\xi>1$이므로 결국 식 (2.27)의 테일러 급수는 구간 $|x-1|<1$에서 주어진 함수 $f(x)=\dfrac{1}{x}$로 수렴한다. 함수 $f(x)=\dfrac{1}{x}$은 점 $x=0$를 제외한 모든 점에서 정칙이며, 점 $x=0$는 함수 $f(x)=\dfrac{1}{x}$의 특이점이다.

다음으로 테일러 급수의 유일성(uniqueness)에 대한 정리를 소개한다.

정리 2.15: 테일러 급수의 유일성

영이 아닌 수렴 반경을 가지는 모든 멱급수는 그 합으로 주어지는 함수의 테일러 급수이며, 또한 공통의 수렴 구간 $|x-a|<R$에서 다음 식이 성립하면

$$\sum_{n=0}^{\infty} a_n (x-a)^n = \sum_{n=0}^{\infty} b_n (x-a)^n, \tag{2.29}$$

모든 n에 대해 $a_n = b_n$이며, 그 역도 성립한다.

유일성에 관해 테일러 급수는 나중에 다루게 될 푸리에 급수와는 매우 다른 성질을 가진다. 즉, 각 항이 싸인 또는 코싸인 함수로 구성된 무한 급수의 경우, 그 급수가 어떤 함수에 수렴한다고 하더라도 그 함수의 푸리에 급수와 주어진 급수가 반드시 같지 않다는 점에 유의한다.

나중을 위하여 적분의 중간값 정리(mean value theorem for the integral calculus)를 아래에 기술해 둔다.

정리 2.16: 적분의 중간값 정리

구간 $[a,b]$에서 정의된 연속인 함수 $f(x)$에 대해 다음 식이 성립하는 $\xi \in [a,b]$가 존재한다.

$$\int_a^b f(x)\,dx = f(\xi)(a-b). \tag{2.30}$$

수학자들의 소개

- Lagrange(1736-1813, France), 해석 역학과 천체 역학의 정리, 변분법의 응용, 미분 방정식의 해법.

2.4 무한 급수의 수치 계산

수렴하는 무한 급수의 경우, 그 값을 계산할 때, 그 수렴이 느려 너무나 많은 항을 더해야 하는 경우가 종종 있다. 이와 같은 경우에는 수렴을 가속시키는 방법을 써야 하는데 이 절에서는 그런 방법에 대해 생각하기로 한다.

먼저 예를 들어 식 (2.10)에서 보았던 다음 급수를 생각해 보자.

$$\sum_{n=1}^{\infty} c_n = 1 - \frac{1}{2} + \frac{1}{3} - \frac{1}{4} + \cdots. \tag{2.10}$$

이 급수는 수렴하기는 하지만 그 수렴이 매우 느리다. 먼저 $\ln(1+x)$의 $x=0$에 대한 테일러 급수를 생각하면 다음을 얻는데

$$\ln(1+x) = x - \frac{x^2}{2} + \frac{x^3}{3} - \frac{x^4}{4} + \cdots, \tag{2.31}$$

이 식에 $x=1$을 대입하면 우변은 바로 식 (2.10)의 우변과 같으므로 다음 결과를 얻는다.

$$s = 1 - \frac{1}{2} + \frac{1}{3} - \frac{1}{4} + \cdots = \ln 2 \simeq 0.693147. \tag{2.32}$$

만약 ln2를 구하기 위해 식 (2.31)의 테일러 급수를 사용한다면, 6 자리의 유효숫자(significant digit)를 얻기 위해서는 10^6 개의 항을 계산해야 함을 알 수 있다. 따라서 결국 우리의 질문은 다음과 같은 물음으로 귀착된다. 식 (2.10) 또는 (2.31)의 우변과 같은 급수의 수렴을 어떻게 가속시킬 수 있는가?

이하에서는 Aitken-Shanks(AS) 변환(Aitken-Shanks transform)과 오일러 변환(Euler transform)을 차례로 소개하기로 한다. AS 변환에서는 급수의 합에 대해 다음과 같이 가정하는데,

$$s \approx s_m + k\rho^m, \tag{2.33}$$

여기서 k, ρ는 모르는 상수이다. $m=n$, $m=n+1$, $m=n+2$인 세 경우에 대해 위 식을 고려하면 다음을 얻는데,

$$s - s_n \approx k\rho^n,\ s - s_{n+1} \approx k\rho^{n+1},\ s - s_{n+2} \approx k\rho^{n+2}, \tag{2.34}$$

위 식에서 k, ρ를 소거하여 다음을 얻으므로,

$$\frac{s - s_{n+1}}{s - s_{n+2}} \approx \frac{\rho(s - s_n)}{\rho(s - s_{n+1})} = \frac{(s - s_n)}{(s - s_{n+1})} \Rightarrow (s - s_{n+1})^2 \approx (s - s_{n+2})(s - s_n), \tag{2.35}$$

결국 다음 결과를 얻는다.

$$s(s_n - 2s_{n+1} + s_{n+2}) \approx s_n s_{n+2} - s_{n+1}^2 \Rightarrow s \approx \frac{s_n s_{n+2} - s_{n+1}^2}{s_n - 2s_{n+1} + s_{n+2}} \quad . \tag{2.36}$$

그런데 위의 식 역시 근사적인 결과이므로, 위의 결과를 $s_n^{(1)}$이라고 하면 다음과 같이 가정할 수 있으며,

$$s \approx s_n^{(1)} + k\rho^n, \tag{2.37}$$

위에서와 같은 과정을 다시 한 번 거쳐 다음을 얻을 수 있고,

$$s_n^{(2)} \approx \frac{s_n^{(1)} s_{n+2}^{(1)} - {s_{n+1}^{(1)}}^2}{s_n^{(1)} - 2s_{n+1}^{(1)} + s_{n+2}^{(1)}} \quad , \tag{2.38}$$

명백히 위의 과정은 계속 반복적으로 적용할 수 있으므로 다음 결과를 얻는다.

정리 2.17: Aitken-Shanks 변환

무한 급수의 부분합으로 주어진 수열 s_n에 대해 다음과 같은 Aitken-Shanks 변환의 반복자(iterator)를 적용하여 급수의 합을 가속할 수 있다.

$$s_n^{(j+1)} \approx \frac{s_n^{(j)} s_{n+2}^{(j)} - {s_{n+1}^{(j)}}^2}{s_n^{(j)} - 2s_{n+1}^{(j)} + s_{n+2}^{(j)}} \quad , \ j = 0, 1, \cdots, N. \tag{2.39}$$

여기서 $s_n^{(0)} = s_n$이다.

표 2.1 Aitken-Shanks 변환

n	1	2	3	4	5	6	7
s_n	1.0	0.5	0.833333	0.583333	0.783333	0.616667	0.759524
$s_n^{(1)}$	0.7	0.690476	0.694444	0.692424	0.693590		
$s_n^{(2)}$	0.693277	0.693106	0.693163				
$s_n^{(3)}$	0.693149					$\ln 2 \simeq 0.693147$	

이제 AS 변환을 사용하여 $\ln 2$를 계산하기로 하자. 먼저 s_7까지 얻고 반복자를 3회 적용하여 표 2.1에 보인 결과를 얻는다. 변환을 사용하여 얻은 결과 $s_1^{(3)}$는 유효숫자 5 자리까지 정확한 결과이다. 각 항을 더하여 그 값을 구하는 경우에는 10^5 개의 항을 더해야 얻을 수 있는 정확도를 단지 7 항의 합을 구하고 거기에 AS 변환의 반복자를 3회 적용하여 얻었다는 점에 주목한다.

AS 변환을 사용하여 급수의 합을 구하는 경우, 반복자를 적용할 때마다 끝의 2 항이 없어지므로, 예를 들어 위에서와 같이 7 항으로 시작하면 세 번의 반복으로 원하는 값이 얻어지기 때문에, 반복자의 적용 횟수를 N이라고 하면 s_{2N+1}까지의 값을 구하여 AS 변환을 사용한다.

오일러 변환은 교대 급수(alternating series)에 대해 사용할 수 있는 방법인데 먼저 다음과 같은 연산자를 정의한다.

$$Ef(x) = f(x+h), \tag{2.40}$$

$$\Delta f(x) = f(x+h) - f(x) = (E-1)f(x). \tag{2.41}$$

다시 말하면 $\Delta = E-1$ 또는 $E = \Delta + 1$을 얻는다.

한편, 급수의 일반항을 u_n이라고 하면 $Eu_n = u_{n+1}$이라고 할 수 있으므로, 교대 급수에 대해 다음 결과를 얻는다.

$$\sum_{n=0}^{\infty}(-1)^n u_n = \sum_{n=0}^{\infty}(-E)^n u_0 = \frac{1}{(1+E)}u_0 = \frac{1}{(2+\Delta)}u_0 = \frac{1}{2}\frac{1}{\left(1+\dfrac{\Delta}{2}\right)}u_0, \tag{2.42}$$

여기서 두 번째 등호를 얻기 위해서는 초항이 1, 등비가 $-E$인 무한 등비 급수의 합에 대한 공식 $\sum_{n=0}^{\infty}(-E)^n = \frac{1}{(1+E)}$을 사용하였다. 이 식 마지막 항의 $\frac{1}{\left(1+\frac{\Delta}{2}\right)}$은 다시 무한 등비 급수 $\sum_{n=0}^{\infty}(-\frac{\Delta}{2})^n$의 형태로 쓸 수 있으므로, 다음 결과를 얻는다.

정리 2.18: 오일러 변환

교대 급수 $\sum_{n=0}^{\infty}(-1)^n u_n$의 합을 가속하여 얻기 위해 다음과 같은 오일러 변환을 사용할 수 있다.

$$\sum_{n=0}^{\infty}(-1)^n u_n = \frac{1}{2}\sum_{n=0}^{\infty}(-\frac{\Delta}{2})^n u_0. \tag{2.43}$$

그러므로 오일러 변환을 사용하기 위해서는 $\Delta^n u_0$, 즉 u_0의 n차 차분을 계산해야 하는데 이들은 표를 사용하여 계산하는 것이 더욱 편리하다.

오일러 변환을 사용하여 ln2를 계산하는데, 먼저 주어진 급수를 다음과 같이 바꾸어 쓰고,

$$s = 1-\frac{1}{2}+\frac{1}{3}-\frac{1}{4}+\cdots = s_6+\sum_{0}^{\infty}\frac{(-1)^n}{n+7}, \quad s_6 = 0.616667. \tag{2.44}$$

이 식 우변의 급수에 오일러 변환을 적용하여 표 2.2에 보인 결과를 얻는다.

표 2.2에서는 4차 차분을 사용하였으며, 유효숫자 5자리까지 정확한 결과를 얻었다. 오일러 변환을 사용하는 경우에는 u_0에 대한 n차 차분을 사용하므로, 통상 앞의 몇 항은 먼저 더한 후, 뒤의 항들에 대해 변환을 적용하며, n의 최대치인 N과 계산해야 할 차분의 최고차수는 동일하고, 위의 예에서는 $N=4$인 경우이다.

표 2.2 오일러 변환

n	u_n	Δu_n	$\Delta^2 u_n$	$\Delta^3 u_n$	$\Delta^4 u_n$	$\frac{(-1)^n \Delta^n u_0}{2^{n+1}}$
0	0.142857	-0.017857	0.003968	-0.001190	0.000433	0.071429
1	0.125000	-0.013889	0.002778	-0.000758		0.004464
2	0.111111	-0.011111	0.002020			0.000496
3	0.100000	-0.009091				0.000074
4	0.090909					0.000014
			$s_6 = 0.616667$		Total	0.076477
$\ln 2 \simeq 0.693147$					Final sum	0.693144

수학자들의 소개

- Aitken(1895-1967, New Zealand, UK), 통계학, 수치 해석, 대수학 등의 분야에서 주요한 공헌.
- Shanks(1812-1882, UK), π, e, γ(=오일러 상수) 등 무리수의 정확한 계산.

2.5 점근 급수

점근 급수(asymptotic series)에 대해 설명하기 위해 지수적분(exponential integral)을 예로 들어 살펴보기로 한다.

정의 2.10: 지수적분

지수적분 $E_1(x)$는 다음과 같이 정의한다[2].

$$E_1(x) = \int_x^\infty \frac{e^{-t}}{t} dt, \quad x \in (0, \infty), \tag{2.45}$$

오일러는 이 함수에 대해 다음과 같은 급수를 구하였다.

$$E_1(x) = -\gamma - \ln x - \sum_{n=1}^{\infty} \frac{(-1)^n x^n}{n n!}, \quad \gamma \simeq 0.5772157, \tag{2.46}$$

여기서 γ는 오일러 상수라고 부르며, 위의 식으로부터 지수적분은 $x \to 0$일 때, 대수함수 $-\ln x$의 특이성을 가짐을 알 수 있다.

식 (2.46) 우변의 급수는 유한한 모든 x에 대해 수렴하기는 하지만, 특히 x가 커지면 그 수렴이 매우 느려 앞 절에서 배웠던 변환을 사용하여 함수 값을 구하거나, 아니면 보다 근본적인 차원에서 $x \to \infty$일 때, 이 함수를 훨씬 쉽게 계산할 수 있도록 하는 급수를 얻는 방법을 고려해야 한다.

지수적분에 대해 그와 같은 급수를 얻는 가장 쉬운 방법은 식 (2.45) 우변의 적분에 부분적분을 반복적으로 적용하는 것이며, 이와 같은 방법을 사용하여 다음 결과를 얻는다.

$$E_1(x) = \int_x^{\infty} \frac{e^{-t}}{t} dt = -\frac{e^{-t}}{t}\Big|_x^{\infty} - \int_x^{\infty} \frac{e^{-t}}{t^2} dt = \frac{e^{-x}}{x} - \frac{e^{-x}}{x^2} + 2! \int_x^{\infty} \frac{e^{-t}}{t^3} dt \ ,$$

$$= \frac{e^{-x}}{x}\left\{1 - \frac{1}{x} + \frac{2!}{x^2} \cdots + \frac{(-1)^n n!}{x^n}\right\} + (-1)^{n+1}(n+1)! \int_x^{\infty} \frac{e^{-t}}{t^{n+2}} dt. \tag{2.47}$$

여기서 다음과 같이 나타내기로 하면,

$$\sigma_n = \frac{e^{-x}}{x}\left\{1 - \frac{1}{x} + \frac{2!}{x^2} \cdots + \frac{(-1)^n n!}{x^n}\right\}, \tag{2.48}$$

$$R_n = (-1)^{n+1}(n+1)! \int_x^{\infty} \frac{e^{-t}}{t^{n+2}} dt, \tag{2.49}$$

---

2) 여기서는 Abramowitz & Stegun(1970)의 정의를 따랐으며, 보통 지수적분을 나타내는데 사용되는 $Ei(x)$는 식 (2.45)와 다르게 정의됨에 유의한다.

지수적분을 다음과 같이 쓸 수 있다.

$$E_1(x) = \sigma_n + R_n. \tag{2.50}$$

식 (2.49)에서 $x \to \infty$이면 우변 적분의 값이 영이 되므로, $x \to \infty$일 때 식 (2.48)의 우변은 지수적분을 나타내는 표현식으로 볼 수 있으며, 따라서 다음과 같은 식을 얻는다.

$$xe^x\sigma_n = \sum_{k=0}^{n} \frac{(-1)^k k!}{x^k} = \sum_{k=0}^{n} b_k = s_n, \tag{2.51}$$

실제로 이 급수를 사용할 때는 $x \to \infty$가 아닌 유한한 x에 대해 사용하게 되므로, 약간의 문제점이 발생한다. 비율 검사에 의해 다음 결과를 얻는데,

$$r = \left| \frac{b_{k+1}}{b_k} \right| = \frac{k+1}{x}, \tag{2.52}$$

여기서 r은 $k+1 > x$이면 1보다 커지므로 $n \to \infty$인 경우 식 (2.51)의 급수는 모든 유한한 x에 대해 발산한다. 원래 이 급수는 $x \to \infty$인 경우에 대해 얻어진 것이므로, 이와 같은 현상은 오히려 당연한 것으로 볼 수 있다.

그럼에도 불구하고 식 (2.48)의 급수는 매우 유용한데, 일단 $x \to \infty$를 가정하면 r이 모든 유한한 k에 대해서는 영이 되기 때문이다. 결국 두 개의 극한 과정, 즉 $n \to \infty$와 $x \to \infty$의 극한을 어떻게 해석, 또는 적용하느냐에 따른 문제이다. 여기서 식 (2.51)의 급수는 $x \to \infty$임을 가정한 것을 강조하여 점근 급수라고 부르며, 유한한 x에 대해 사용할 때는 다음과 같은 규칙을 따르기로 한다.

이 급수의 일반항은 부호가 계속 바뀌는 교대 급수이므로, r의 값이 1에 가장 가까운 연속적인 두 개의 정수 k를 취하여 M, $M+1$이라고 하면, $r(M) \leq 1$, $r(M+1) > 1$임을 알 수 있는데, 따라서 유한한 x에 대한 점근 급수의 값은 s_M과 s_{M+1}의 평균치, 즉 $\frac{s_M + s_{M+1}}{2}$로 취한다.

이상에서 지수적분을 예로 들어 점근 급수에 대해 알아보았는데, 일반적인 점근 급수의 정의는 다음과 같다.

정의 2.11: 점근 급수

급수 $\sum_{k=0}^{\infty} a_k x^{-k}$가 다음 조건을 만족하면 $f(x)$의 $x \to \infty$일 때의 점근 급수라고 하고 $f(x) \sim \sum_{k=0}^{\infty} a_k x^{-k}$라고 쓴다. 즉 모든 양의 정수 n에 대해

$$\lim_{x \to \infty} x^n \left[f(x) - \sum_{k=0}^{\infty} a_k x^{-k} \right] = 0,$$

또는 $\lim_{x \to \infty} x^n [f(x) - s_{n+1}(x)] = \lim_{x \to \infty} x^n R_{n+1}(x) = 0$. 여기서 $s_{n+1} = \sum_{k=0}^{n} a_k x^{-k}$인 부분합이며, R_{n+1}은 잔여항이다.

즉 $R_{n+1}(x)$은 $\dfrac{1}{x^n}$보다 더 빨리 영에 접근하며, 따라서 $s_{n+1}(x)$에 속한 어떤 항보다도 더 빨리 영에 접근한다. 점근 급수를 나타내는데 기호 $\sim$을 사용한 것에 유의한다.

이와 같은 규칙을 따른다는 전제 하에 지수적분에 대한 위의 결과를 다음과 같이 나타낼 수 있다.

정리 2.19: 지수적분의 점근 급수

$x \in (0, \infty)$에 대해 정의된 지수적분 $E_1(x) = \int_x^{\infty} \frac{e^{-t}}{t} dt$은 $x \to \infty$인 경우 다음과 같은 점근 급수를 가진다.

$$f(x) = xe^x E_1(x) \sim \sum_{k=0}^{n} \frac{(-1)^k k!}{x^k}, \text{ 또는 } E_1(x) \sim \frac{e^{-x}}{x} \sum_{k=0}^{n} \frac{(-1)^k k!}{x^k}. \quad (2.53)$$

예를 들어 $E_1(10)$을 구하는 경우, $M=9$임을 알 수 있으며, 이는 표 2.3에서 확인할 수 있다.

표 2.3 점근 급수를 사용한 지수적분의 계산

k	b_k	s_n	r
0	1	1	0.1
1	-0.1	0.9	0.2
2	0.02	0.92	0.3
3	-0.006	0.914	0.4
4	0.0024	0.9164	0.5
5	-0.0012	0.9152	0.6
6	0.00072	0.91592	0.7
7	-0.000504	0.915416	0.8
8	0.0004032	0.9158192	0.9
9	-0.00036288	0.91545632	1.0
10	0.00036288	0.9158192	1.1
11	-0.000399168	0.915420032	1.2

이 예제의 경우에는 $k=9$에서 r의 값이 정확하게 1이 되므로, $M=9$를 취할 수 있으며, 따라서 급수의 값은 $\frac{s_9 + s_{10}}{2} = 0.915638$을 얻는다. Abramowitz & Stegun(1970)에 따르면 $f(10) = 0.915633$이므로, 그 오차는 5.46×10^{-6}이다. 단 지수적분의 값은 위에서 구한 값에 $\frac{e^{-x}}{x} = 4.54 \times 10^{-6}$을 곱해야 하므로, 위의 방법으로 지수적분의 값을 구한다면 유효숫자는 소수점 이하 10 자리 이상이다.

점근 급수는 $x \to \infty$임을 가정할 수 있는 경우에는 한 항만으로, 즉 1항 근사만으로도 함수의 특성을 간결하게 표현할 수 있다는 점에서, 소위 점근 해석(asymptotic analysis)에서는 대단히 유용하게 쓰인다. 예를 들어 지수적분에 대해서는 다음과 같이 쓸 수 있다[그림 2.2 참조].

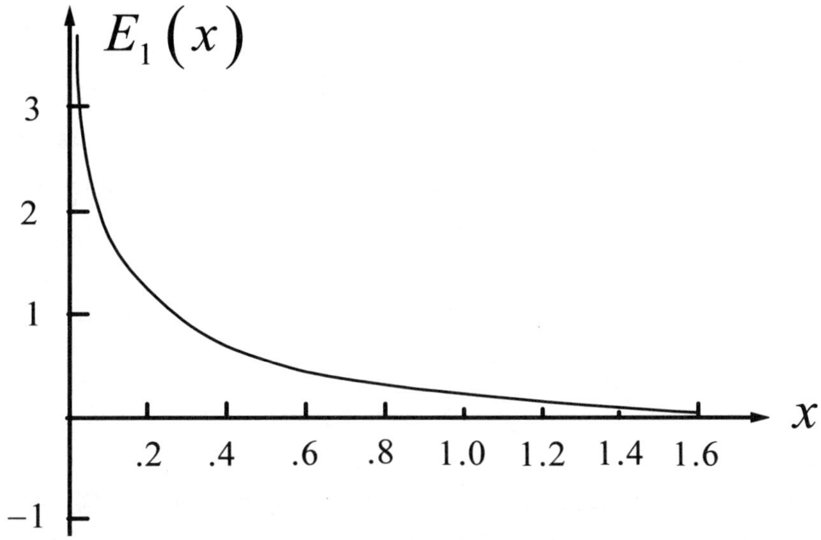

그림 2.2 지수적분

정리 2.20: 지수적분의 점근식

$x \to 0$, $x \to \infty$일 때 지수적분은 각각 다음과 같은 점근식을 가진다.

$$E_1(x) \sim -\ln x, \ x \to 0, \tag{2.54}$$

$$E_1(x) \sim \frac{e^{-x}}{x}, \ x \to \infty. \tag{2.55}$$

다양한 함수들에 대해 위에 보인 것과 유사한 해석을 수행할 수 있으며, 이와 같은 점근 급수를 사용하면 함수의 값을 보다 쉽게 구할 수 있을 뿐만 아니라. 함수의 특성을 간결하게 나타낼 수 있으므로, 매우 광범위하게 사용되고 있음을 첨언하며 이 장을 마친다.

연습문제

1. x축 상의 $0 \le x < 1$인 점들의 집합을 생각하는데, 유클리드 거리 함수 $d(x_1, x_2) = |x_1 - x_2|$를 사용하기로 한다. 이 집합의 모든 극한점들을 구하고, 이 집합이 닫혔는지, 유계인지에 대해 답하시오. 또 다음과 같은 거리 함수를 사용하여,

$$d(u,v) = \begin{cases} 0, & u = v \\ 1, & u \ne v \end{cases}$$

위의 질문들에 다시 답하시오.

2. $x \in [0,1)$ 상에 정의된 모든 미분 가능한 함수들의 집합을 생각하는데, 거리 함수는 $d(u,v) \equiv \max|u(x) - v(x)|$, $x \in [0,1)$를 사용한다. 이 집합이 유계인지 답하시오. 또 이 집합이 닫히지 않았음을 보이시오. 힌트: 다음 정리를 사용하시오.

정리 2.21: Weierstrass의 근사 정리(Weierstrass approximation theorem)

만약 $f(x)$가 실수의 값을 가지고 구간 $x \in [a,b]$에서 연속이면, 아무리 작다고 하더라도 양의 ϵ이 주어질 때, 생각하는 구간 내의 모든 x들에 대해 $|f(x) - p(x)| < \epsilon$인 다항식 $p(x)$가 존재한다.

3. 다음의 각 급수들이 수렴 또는 발산하는지 결정하시오. 선호하는 검사를 사용하되 가능한 경우에는 하나 이상의 검사를 사용하시오.

1) $\displaystyle\sum_{n=1}^{\infty} (n+3)^{-3/2}$, 2) $\displaystyle\sum_{n=1}^{\infty} \frac{n}{n^2 + 3\ln n}$, 3) $\displaystyle\sum_{n=1}^{\infty} e^{1/n}$, 4) $\displaystyle\sum_{n=1}^{\infty} \left(\frac{n^2 + 2n - 1}{n^4 + 3}\right)^{3/2}$,

5) $\sum_{n=1}^{\infty} \frac{n!}{n^n}$, 6) $\sum_{n=1}^{\infty} n^{-100}$ (비율 검사를 사용하시오), 7) $\sum_{n=1}^{\infty} \left(1+\frac{1}{n^2}\right)$,

8) $\sum_{n=1}^{\infty} \left[1+n\ln\left(\frac{2n-1}{2n+1}\right)\right]$.

4. 다음 급수들의 절대 수렴, 조건 수렴, 또는 발산을 결정하시오.

1) $\sum_{n=1}^{\infty} (-1)^n \ln\left(1+\frac{1}{\sqrt{n}}\right)$, 2) $\sum_{n=1}^{\infty} \frac{\sin(n\pi/4)}{\ln(n+1)}$, 3) $\sum_{n=1}^{\infty} \frac{(-1)^n}{2^n}$,

4) $\sum_{n=1}^{\infty} (-1)^n \ln\left(1+\frac{1}{n^4}\right)$.

5. 다음 적분의 피적분 함수를 Lagrange 잔여항을 가지는 테일러 공식에 따라 전개하여, 적분을 네 자리까지 계산하는데, 잔여항에 대해 보수적으로 산정하여 원하는 정확도를 보장하시오.

$$I = \int_0 x^{1/3} e^x dx.$$

6. $|\rho| < 1$일 때, $s = s_n + \kappa\rho^n + \alpha_n$이며, 또 $n \to \infty$일 때, $\frac{\alpha_n}{\kappa\rho^n} \to \infty$ 임을 가정하고, $s = s_n^{(1)} + \beta_n$임을 보이시오, 단 $n \to \infty$일 때, $\frac{\beta_n}{\kappa\rho^n} \to 0$이며, 따라서 식 (2.36), $s_n^{(1)} = \frac{s_n s_{n+2} - s_{n+1}^2}{s_n - 2s_{n+1} + s_{n+2}}$으로 정의된 수열 $s_n^{(1)}$은 원래의 수열 s_n보다 더 빨리 수렴한다.

7. 식 (2.44)에 보인 급수를 계산하는데 본문에서 보인 바와 같이 처음 여섯 항은 그냥 더하고 나중 다섯 항에 대해 오일러 변환을 취하는 대신, 처음 다섯 항에 대해 그냥 오일러 변환을 취하여 그 결과를 구하고, 본문에서 얻은 정확도와 비교 검토하시오.

8. 표 2.3에서 $k=10$부터 14까지의 다섯 항에 대해 오일러 변환을 취해 그 값이 0.0000177203임을 보이시오.

9. 다음 점근 전개를 얻고,

$$\int_0^\infty \frac{e^{-xt}}{1+t^2}dt \sim \frac{1}{x}-\frac{2!}{x^3}+\frac{4!}{x^5}-\cdots,\ x\to\infty \text{일 때,}$$

이 전개가 점근적임을 입증하시오-즉 점근 급수의 정의를 만족함을 보이시오.

3장

특이 적분

통상 우리가 사용하는 적분은 정의 1.5에서 생각했던 리만 적분이며 리만 합의 극한으로 정의된다. 이와 같은 적분의 구간이 다음에 보인 바와 같이 $\pm\infty$로 주어지거나,

$$I = \int_0^\infty f(x)dx, \tag{3.1}$$

또는 피적분 함수(integrand)가 아래 예에서와 같이 적분 구간 내에서 유한하지 않을 때,

$$I = \int_0^{10} \frac{dx}{x-5}, \tag{3.2}$$

그와 같은 적분을 **특이 적분**(singular integral)이라고 부른다.

적분 구간의 크기가 무한히 크거나, 적분 구간 내에서 피적분 함수의 크기가 무한히 큰 경우는 리만 적분의 정의를 그대로 따라서는 이들 적분을 계산하기 곤란하기 때문에 이와 같은 특이 적분은 그 정의를 제대로 알아야 올바른 적분값을 얻을 수 있다.

이 장에서는 특이 적분의 적분 가능성, 수렴성, 특이 적분으로 정의된 함수의 예로서 감마 함수와 베타 함수, 그리고 실제 계산에 관하여 차례로 고찰한다.

3.1 적분 가능성과 수렴성

먼저 식 (3.1)과 같이 적분 구간이 $\pm\infty$로 주어진 경우에 대해서, 그 적분의 값은 다음과 같이 정의한다.

정의 3.1: 특이 적분 1

$$\int_0^{\infty} f(x)dx \equiv \lim_{b\to\infty}\int_0^b f(x)dx, \tag{3.3}$$

$$\int_{-\infty}^{\infty} f(x)dx \equiv \lim_{a\to\infty}\int_{-a}^0 f(x)dx + \lim_{b\to\infty}\int_0^b f(x)dx. \tag{3.4}$$

식 (3.4)의 경우, $-a$부터 0까지의 적분과 0부터 $b(\neq a)$까지의 적분의 극한의 합으로 정의된 점에 유의한다.

예를 들어 다음과 같이 p-적분이라고 불리는 적분을 생각하면,

$$I=\int_1^{\infty}\frac{dx}{x^p}, \tag{3.5}$$

식 (3.3)의 정의를 사용하여 다음을 얻는다.

$$I=\lim_{b\to\infty}\int_1^b\frac{dx}{x^p}=\lim_{b\to\infty}\begin{cases}\left.\dfrac{x^{1-p}}{1-p}\right|_1^b=\dfrac{b^{1-p}-1}{1-p}, & p\neq 1\\ \ln x\big|_1^b=\ln b, & p=1,\end{cases}, \tag{3.6}$$

그러므로 $p\le 1$이면 $I\to\infty$이고, $p>1$이면 $I\to 0$을 얻으므로, 식 (3.5)로 주어지는 p-적분은 $p\le 1$이면 발산하고, $p>1$이면 0으로 수렴한다.

또한 다음 적분에 대해서는

$$I = \int_{-\infty}^{\infty} x dx, \tag{3.7}$$

식 (3.4)의 정의를 사용하여 다음을 얻는다.

$$I = \lim_{a \to \infty} \int_{-a}^{0} x dx + \lim_{b \to \infty} \int_{0}^{b} x dx = \lim_{a \to \infty} \frac{x^2}{2} \Big|_{-a}^{0} + \lim_{b \to \infty} \frac{x^2}{2} \Big|_{0}^{b} = - \lim_{a \to \infty} \frac{a^2}{2} + \lim_{b \to \infty} \frac{b^2}{2}. \tag{3.8}$$

그러므로 식 (3.7)의 적분은 발산한다.

식 (3.2)와 같이 피적분 함수의 값이 적분 구간 내에서 무한히 큰 경우, 그 적분의 값은 다음과 같이 정의한다.

정의 3.2: 특이 적분 2

피적분 함수 $f(x)$가 적분 구간 $[a,b]$내의 점 c에서 무한히 커질 때, 적분값은 다음과 같이 정의한다.

$$\int_{a}^{b} f(x) dx \equiv \lim_{\epsilon_1 \to 0} \int_{a}^{c-\epsilon_1} f(x) dx + \lim_{\epsilon_2 \to 0} \int_{c+\epsilon_2}^{b} f(x) dx. \tag{3.9}$$

이 식에서 c를 중심으로 좌우의 적분 구간을 결정하는 값이 ϵ_1과 $\epsilon_2(\neq \epsilon_1)$로 되어 있는 점에 유의한다.

예를 들어 위에서 고려했던 p-적분을 적분의 하한과 상한을 변경하여 다음과 같은 적분에 대해 생각하면,

$$I = \int_{0}^{1} \frac{dx}{x^p}, \tag{3.10}$$

식 (3.9)의 정의를 사용하여 다음을 얻는다.

$$I=\lim_{\epsilon\to 0}\int_{\epsilon}^{1}\frac{dx}{x^p}=\lim_{\epsilon\to 0}\begin{cases}\left.\dfrac{x^{1-p}}{1-p}\right|_{\epsilon}^{1}=\dfrac{1-\epsilon^{1-p}}{1-p}, & p\neq 1\\ \ln x|_{\epsilon}^{1}=-\ln\epsilon, & p=1,\end{cases} \tag{3.11}$$

그러므로 $p<1$이면 $I\to 0$이고, $p\geq 1$이면 $I\to\infty$를 얻으므로, 식 (3.10)으로 주어지는 p-적분은 $p<1$이면 $\dfrac{1}{1-p}$로 수렴하고, $p\geq 1$이면 발산한다.

또한 다음 적분에 대해서는

$$I=\int_0^3\frac{dx}{x-1}, \tag{3.12}$$

식 (3.9)의 정의를 사용하여 다음을 얻는다.

$$\begin{aligned}I&=\lim_{\epsilon_1\to 0}\int_0^{1-\epsilon_1}\frac{dx}{x-1}+\lim_{\epsilon_2\to 0}\int_{1+\epsilon_2}^{3}\frac{dx}{x-1}\\&=\lim_{\epsilon_1\to 0}\ln|x-1|\Big|_0^{1-\epsilon_1}+\lim_{\epsilon_2\to 0}\ln|x-1|\Big|_{1+\epsilon_2}^{3}=\lim_{\epsilon_1\to 0}\ln\epsilon_1+\lim_{\epsilon_2\to 0}(\ln 2-\ln\epsilon_2).\end{aligned} \tag{3.13}$$

그러므로 식 (3.12)의 적분은 발산한다.

만약 식 (3.9)의 정의에서 $\epsilon_1=\epsilon_2=\epsilon$으로 취하였으면 식 (3.13)은 영이 되므로 식 (3.12)의 적분은 ln2로 수렴한다는 결과를 얻는다. 실제로 코쉬는 식 (3.9) 대신에 다음과 같은 코쉬 주치적분(Cauchy principal value integral)을 정의하였다[그림 3.1 참조].

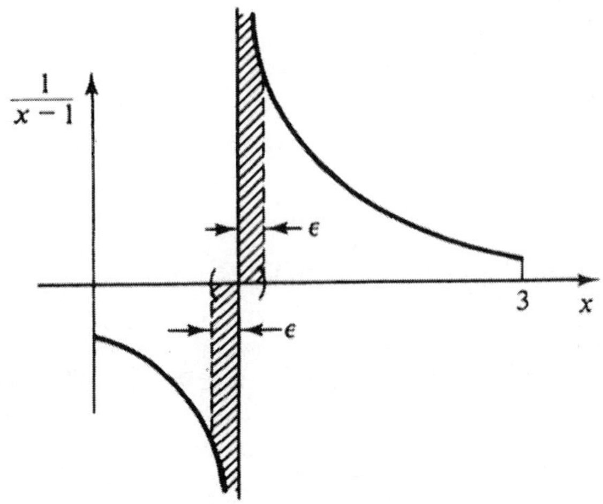

그림 3.1 코쉬 주치적분

정의 3.3: 코쉬 주치적분

피적분 함수 $f(x)$가 적분 구간 $[a,b]$ 내의 점 c에서 무한히 커질 때, 코쉬 주치적분은 다음과 같이 정의한다.

$$PV\int_a^b f(x)dx \equiv \lim_{\epsilon\to 0}\left(\int_a^{c-\epsilon} f(x)dx + \int_{c+\epsilon}^b f(x)dx\right). \qquad (3.14)$$

정리 3.1: 코쉬 주치적분

식 (3.9)로 정의된 일반적인 적분값이 존재하면 코쉬 주치적분도 존재하나, 그 역은 성립하지 않는다.

위의 예에서도 보았지만 적분의 경우에도 발산하는 경우가 많이 있으므로 적분의 수렴성을 판정할 수 있는 방법이 필요하며, 이들 방법은 무한 급수의 수렴성에 대한 검사와 매우 유사하다.

먼저 피적분 함수가 적분 구간 내에서 영보다 큰 경우에 대해 생각한다.

정리 3.2: 비교 검사

두 적분 $\int_a^\infty f(x)dx$, $\int_a^\infty g(x)dx$가 충분히 큰 x에 대해 $f(x) < Kg(x)$를 만족하고, $\int_a^\infty g(x)dx$가 수렴하면 $\int_a^\infty f(x)dx$ 역시 수렴한다. 여기서 K는 영보다 큰상수이다. 한편 충분히 큰 x에 대해 $f(x) > kg(x)$를 만족하고, $\int_a^\infty g(x)dx$가 발산하면 $\int_a^\infty f(x)dx$ 역시 발산한다. 여기서 k는 영보다 큰 상수이다.

피적분 함수의 부호가 적분 구간 내에서 일정하지 않은 경우에는 적분에 대해서도 절대 수렴의 개념을 정의할 필요가 있다.

정의 3.4: 적분의 절대 수렴

적분 $\int_a^\infty f(x)dx$에 대해 $\int_a^\infty |f(x)|dx$가 수렴하면 $\int_a^\infty f(x)dx$는 절대 수렴한다고 한다.

위의 정의에 따라 적분 $\int_a^\infty f(x)dx$가 절대 수렴하면 $\int_a^\infty f(x)dx$ 역시 수렴함을 알 수 있다.

정리 3.3: Dirichlet 검사

$x \to \infty$일 때 $g(x) \downarrow 0$, 즉 단조적으로 영으로 감소하고, a보다 큰 모든 x에 대해 $\int_a^x |f(x)|dx < M$을 만족하는 $M < \infty$이 존재하면, 적분 $\int_a^\infty f(x)g(x)dx$는 수렴한다.

예를 들어 다음과 같은 적분을 생각하면,

$$I = \int_2^\infty f(x)dx = \int_2^\infty \frac{(x^3+1)e^{-x}dx}{\sqrt{x}\ln x}, \tag{3.15}$$

$x \to \infty$일 때, 다음을 얻으며,

$$f \sim \frac{x^{5/2}e^{-x}}{\ln x} < x^{5/2}e^{-x} = \frac{x^{5/2}}{e^x} < \frac{4!x^{5/2}}{x^4} = \frac{4!}{x^{3/2}}, \tag{3.16}$$

식 (3.6) 아래에서 얻은 결과에 따라 $p = \frac{3}{2} > 1$이므로, 비교 검사에 따라 식 (3.15)의 적분은 수렴함을 알 수 있다.

또한 다음과 같은 적분을 생각하면,

$$I = \int_0^\infty \sin\xi^2 d\xi, \tag{3.17}$$

$\xi^2 = x$의 치환을 고려하면 다음을 얻고,

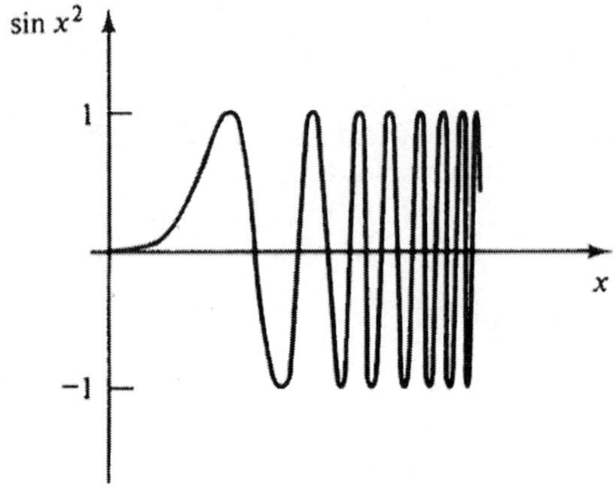

그림 3.2 상쇄에 의한 적분의 수렴

$$I = \int_0^\infty \sin x \frac{dx}{2\sqrt{x}}, \tag{3.18}$$

$x \to \infty$일 때, $x^{-1/2} \downarrow 0$이고, 또 모든 $a > 0$에 대해서 다음을 얻으므로,

$$\left| \int_0^a \sin x dx \right| = \left| -\cos x \Big|_0^a \right| = |1 - \cos a| < 3, \tag{3.19}$$

Dirichlet 검사에 따르면 식 (3.17)의 적분은 수렴한다[그림 3.2 참조].

3.2 감마 함수와 베타 함수

이 절에서는 특이 적분으로 정의된 함수인 감마 함수(gamma function)와 베타 함수(beta function)에 대해 고찰함으로써 역학과 관련된 계산에서 자주 나타나는 특이 적분들에 대한 결과를 얻고자 한다. 먼저 자변수(argument)가 영보다 큰 경우에 대한 감마 함수의 정의는 다음과 같다.

정의 3.5: 자변수가 영보다 큰 감마 함수

감마 함수 $\Gamma(x)$는 $x>0$에 대해 다음과 같이 정의한다.

$$\Gamma(x) \equiv \int_0^\infty t^{x-1}e^{-t}dt. \tag{3.20}$$

지수적분에 대한 결과인 다음 식과 비교하여

$$E_1(x) = \int_x^\infty \frac{e^{-t}}{t}dt \sim -\ln x,\ x\to 0. \tag{2.46}$$

$x\to 0$일 때의 감마 함수에 대해 다음 결과를 얻는다.

$$\Gamma(x) \to \infty. \tag{3.21}$$

식 (3.20)의 정의에 부분적분을 적용하면 다음과 같은 반복 공식(recursion formula)을 얻는다.

$$\Gamma(x) = -t^{x-1}e^{-t}\Big|_0^\infty + (x-1)\int_0^\infty t^{x-2}e^{-t}dt = (x-1)\Gamma(x-1),\ x>1. \tag{3.22}$$

$x \in (0,1]$에 대해 감마 함수의 값을 알면 이 반복 공식을 사용하여 $x>0$인 감마 함수의 값을 모두 구할 수 있다. 예를 들어 $\Gamma(2.5)$에 대해 다음 결과를 얻는다.

$$\Gamma(2.5) = 1.5\Gamma(1.5) = (1.5)(0.5)\Gamma(0.5). \tag{3.23}$$

반복 공식에서 x가 정수 n인 경우, 감마 함수는 계승 함수(factorial function)가 된다. $n=1$일 때는 다음을 얻으므로,

$$\Gamma(1)=\int_{0}^{\infty}e^{-t}dt=1, \tag{3.24}$$

결국 식 (3.22)의 반복 공식으로부터 다음을 얻는다.

$$\Gamma(n+1)=n\Gamma(n)=n!. \tag{3.25}$$

이 결과로부터 감마 함수는 계승 함수의 확장임을 알 수 있으며, 오일러에 기인하는 식 (3.20)의 정의 또한 그런 관점에서 얻어졌다.

$x=\dfrac{1}{2}$일 때는 $\left\{\Gamma\left(\dfrac{1}{2}\right)\right\}^2$을 고려하고, $u=\sqrt{t}$, $v=\sqrt{\tau}$의 치환을 고려하여 다음 결과를 얻는데,

$$\left\{\Gamma\left(\frac{1}{2}\right)\right\}^2=\int_{0}^{\infty}\frac{e^{-t}dt}{\sqrt{t}}\int_{0}^{\infty}\frac{e^{-\tau}d\tau}{\sqrt{\tau}}=4\int_{0}^{\infty}e^{-u^2}du\int_{0}^{\infty}e^{-v^2}dv, \tag{3.26}$$

이 식에 $r^2=u^2+v^2$, $\theta=\tan^{-1}\dfrac{v}{u}$의 치환을 적용하면 $dudv=rdrd\theta$이므로 다음을 얻으며,

$$\left\{\Gamma\left(\frac{1}{2}\right)\right\}^2=4\int_{0}^{\infty}\int_{0}^{\pi/2}e^{-r^2}rdrd\theta=\pi\int_{0}^{\infty}e^{-r^2}d(r^2)=\pi\int_{0}^{\infty}e^{-\xi}d\xi=\pi, \tag{3.27}$$

결국 다음 결과를 얻는다.

$$\Gamma\left(\frac{1}{2}\right)=\sqrt{\pi}. \tag{3.28}$$

한편, $x<0$에 대해, 즉 자변수가 영보다 작은 경우에 대한 감마 함수는 반복 공식을 이용하여 다음과 같이 정의할 수 있다.

정의 3.6: 자변수가 영보다 작은 감마 함수

감마 함수 $\Gamma(x)$는 $x<0$에 대해 다음과 같이 정의한다.

$$\Gamma(x) \equiv \frac{\Gamma(x+1)}{x}. \tag{3.29}$$

예를 들어 $\Gamma(-2.5)$에 대해 다음 결과를 얻는다.

$$\Gamma(-2.5) = \frac{\Gamma(-1.5)}{(-2.5)} = \frac{\Gamma(-0.5)}{(-2.5)(-1.5)} = \frac{\Gamma(0.5)}{(-2.5)(-1.5)(-0.5)}. \tag{3.30}$$

따라서 $x \in (0,1]$에 대해 감마 함수의 값을 알면 $x \in (-\infty, \infty)$인 감마 함수의 값을 모두 구할 수 있다.

식 (3.29)의 정의로부터 x가 음의 정수인 경우에는 결국 $\Gamma(-1)$이 곱해진 형태의 값을 얻게 되는데, $\Gamma(-1)$에 대해 다음을 얻으므로,

$$\Gamma(-1) = \frac{\Gamma(0)}{(-1)} \to -\infty, \tag{3.31}$$

$\Gamma(-n)$은 발산함을 알 수 있다[그림 3.3 참조].

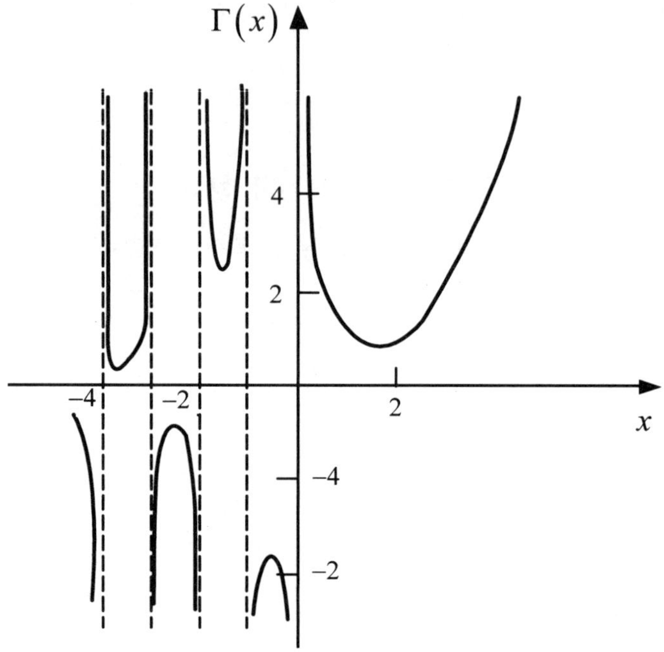

그림 3.3 감마 함수

감마 함수는 $x > 0$일 때, $x \simeq 1.46163$에서 최소값 $\Gamma(x) \simeq 0.88560$을 가지며, $x < 0$일 때는 음의 정수를 제외한 모든 점에서 유한한 값을 가짐에 유의한다.

감마 함수는 $x \to \infty$일 때 다음과 같은 **Stirling의 공식**(Stirling's formula)을 사용하여 점근적으로 나타낼 수 있다.

$$\Gamma(x) \sim \sqrt{\frac{2\pi}{x}} \left(\frac{x}{e}\right)^x. \tag{3.32}$$

감마 함수와 밀접한 관련을 가진 베타 함수는 다음과 같이 정의된다.

정의 3.7: 베타 함수

베타 함수 $B(a,b)$는 다음과 같이 정의한다.

$$B(a,b) \equiv \int_0^1 x^{a-1}(1-x)^{b-1}dx. \tag{3.33}$$

위의 정의에 $x=\cos^2 t$의 치환을 적용하면 $dx=-2\cos t\sin t$이므로 다음을 얻는데,

$$B(a,b) = 2\int_0^{\pi/2} \cos^{2a-1}t\sin^{2b-1}t\,dt, \tag{3.34}$$

이 식은 식 (3.33) 대신에 베타 함수의 정의로 사용되기도 한다.

베타 함수와 감마 함수의 관계를 얻기 위해 다음을 생각한다.

$$I=\Gamma(a)\Gamma(b)=\int_0^\infty t^{a-1}e^{-t}dt\int_0^\infty \tau^{b-1}e^{-\tau}d\tau, \tag{3.35}$$

이 식에 $t=\xi^2$, $\tau=\eta^2$의 치환을 적용하면 $dt=2\xi d\xi$이므로 다음을 얻고,

$$I=4\int_0^\infty \xi^{2a-1}e^{-\xi^2}d\xi\int_0^\infty \eta^{2b-1}e^{-\eta^2}d\eta=4\int_0^\infty\int_0^\infty \xi^{2a-1}\eta^{2b-1}e^{-(\xi^2+\eta^2)}d\xi d\eta, \tag{3.36}$$

여기에 $r^2=\xi^2+\eta^2$, $\theta=\tan^{-1}\dfrac{\eta}{\xi}$의 치환을 다시 적용하면 $d\xi d\eta=rdrd\theta$이므로 다음을 얻으며,

$$I=4\int_0^{\infty}\int_0^{\pi/2} r^{2a+2b-2}\cos^{2a-1}\theta\sin^{2b-1}\theta\, e^{-r^2} r dr d\theta$$

$$=2\int_0^{\pi/2}\cos^{2a-1}\theta\sin^{2b-1}\theta d\theta\int_0^{\infty} 2r^{2a+2b-1}e^{-r^2}dr, \qquad (3.37)$$

이 식 우변의 첫 번째 적분은 식 (3.34)에 의해 $B(a,b)$이며, 마지막 적분에는 $r^2=\rho$의 치환을 적용하면 다음을 얻으므로,

$$I=B(a,b)\int_0^{\infty}\rho^{a+b-1}e^{-\rho}d\rho = B(a,b)\Gamma(a+b), \qquad (3.38)$$

결국 식 (3.35)와 위 식으로부터 **베타 함수와 감마 함수 사이의 관계식**을 다음과 같이 얻는다.

$$B(a,b)=\frac{\Gamma(a)\Gamma(b)}{\Gamma(a+b)}. \qquad (3.39)$$

예를 들어 다음과 같은 적분을 생각하면,

$$I=\int_0^{\pi/2}\sin^{\frac{2n}{3}} x\, dx, \qquad (3.40)$$

이 적분은 $2a-1=0,\ 2b-1=\dfrac{2n}{3}$인 베타 함수이므로 다음을 얻는다.

$$I=B\left(\frac{1}{2},\frac{n}{3}+\frac{1}{2}\right)=\frac{\Gamma\left(\frac{1}{2}\right)\Gamma\left(\frac{n}{3}+\frac{1}{2}\right)}{\Gamma\left(\frac{n}{3}+1\right)}=\sqrt{\pi}\,\frac{\Gamma\left(\frac{n}{3}+\frac{1}{2}\right)}{\Gamma\left(\frac{n}{3}+1\right)}. \qquad (3.41)$$

여기서 마지막 등호는 위에서 얻은 식 (3.28)을 이용하여 얻었다.

수학자들의 소개

- Stirling(1692-1770, UK): 유한 차분, 급수의 수렴 가속, 점근 해석 등에 기여.

3.3 특이 적분의 실제 계산

이 절에서는 6 개의 예제를 통해 실제 특이 적분을 계산하는 방법에 대해 알아본다.

1) 먼저 적분 변수의 **치환**은 항상 고려해 보아야 하는 주요한 방법인데, 다음과 같은 적분을 생각하자.

$$I=\int_0^\infty e^{-x^4}dx, \tag{3.42}$$

이 경우에는 $x^4=t$의 치환을 적용하면 $4x^3dx=dt$, 즉 $dx=\frac{1}{4}t^{-3/4}dt$이므로 다음을 얻는다.

$$I=\frac{1}{4}\int_0^\infty t^{-3/4}e^{-t}dt=\frac{1}{4}\Gamma\left(\frac{1}{4}\right). \tag{3.43}$$

2) 다음과 같은 **오일러 공식**(Euler formula)을 사용할 수 있는 경우도 많은데,

$$e^{ix}=\cos x+i\sin x, \tag{3.44}$$

예를 들어 다음과 같은 적분에 대해서는,

$$I = \int_0^\infty e^{-\alpha x}\sin\beta x\, dx,\ \ \alpha > 0, \tag{3.45}$$

피적분 함수 $f(x)$를 다음과 같이 바꾸어 쓸 수 있다.

$$f(x) = \mathrm{Im}e^{(-\alpha+i\beta)x}, \tag{3.46}$$

여기서 Im는 허수부를 뜻한다. 이 식을 식 (3.45)에 대입하여 다음을 얻는다[1].

$$I = \mathrm{Im}\int_0^\infty e^{(-\alpha+i\beta)x}\, dx = \mathrm{Im}\frac{e^{(-\alpha+i\beta)x}}{-\alpha+i\beta}\Bigg|_0^\infty = \mathrm{Im}\frac{1}{\alpha-i\beta} = \frac{\beta}{\alpha^2+\beta^2}. \tag{3.47}$$

3) 주어진 적분을 구하는데 피적분 함수를 **매개변수**를 사용하여 보다 일반적인 함수이지만 보다 다루기 쉬운 적분으로 바꿀 수도 있으며, 이 적분에 대한 결과를 얻은 후 매개변수에 특정한 값을 대입하여 원래의 적분값을 구할 수 있다. 예를 들어 다음과 같은 적분이 주어진 경우,

$$I = \int_0^\infty \frac{\sin x}{x}\, dx, \tag{3.48}$$

위의 적분 대신 매개변수 α를 도입하여 다음과 같은 적분을 생각한다.

$$J(\alpha) = \int_0^\infty \frac{e^{-\alpha x}\sin x}{x}\, dx. \tag{3.49}$$

1) 아직 복소함수를 다루지 않았으므로 사실 식 (3.47)에 보인 것과 같은 연산이 허용이 되는지 안 되는지를 모르지만, 나중에 이와 같은 연산의 적합성을 보이기로 한다.

여기서 물론 $I=J(0)$이다. 위 식을 α에 대해 한 번 미분하여 다음을 얻고,

$$\frac{dJ}{d\alpha}=-\int_0^\infty e^{-\alpha x}\sin x\,dx, \tag{3.50}$$

식 (3.47)의 결과를 이용하여 다음을 얻으므로,

$$\frac{dJ}{d\alpha}=-\frac{1}{s^2+\alpha^2}, \tag{3.51}$$

이 식을 α에 대해 한 번 적분하여 다음 결과를 얻는다.

$$J(\alpha)=-\tan^{-1}\alpha+C. \tag{3.52}$$

식 (3.49)로부터 $J(\infty)=0$을 알 수 있으므로, $C=\frac{\pi}{2}$를 얻고, 따라서 결국 I에 대해 다음을 얻는다.

$$I=J(0)=\frac{\pi}{2}. \tag{3.53}$$

이하에서는 적분을 수치적으로 구하는 방법에 대해 생각한다.

4) 정리 2.18에서 논의하였던 **오일러 변환**을 사용하여 주어진 적분값을 수치적으로 구할 수 있는데, 여기서는 예를 들어 식 (3.48)의 적분을 계산하기로 한다.

먼저 오일러 변환을 사용하기 위해서는 식 (3.48)로부터 교대 급수를 얻어야 하므로, $[0,\infty]$의 구간을 π-소구간으로 나누어 각 소구간에 대한 적분값으로 급수를 구성하면 다음과 같은 교대 급수를 얻는다.

$$I=\int_0^\infty \frac{\sin x}{x}dx=\sum_{n=0}^{\infty}\int_{n\pi}^{(n+1)\pi}\frac{\sin x}{x}dx=\sum_{n=0}^{\infty}(-1)^n a_n. \tag{3.54}$$

여기서 a_n은 심프슨 규칙을 사용하여 구할 수 있으며, 표 3.1에 보였다. 앞의 네 항은 미리 더하고 뒤의 다섯 항에 대해 오일러 변환을 사용하면 표 3.2에 보인 결과를 얻는다.

표 3.1 교대 급수의 각 항

a_1	a_2	a_3	a_4	a_5	a_6	a_7	a_8	a_9
1.85194	0.43379	0.25661	0.18260	0.14180	0.11593	0.09850	0.08495	0.07495

표 3.2 오일러 변환

n	u_n	Δu_n	$\Delta^2 u_n$	$\Delta^3 u_n$	$\Delta^4 u_n$	$\dfrac{(-1)^n \Delta^n u_0}{2^{n+1}}$
0	0.14180	-0.02587	0.00844	-0.00456	0.00423	0.07090
1	0.11593	-0.01743	0.00388	-0.00033		0.00646
2	0.09850	-0.01355	0.00355			0.00105
3	0.08495	-0.01000				0.00028
4	0.07495					0.00013
			$s_4 = 1.49216$		Total	0.07882
$I \simeq 1.57080$					Final sum	1.57098

표에서는 유효숫자 4 자리의 결과를 얻었음에 반하여, 오일러 변환을 사용하지 않고, 표 3.1에서 구한 값들을 직접 더하면 $s_9 = 1.60653$을 얻어 상당히 큰 오차가 있는 점에 유의한다.

5) 피적분 함수가 적분 구간 내에서 무한히 큰 값을 가질 때, 즉 특이점을 가질 때는 수치적인 방법을 적용하기 전에 특이점을 제거해 주어야 하는데, 이와 같은 방법은 비특이화(desingularization)라고 부른다.

예를 들어 다음과 같은 특이 적분이 주어진 경우,

$$I = \int_0^1 \frac{\cos(x^2+2)}{\sqrt{x}}\, dx, \tag{3.55}$$

피적분 함수는 $x=0$에서 특이점을 가진다. 위의 적분을 다음과 같이 바꾸어 쓰면,

$$I=\int_0^1 \frac{\cos(x^2+2)-\cos 2}{\sqrt{x}}\,dx+\cos 2\int_0^1 \frac{dx}{\sqrt{x}}=I_1+\cos 2\, I_2, \quad (3.56)$$

여기서 두 번째 적분에 대해서는 $I_2=2\sqrt{x}\,\Big|_0^1=2$를 얻는다. 한편, 첫 번째 적분 I_1은 분모, 분자가 $x=0$에서 모두 영의 값을 가지므로, 먼저 $\cos(x^2+2)$의 $x=0$에 대한 테일러 급수를 고려하여 다음을 얻고,

$$\cos(x^2+2)=\cos 2-(\sin 2)x^2+\cdots, \quad (3.57)$$

이를 이용하여 다음을 얻으므로,

$$\lim_{x\to 0}\frac{\cos(x^2+2)-\cos 2}{\sqrt{x}}=-\lim_{x\to 0}(\sin 2)x^{3/2}=0, \quad (3.58)$$

I_1은 더 이상 특이 적분이 아니며, 따라서 수치 적분을 수행하는데 어려움이 없다.

6) 코쉬 적분의 값을 구할 때는 소위 **접기에 의한 비특이화**(desingularization by folding)를 거친 후, 수치적분을 수행할 수 있다.

예를 들어 다음과 같은 적분이 주어진 경우,

$$I=PV\int_0^2 \frac{dx}{(1-x)\sqrt{x+1}}\,dx, \quad (3.59)$$

피적분 함수가 적분 구간 내인 $x=1$에서 특이점을 가지므로, 정의 3.3에 따라 위 식은 다음과 같이 쓸 수 있으며,

$$I=\lim_{\epsilon\to 0}\left\{\int_0^{1-\epsilon}\frac{dx}{(1-x)\sqrt{x+1}}dx+\int_{1+\epsilon}^2\frac{dx}{(1-x)\sqrt{x+1}}\right\}, \tag{3.60}$$

이 식 우변의 첫 번째 적분에 대해서는 $t=1-x$, 두 번째 적분에 대해서는 $\tau=x-1$의 치환을 적용하면 다음을 얻는다.

$$I=\lim_{\epsilon\to 0}\left\{-\int_1^{\epsilon}\frac{dt}{t\sqrt{2-t}}-\int_{\epsilon}^1\frac{d\tau}{\tau\sqrt{2+\tau}}\right\}, \tag{3.61}$$

이 식을 정리하여 두 번째 적분의 변수를 t로 바꿔 주면 다음을 얻는데,

$$I=\lim_{\epsilon\to 0}\left\{\int_{\epsilon}^1\left(\frac{1}{\sqrt{2-t}}-\frac{1}{\sqrt{2+t}}\right)\frac{dt}{t}\right\}=\lim_{\epsilon\to 0}\left\{\int_{\epsilon}^1\left(\frac{\sqrt{2+t}-\sqrt{2-t}}{\sqrt{4-t^2}}\right)\frac{dt}{t}\right\}, \tag{3.62}$$

이 식 우변의 ( ) 안의 분자는 $t\to 0$일 때 다음과 같다.

$$\lim_{t\to 0}\left(\sqrt{2+t}-\sqrt{2-t}\right)=\sqrt{2}\lim_{t\to 0}\left\{\left(1+\frac{t}{4}+\cdots\right)-\left(1-\frac{t}{4}+\cdots\right)\right\}=\frac{t}{\sqrt{2}}, \tag{3.63}$$

결국 식 (3.62) 우변의 피적분 함수는 $t=0$에서 $\frac{1}{2\sqrt{2}}$의 값을 가지므로, 특이점을 가지지 않으며, 따라서 수치 적분을 수행하는데 문제가 없다.

식 (3.60)에 적용한 치환에서 $t=-\tau$의 치환을 사용하여, 첫 번째 적분의 적분 구간이 두 번째 적분의 적분 구간과 겹쳐지면서 하나의 적분으로 식 (3.62) 우변과 같이 쓸 수 있었으며, 결과적으로 $x=1$에서의 특이점이 제거되었으므로, 이 방법을 접기에 의한 비특이화라고 부른다.

연습문제

1. α가 어떤 실수 값을 가질 때, 다음 적분들이 수렴하는지 구하시오.

1) $\displaystyle\int_0^\infty \frac{x^\alpha(1-\cos x)}{x^4+1}dx$, 2) $\displaystyle\int_1^\infty \frac{x^\alpha}{\sqrt{x^2-1}}dx$, 3) $\displaystyle\int_0^\infty \frac{(x+1)^\alpha e^{-x}}{\sqrt{x}}dx$,

4) $\displaystyle\int_0^\infty x^\alpha e^{-x^2}dx$, 5) $\displaystyle\int_0^\infty x^\alpha \sin x^3 dx$, 6) $\displaystyle\int_{-\infty}^\alpha e^{(x+\cos x)}dx$,

7) $\displaystyle\int_0^\infty x^{-\alpha}dx$, 8) $\displaystyle PV\int_{-\infty}^\infty \frac{|x|^\alpha}{x-1}dx$.

2. 다음 적분들에 대해 수렴 검사를 수행하시오.

1) $\displaystyle\int_0^\infty \frac{\sin(x^2-x)}{x}dx$, 2) $\displaystyle\int_0^\infty \frac{(x-1)E_1(x)}{(\ln x)^{3/2}}dx$, 3) $\displaystyle\int_0^\infty e^{-x}\sin\frac{1}{x}dx$,

4) $\displaystyle PV\int_0^\infty \frac{\cos x}{\ln x}dx$, 5) $\displaystyle\int_0^2 \frac{1}{x^{3/2}}\sin\frac{1}{x}dx$, 6) $\displaystyle\int_1^\infty \sin^2\frac{1}{x}dx$,

7) $\displaystyle\int_1^\infty \cos^2\frac{1}{x}dx$, 8) $\displaystyle PV\int_{-\infty}^\infty \frac{\ln|1-x|}{x^2}dx$.

3. 수렴하는 다음 특이 적분들이 각각 $x=t^2$과 $x=\sin t$의 치환에 의해 비특이화 되는 것을 보이시오.

$$\int_0^1 \frac{\cos(x^2+2)}{\sqrt{x}}dx \text{ 와 } \int_{-1}^1 \frac{x+3\cos x}{\sqrt{1-x^2}}dx.$$

4. 1) 다음을 증명하시오.

$$\int_0^\infty e^{-4(x^2+x)}dx = \frac{e\sqrt{\pi}}{4}erfc(1).$$

힌트: 지수 함수의 지수를 $4x^2+4x=(2x+1)^2-1$로 생각하고, $2x+1=t$의 치환을 사용한다.

2) 다음을 계산하시오.

$$\int_0^{\infty} e^{\left(x-x^2\right)} dx.$$

5. 다음 적분을 3.3절 6)에서와 같이 접기에 의한 비특이화를 수행한 후 계산하시오.

$$PV\int_0^3 \frac{dx}{(1-x^2)\sqrt{x+1}}$$

6. 베타 함수에 대한 결과를 이용하여,

1) 다음을 보이고, $\displaystyle\int_0^1 \frac{dx}{\sqrt{1-x^n}} = \frac{\sqrt{\pi}\,\Gamma\left(\frac{1}{n}\right)}{n\Gamma\left(\frac{n+2}{2n}\right)}$,

2) 또 다음 적분을 계산하시오. $\displaystyle\int_0^{\pi/2} \sqrt{\tan x}\, dx.$

7. 위의 6의 결과를 이용하여 다음과 같은 **Dirichlet의 불연속 적분**을 계산하시오.

$$\frac{1}{\pi}\int_{-\infty}^{\infty} \frac{\sin ax}{x} dx,\ a\in(-\infty,\infty)$$

8. 다음을 증명하시오.

1) $\displaystyle\int_x^{\infty} \frac{\sin 3\xi}{\xi^2} d\xi \sim -3\ln x,\ x\to\infty$일 때.

2) $\displaystyle\int_0^x \cos\frac{1}{\xi} d\xi \sim x,\ x\to\infty$일 때.

3) $\int_0^x \cos\frac{1}{\xi}d\xi = x+\frac{\pi}{2}-\frac{1}{2x}+\frac{2!}{4!\,3!}\frac{1}{x^3}-\frac{4!}{6!5!}\frac{1}{x^5}+\cdots$, $x>0$일 때.

4장

극한의 순서 바꿈 및 델타 함수

4.1 극한의 순서 바꿈

미분, 적분, 무한 급수 등은 모두 극한을 포함하는 연산이므로, 그 순서를 바꿀 때 조심해야 하는데, 먼저 다음과 같은 예에 대해 생각해 보자.

아래와 같은 적분이 주어졌다고 할 때,

$$I = \int_0^{\pi/2} \cos\left(\sin^{1/3} x\right) dx, \tag{4.1}$$

적분을 직접 수행하기는 곤란하므로, 피적분 함수의 코싸인 함수의 자변수를 $t \equiv \sin^{1/3} x$라고 할 때, $t = 0$에 대한 테일러 급수로 대체하여 적분하기로 하면 다음을 얻고,

$$I_1 = \int_0^{\pi/2} \sum_{n=0}^{\infty} (-1)^n \frac{\sin^{2n/3} x}{(2n)!}\, dx, \tag{4.2}$$

이 식 우변에서 적분과 무한 급수의 순서를 바꾸어 무한 급수의 각 항에 대해 적분을 수행하면 다음을 얻는다.

$$I_1 = \sum_{n=0}^{\infty} \frac{(-1)^n}{(2n)!} \int_0^{\pi/2} \sin^{2n/3} x\, dx, \tag{4.3}$$

여기서 우변의 적분은 식 (3.40)에서 베타 함수와 관련하여 이미 고려했던 적분이므로 식 (3.41)을 사용하여 다음 결과를 얻는다.

$$I_1 = \sqrt{\pi}\sum_{n=0}^{\infty}\frac{(-1)^n}{(2n)!}\frac{\Gamma\left(\frac{n}{3}+\frac{1}{2}\right)}{\Gamma\left(\frac{n}{3}+1\right)}. \tag{4.4}$$

정리 2.5의 비율 검사에 의해 이 교대 급수에 대해 다음을 얻고,

$$r = \lim_{n\to\infty}\left|\frac{a_{n+1}}{a_n}\right| = \lim_{n\to\infty}\frac{\Gamma\left(\frac{n}{3}+\frac{5}{6}\right)\Gamma\left(\frac{n}{3}+1\right)}{(2n+1)(2n+2)\Gamma\left(\frac{n}{3}+\frac{4}{3}\right)\Gamma\left(\frac{n}{3}+\frac{1}{2}\right)}, \tag{4.5}$$

위의 식 우변에 식 (3.32)의 Stirling의 공식을 사용하여 $r=0$를 얻으므로, 식 (4.4)의 급수는 절대 수렴함을 알 수 있다.

단 위의 결과를 얻음에 있어 식 (4.3)은 식 (4.2)의 적분과 무한 급수의 순서를 바꾸어 **항별 적분**(termwise integration)을 수행하여 얻어졌으므로, $I_1 = I$인지에 대해 확실하게 답변할 수 있기 위해서는 위와 같은 순서 바꿈이 어떤 경우에 합법적인지에 대해 판정할 수 있는 기준이 필요하다. 아래에 극한 과정을 포함하는 연산의 순서 바꿈에 대한 가장 기본적인 형태의 정리를 기술한다.

정리 4.1: 극한의 순서 바꿈

만약 무한 급수 $\sum_{n=1}^{\infty} a_n(x)$가 구간 $x\in[a,b]$에서 균일 수렴하면, 적분 또는 미분과 무한 급수의 순서를 $x\in[a,b]$에 대해 다음과 같이 바꿀 수 있다.

$$\int_a^b \sum_{n=1}^{\infty} a_n(x)\,dx = \sum_{n=1}^{\infty} \int_a^b a_n(x)\,dx, \tag{4.6}$$

$$\frac{d}{dx}\sum_{n=1}^{\infty} a_n(x) = \sum_{n=1}^{\infty} \frac{d}{dx} a_n(x). \tag{4.7}$$

위의 정리에서 정의 2.9에서 도입되었던 균일 수렴이 매우 핵심적인 내용임에 유의한다. 위의 정리, 식 (4.6)에 따르면 식 (4.4)에서 얻은 $I_1 = I$이 되기 위해서는 식 (4.2)에서 사용하였던 테일러 급수가 적분 구간 $x \in \left[0, \frac{\pi}{2}\right]$에서 균일 수렴해야 함을 알 수 있으며, 명백히 위에서 사용한 테일러 급수는 균일 수렴하므로 $I_1 = I$임을 알 수 있다.

또한 예를 들어 함수 e^x의 $x = 0$에 대한 테일러 급수는 다음과 같은데,

$$f(x) = \sum_{n=0}^{\infty} \frac{x^n}{n!}, \tag{4.8}$$

이 급수는 모든 유한한 x의 구간에서 e^x로 균일 수렴하므로, 정리 4.1의 식 (4.7)에 따라 **항별 미분**(termwise differentiation)에 의해 다음과 같이 미분을 구할 수 있으며,

$$\frac{df(x)}{dx} = \sum_{n=0}^{\infty} \frac{d}{dx}\frac{x^n}{n!} = \sum_{n=1}^{\infty} \frac{x^{n-1}}{(n-1)!} = \sum_{n=0}^{\infty} \frac{x^n}{n!} = e^x, \tag{4.9}$$

e^x의 미분은 e^x라는 잘 알려진 결과를 줌을 확인할 수 있다.

보다 다양한 형태의 극한 연산에 대한 순서 바꿈에 대한 정리에 대해서는 Rudin의 유명한 해석학 교재인 [참고문헌 3]을 참고하기 바란다.

수학자들의 소개

- Rudin(1921-2010, USA): 세 권의 해석학 교재로 유명.

4.2 델타 함수와 일반화된 함수

델타 함수, 정확하게는 **Dirac 델타 함수**는(Dirac delta function) Dirac[참고문헌 4]에 의해서 사용, 일반화된 개념으로 물리학의 여러 분야에서 매우 편리하게 사용되고 있다. 단 일반적인 의미에서의 함수와는 다른 개념이므로, 그 정의 및 개념에 대해 확실히 이해해야 한다.

델타 함수를 수학적으로 엄밀하게 다루는 경우, 수열의 극한(limit of sequence)으로 간주할 수 있으며, 그 기능은 일종의 작용자(action)로 볼 수 있다.

수열의 극한으로서 델타 함수를 생각하기 위해, 다음과 같은 **직사각형 펄스**(rectangular pulse)의 극한을 고려하면[그림 4.1 참조],

$$\lim_{k\to\infty} w_k(x) = \begin{cases} \dfrac{k}{2}, & |x| \le \dfrac{1}{k}, \\ 0, & |x| > \dfrac{1}{k}, \end{cases} \tag{4.10}$$

극한으로 얻어지는 함수(?)는 $x=0$이 아닌 점에서는 영의 값을 가지며, $x=0$에서만 영이 아닌 값을 가지는데, 그 값은 대단히 커서 펄스의 면적이 1이 되는 상황을 상정할 수 있다.

$x=0$에서 연속인 임의의 함수 $g(x)$에 대해 다음을 생각하자.

$$\lim_{k\to\infty}\int_{-\infty}^{\infty} w_k(x)g(x)\,dx = \lim_{k\to\infty}\frac{k}{2}\int_{-\frac{1}{k}}^{\frac{1}{k}} g(x)\,dx,$$

$$= \lim_{k\to\infty}\frac{k}{2}g(\xi)\frac{2}{k} = g(0),\ \ \xi \in \left[-\frac{1}{k}, \frac{1}{k}\right], \tag{4.11}$$

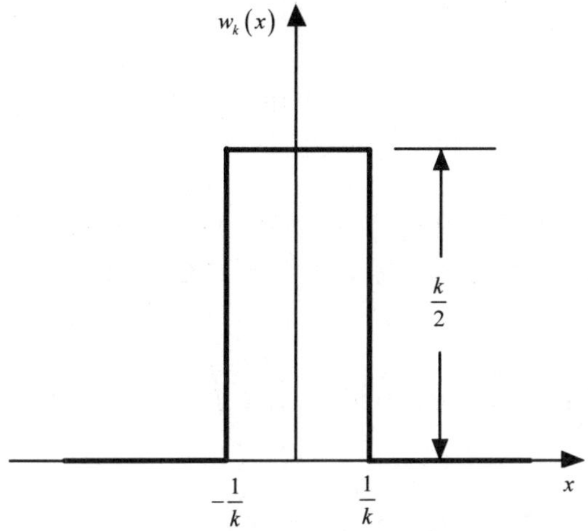

그림 4.1 직사각형 펄스와 델타 함수

여기서 두 번째 등호는 정리 2.16, 적분의 중간값 정리를 사용하여 얻었다.
델타 함수는 보통 다음과 같은 관계식으로 정의된다.

정의 4.1: 델타 함수

$g(x)$가 $x=0$를 포함하는 임의의 유한한 구간에서 연속인 함수라고 할 때, 델타 함수 $\delta(x)$는 다음 식으로 정의된다.

$$\int_{-\infty}^{\infty} \delta(x) g(x)\, dx = g(0). \tag{4.12}$$

델타 함수의 자변수가 x가 아닌 $x-\xi$인 경우에는 다음과 같은 결과를 준다.

$$\int_{-\infty}^{\infty} \delta(x-\xi) g(x)\, dx = g(\xi). \tag{4.13}$$

식 (4.10)을 생각하면, 델타 함수를 다음과 같이 정의할 수도 있으나,

$$\delta(x) = \lim_{k \to \infty} w_k(x), \tag{4.14}$$

이 식에서의 등호는 일반적인 의미의 등호와는 다르게 해석되어야 한다. 즉 식 (4.14)가 의미하는 바는 식 (4.12)의 정의를 생각하면 다음과 같아야 하므로,

$$\int_{-\infty}^{\infty} \delta(x) g(x)\, dx = \lim_{k \to \infty} \int_{-\infty}^{\infty} w_k(x) g(x)\, dx, \tag{4.15}$$

식 (4.14)가 실제로 의미하는 바는 식 (4.15)가 되어야 한다. 이 식 우변의 극한은 적분에 적용되며 w_k에 직접 적용되는 것이 아니라는 점에 유의하며, 여기서 w_k는 델타 수열(delta sequence)이라고 부른다.

식 (4.10)의 직사각형 펄스만 델타 수열로 사용할 수 있는 것은 아니고 보다 일반적으로 델타 수열은 다음과 같이 정의할 수 있다.

정의 4.2: 델타 수열

만약 $x \in [-\infty, \infty]$에 대해 정의된 함수 $w(x)$가 영보다 작지 않으며, 다음 조건을 만족하면,

$$\int_{-\infty}^{\infty} w(x) dx = 1, \tag{4.16}$$

다음 식으로 정의되는 $w_k(x)$는 델타 수열이다.

$$w_k(x) = k w(kx). \tag{4.17}$$

예를 들어 직사각형 펄스에 대해서는 $w(x)$를 다음과 같이 취하면,

$$w(x) = \begin{cases} \frac{1}{2}, & |x| \le 1, \\ 0, & |x| > 1, \end{cases} \tag{4.18}$$

정의 4.2의 조건, $w(x)$는 $x \in [-\infty, \infty]$에서 정의되고, 영보다 작지 않으며, 식 (4.16)을 만족하고, 식 (4.16), (4.17)로부터 식 (4.10)을 얻을 수 있다.

또한 $w(x)$가 $x \in [-\infty, \infty]$에 대해 다음과 같이 주어진다면,

$$w(x) = \frac{1}{\pi(1+x^2)}, \tag{4.19}$$

명백히 이 함수는 영보다 작지 않으며, 또 다음 관계를 만족하므로,

$$\int_{-\infty}^{\infty} \frac{dx}{1+x^2} = \int_{-\pi/2}^{\pi/2} \frac{\sec^2\theta d\theta}{1+\tan^2\theta} = \pi, \tag{4.20}$$

식 (4.16)의 조건을 만족하고, 따라서 다음과 같이 정의되는 $w_k(x)$는 델타 수열이다 [그림 4.2 참조].

$$kw(kx) = \frac{k}{\pi(1+k^2x^2)} \equiv w_k(x). \tag{4.21}$$

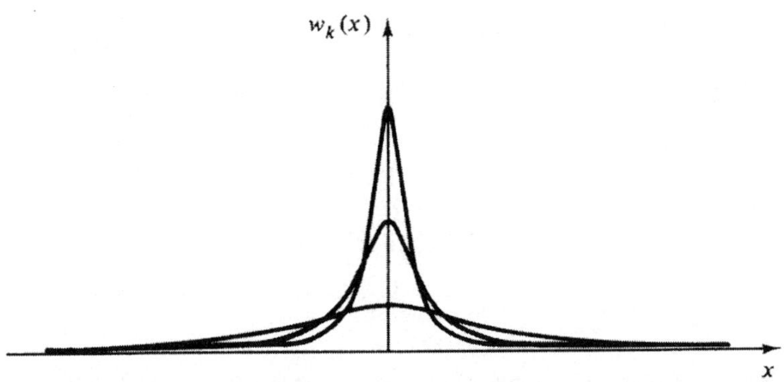

그림 4.2 델타 수열의 예

델타 함수의 정의 4.1에 따르면 사실 델타 함수는 일반적인 의미에서의 함수라고 볼 수는 없으며, 즉 임의의 x에 대해 함수의 값이 유일하게 정의되지 않으므로, 정확하게 표현하면 델타 함수는 **일반화된 함수**(generalized function)에 속한다.

나아가 델타 함수의 도함수는 다음과 같이 정의된다.

정의 4.3: 델타 함수의 도함수

$g(x)$가 $x=0$를 포함하는 임의의 유한한 구간에서 연속적으로 미분 가능한 함수라고 할 때, 델타 함수의 1계 도함수 $\delta'(x)$는 다음 식으로 정의된다.

$$\int_{-\infty}^{\infty} \delta'(x) g(x)\,dx = -g'(0). \tag{4.22}$$

또한 $g(x)$가 $x=0$를 포함하는 임의의 유한한 구간에서 연속적으로 j번 미분 가능한 함수라고 할 때, 델타 함수의 j계 도함수 $\delta^{(j)}(x)$는 다음 식으로 정의된다.

$$\int_{-\infty}^{\infty} \delta^{(j)}(x) g(x)\,dx = (-1)^j g^{(j)}(0). \tag{4.23}$$

다음으로 델타 함수의 적분을 생각하기 위해 먼저 다음과 같이 정의되는 **Heaviside 단위 계단 함수**(Heaviside unit step function) $H(x)$를 생각하자.

$$H(x) = \begin{cases} 0, & x<0, \\ \dfrac{1}{2}, & x=0, \\ 1, & x>0. \end{cases} \tag{4.24}$$

만약 $H(x)$의 도함수 $H'(x)$에 대해 다음과 같은 적분을 고려하면,

$$I = \int_{-\infty}^{\infty} H'(x) g(x)\, dx = H(x) g(x) \Big|_{-\infty}^{\infty} - \int_{-\infty}^{\infty} H(x) g'(x)\, dx, \qquad (4.25)$$

식 (4.24)를 이용하여 다음을 얻으므로,

$$I = g(\infty) - \int_0^{\infty} g'(x) dx = g(\infty) - g(x) \Big|_0^{\infty} = g(0), \qquad (4.26)$$

$H'(x)$가 마치 $\delta(x)$와 같은 작용을 함을 알 수 있으며, 이와 같은 의미에서 다음 식이 이해되어야 한다.

$$H'(x) = \delta(x). \qquad (4.27)$$

다시 한 번 강조하지만, 델타 함수 자체, 그 도함수, 또는 그 적분을 논의함에 있어 임의의 x에 대해 이들의 값이 얼마인지에 대해 관심이 있는 것이 아니고 단지 이 일반화된 함수들의 작용에 대해 관심이 있다는 점이다.

같은 의미에서 $x\delta(x) = 0$는 다음과 같이 이해되어야 한다.

$$\int_{-\infty}^{\infty} x \delta(x) g(x)\, dx = 0. \qquad (4.28)$$

보다 일반적으로 $f(x)\delta(x) = f(0)\delta(x)$는 다음 식과 같은 뜻을 가지는 것으로 이해해야 한다.

$$\int_{-\infty}^{\infty} f(x) \delta(x) g(x)\, dx = \int_{-\infty}^{\infty} f(0) \delta(x) g(x)\, dx. \qquad (4.29)$$

델타 함수는 점 하중(point loading), 집중 하중(concentrated loading), 충격(impulse) 등의 다양한 물리 현상을 나타내는데 사용되고 있음을 첨언하며, 이 장을 마친다.

수학자들의 소개

- Dirac(1902-1984, UK): 양자 역학의 이론적 기반 제공.
- Heaviside(1850-1925, UK): 연산 미적분학(operational calculus)의 창안과, 벡터 표기법 및 전자기학에 기여.

연습문제

1. 다음 수열을 스케치하고,

$$s_n(x) = \frac{1}{(1+n^2x^2)},\ x \in [0,1],$$

n이 매우 커질 때의 경향을 보이시오. 만약 존재한다면 $\lim_{n\to\infty} s_n(x)$을 구하시오. 이때 수렴은 균일한지 아닌지를 보이고, 또 왜 그런지, 그 이유에 대해 논의하시오. 다음과 같은 주장의 정당성에 대해 논의하시오.

$$\lim_{n\to\infty}\int_0^1 s_n(x)dx = \int_0^1 \lim_{n\to\infty} s_n(x)dx.$$

힌트: 적분 구간을 둘로 나누어 0부터 γ, γ부터 1까지의 두 적분에 대해 생각하며, 두 번째 적분에 대해서는 정리 4.1의 조건이 만족됨에 유의하시오.

2. 다음 적분을 극한과 적분의 순서를 바꾸어 계산하시오.

$$\lim_{\alpha\to 0+}\int_0^1 \frac{x^\alpha dx}{x^2+1}.$$

순서 바꿈의 정당성을 앞의 1의 힌트에 유의하여 보이시오.

3. '의례적으로(formally)' 연산을 수행하여 다음을 보이시오.

$$\int_0^{\infty} \frac{x^{p-1}dx}{e^x - 1} = \zeta(p)\Gamma(p).$$

여기서 $\zeta(p) \equiv \sum_1^{\infty} \frac{1}{n^p}$ 는 리만의 제타 함수이다.

4. 의례적으로 연산을 수행하여 적분 $\int_0^{\infty} (\sin\sqrt{x})e^{-x^2}dx$ 이 감마 함수를 포함하는 급수로 주어짐을 보이시오.

5. 다음 결과를 증명하시오.

멱급수는 그 수렴 구간 내의 어떤 x 에 대해서도 필요한 만큼 항별로 미분 또는 적분할 수 있으며, 이렇게 얻어진 급수는 원래의 급수와 같은 수렴 구간을 가지고, 또 원래의 급수가 수렴하는 함수의 미분 또는 적분에 수렴한다.

6. 다음 수열들을 스케치하고, 그들이 델타 수열임을 입증하시오.

1) $w_k(x) = \begin{cases} 0, & |x| > \frac{1}{2k} \\ 4k^2x + 2k, & -\frac{1}{2k} \le x \le 0, \\ -4k^2x + 2k, & 0 \le x \le \frac{1}{2k} \end{cases}$

2) $w_k(x) = \frac{ke^{-k^2x^2}}{\sqrt{\pi}}$,

이들은 **가우스 분포**(Gaussian distribution)라고 불리며, k 가 증가함에 따라 뾰쪽해진다.

7. 다음을 증명하시오.

   1) $f(x)\delta(x) = f(0)\delta(x)$, 2) $x\delta'(x) = -\delta(x)$, 3) $x^2\delta''(x) = 2\delta(x)$,

   4) $\dfrac{d^4}{dx^4}|x|^3 = 12\delta(x)$,

   힌트: 4)에 대해 $|x| = x[2H(x)-1]$, $|x|^3 = x^3[2H(x)-1]^3 = x^3[2H(x)-1]$ 을 사용하시오.

8. 식 (4.13)을 이용하여, $\xi \in (a,b)$ 라고 할 때, 다음을 보이시오.

$$\int_a^b \delta(x-\xi)g(x)\,dx = g(\xi).$$

   힌트: 주어진 적분은 다음과 같이 다시 쓸 수 있다.

$$\int_{-\infty}^{\infty} [H(x-a) - H(x-b)]\,\delta(x-\xi)\,g(x)\,dx.$$

5장

푸리에 급수와 푸리에 적분

푸리에 급수와 푸리에 적분은 푸리에(1807)[1]의 열전달에 관한 논문에서 다루어진 이래, 오랜 동안의 수학적 논쟁을 유발하였으나, 편미분 방정식의 해법, 차원 해석(dimensional analysis), 진동수 영역 해석(frequency domain analysis)[2] 등, 물리 및 역학에서 다루어지는 광범위한 문제의 해석과 관련하여 지대한 영향을 미쳤다. 논쟁의 주요한 핵심은 연속인 함수들을 무한히 더하여 불연속인 함수를 얻을 수 있다는 생각이었으며, 이와 관련하여 함수의 근사, 수렴에 관한 새로운 시각이 성립되었다.

5.1 푸리에 급수

푸리에 급수의 계수는 오일러에 의해 이미 얻어진 바 있는 식이었으나, 일반적인 함수의 표현에 코싸인과 싸인 함수를 사용한다는 생각은 푸리에에 의해 시도되었다.

정의 5.1: 푸리에 급수

주기가 2π인, 즉 2π-주기 함수 $f(x)$의 푸리에 급수 $f_F(x)$를 다음과 같이 정의한다.

---

1) 그의 논문, On the propagation of heat in solid bodies는 1807년 파리 학회에 제출되었으나, 1822년에야 The analytic theory of heat라는 제목으로 발간되었을 정도로 Lagrange, Laplace, Poisson 등의 혹독한 비판을 받았다.

2) frequency는 일반적으로 산업계에서 주파수로 번역되고 있으며, 많은 경우 주파수 영역 해석이라고도 부른다.

$$f_F(x) = \frac{a_0}{2} + \sum_{n=1}^{\infty}(a_n \cos nx + b_n \sin nx), \tag{5.1}$$

여기서 푸리에 계수(Fourier coefficients)라고 불리는 a_n과 b_n은 다음 식으로 주어진다.

$$a_n = \frac{1}{\pi}\int_{-\pi}^{\pi} f(x)\cos nx\, dx,\ n = 0, 1, \cdots, \tag{5.2}$$

$$b_n = \frac{1}{\pi}\int_{-\pi}^{\pi} f(x)\sin nx\, dx,\ n = 1, 2, \cdots. \tag{5.3}$$

식 (5.1)의 첫 항인 $\frac{a_0}{2}$는 함수 $f(x)$의 평균값인 점에 유의한다.

또 임의의 함수에 대해 명백히 다음이 성립하므로,

$$f(x) = \frac{1}{2}\{f(x) + f(-x)\} + \frac{1}{2}\{f(x) - f(-x)\} \equiv f_e(x) + f_o(x), \tag{5.4}$$

식 (5.1)에서 $\cos nx$로 주어지는 부분은 $f(x)$의 우함수부 $f_e(x)$, $\sin nx$로 주어지는 부분은 기함수부 $f_o(x)$를 나타낸다.

예를 들어 지수 함수 e^x에 대해 식 (5.4)를 적용하면 다음을 얻는데,

$$e^x = \frac{1}{2}(e^x + e^{-x}) + \frac{1}{2}(e^x - e^{-x}) = \cosh x + \sinh x, \tag{5.5}$$

따라서 $\cosh x$는 지수 함수의 우함수부, $\sinh x$는 기함수부를 나타낸다.

구간 $(-\pi, \pi)$, 즉 기본 구간에서 우함수인 함수의 푸리에 급수는 모든 b_n이 영이며, 반대로 기함수의 푸리에 급수는 모든 a_n이 영이다.

푸리에 급수의 속성을 보다 정확히 이해하기 위해 다음과 같은 함수의 유연성에 관한 성질, 즉 부분 연속(piecewise continuous)과 부분 유연(piecewise smooth)을 정의한다.

정의 5.2: 부분 연속

주어진 함수가 정의된 구간을 소구간(subinterval)으로 나누었을 때, 모든 소구간에서 함수가 연속이고, 좌우 끝점(endpoints)에서 유한한 극한값을 가지면 그 함수는 정의된 구간에서 부분 연속이다.

정의 5.3: 부분 유연

어떤 함수가 주어진 구간에서 부분 연속이고, 모든 닫힌 소구간(closed subinterval)에서 미분 가능이면 그 함수는 그 구간에서 부분 유연하다.

부분 유연한 함수의 푸리에 급수(Fourier series)에 대해 다음과 같은 정리를 얻는다.

정리 5.1: 푸리에 급수 정리-1

주기가 2π인 주기 함수 $f(x)$가 구간 $(-\pi, \pi)$에서 부분 유연이면, 그 푸리에 급수 $f_F(x)$는 함수 $f(x)$가 연속인 모든 점에서 $f(x)$에 수렴하고, 또 함수가 불연속인 점에서는 좌우 극한의 평균값 $\dfrac{[f(x-0)+f(x+0)]}{2}$에 수렴한다.

이 정리를 증명하기 위해서는 연습문제 5.3에 보인 리만-르베끄의 보조 정리(lemma)가 필요하며, 전체 증명에 대해서는 [참고문헌 5]를 참조하기 바란다.

예를 들어 그림 5.1에 보인 바와 같은 직사각형 파동(square wave)인 2π-주기 함수 $f(x)$의 푸리에 급수 $f_F(x)$를 구해 보자. $f(x)$는 다음과 같이 쓸 수 있다.

$$f(x) = \begin{cases} -1, & x \in (-\pi, 0], \\ 1, & x \in (0, \pi], \end{cases} \tag{5.6}$$

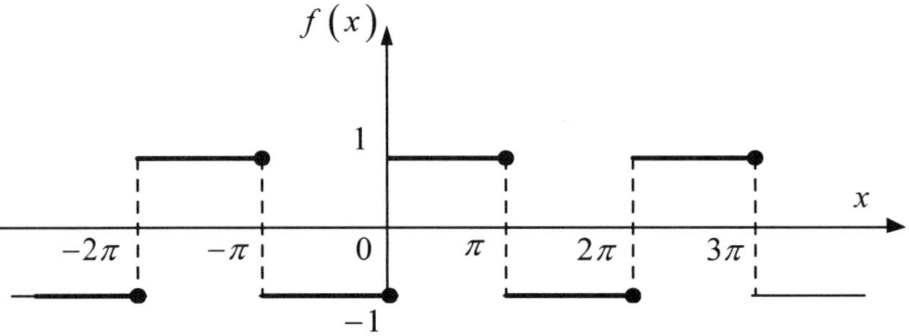

그림 5.1 직사각형 파동

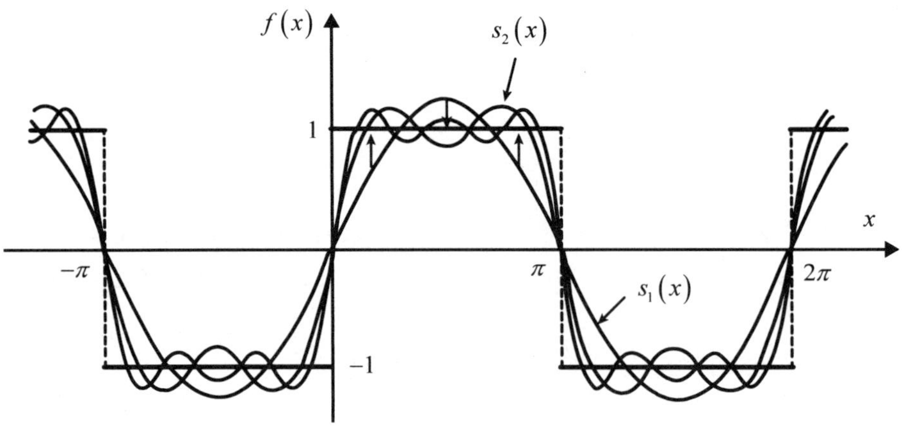

그림 5.2 직사각형 파동에 대한 푸리에 급수의 부분합

$f(x)$의 평균값은 0이고, $f(x)$는 기함수이므로 모든 a_n이 영이며, b_n은 식 (5.3)에 식 (5.6)을 대입하여 다음과 같이 얻는다.

$$b_n = \frac{2}{\pi}\int_0^{\pi} \sin nx\, dx = -\frac{2}{n\pi}\cos nx\Big|_0^{\pi} = -\frac{2}{n\pi}(\cos n\pi - 1) = \begin{cases} 0, & n = 짝수, \\ \dfrac{4}{n\pi}, & n = 홀수, \end{cases} \tag{5.7}$$

따라서 $n = 2m-1$로 놓아 $f_F(x)$를 다음과 같이 구한다.

$$f_F(x) = \frac{4}{\pi}\sum_{m=1}^{\infty}\frac{\sin(2m-1)x}{(2m-1)}. \tag{5.8}$$

그림 5.2에 위 식으로 주어지는 $f_F(x)$의 부분합들을 보였다. m이 증가할수록 주어진 함수에 근접해 가는 것을 볼 수 있고, 함수가 연속인 부분에서는 m이 매우 커지면 푸리에 급수가 주어진 함수의 값과 같아지며, 함수가 불연속인 점 $x=0$에서는 푸리에 급수가 주어진 함수의 좌우 극한의 평균값인 0이 됨을 알 수 있다.

식 (5.8)로 주어지는 급수가 수렴하는 것은 정리 2.6의 Dirichlet 검사를 사용하여 보일 수 있다. Dirichlet 검사에 따르면 $b_m = \dfrac{1}{2m-1}$이 영보다 크고, $m \to \infty$일 때 $b_m \downarrow 0$이므로, 만약 $s_M = \sum_{m=1}^{M}\sin(2m-1)x$이 유한하면 식 (5.8)의 푸리에 급수는 수렴한다. s_M에 대해 오일러 공식을 사용하면 다음을 얻는데,

$$\begin{aligned} s_M &= \mathrm{Im}\sum_{m=1}^{M} e^{i(2m-1)x} = \mathrm{Im}\frac{e^{ix} - e^{i(2M+1)x}}{1-e^{2ix}} = \mathrm{Im}\frac{1-e^{2iMx}}{e^{-ix}-e^{ix}} \\ &= \mathrm{Im}\frac{1-\cos 2Mx}{-2i\sin x} = \frac{1-\cos 2Mx}{2\sin x}, \end{aligned} \tag{5.9}$$

여기서 Im은 허수부를 뜻하며, 두 번째 등호를 얻는 데는 초항이 e^{ix}이고, 등비가 e^{2ix}인 등비 급수의 합에 대한 공식을 사용하였다.

식 (5.9)에 따르면 분모가 영이 되는 $x = \pm n\pi$, $n = 0, 1, \cdots$에서 문제가 있을 수 있으나, 이 점들에서는 $\sin(2m-1)x$가 영이므로 문제가 없으며, 그 외의 모든 점에서 식 (5.9)의 우변은 유한하므로, 결국 Dirichlet 검사에 의해 식 (5.8)의 푸리에 급수는 수렴함을 알 수 있다.

위의 예에서는 주어진 함수가 불연속인 점이 있었으나 다음으로는 연속인 함수로, 그림 5.3에 보인 바와 같은 톱니 파동(sawtooth wave)에 대해 생각해 본다. $f(x)$는 다음과 같이 쓸 수 있다.

$$f(x) = \begin{cases} -x, & x \in [-\pi, 0], \\ x, & x \in [0, \pi], \end{cases} \tag{5.10}$$

$f(x)$의 평균값은 $\dfrac{\pi}{2}$이고, $f(x) - \dfrac{\pi}{2}$는 우함수이므로 모든 b_n이 영이며, a_n은 식 (5.3)에 식 (5.10)을 대입하여 다음과 같이 얻는다.

$$\begin{aligned} a_n &= \frac{2}{\pi}\int_0^{\pi} x\cos nx\,dx = \frac{2}{n\pi}x\sin nx\bigg|_0^{\pi} - \frac{2}{n\pi}\int_0^{\pi}\sin nx\,dx \\ &= \frac{1}{n^2\pi}\cos nx\bigg|_0^{\pi} = \frac{1}{n^2\pi}(\cos n\pi - 1) = \begin{cases} 0, & n = \text{짝수}, \\ -\dfrac{4}{n^2\pi}, & n = \text{홀수}, \end{cases} \end{aligned} \tag{5.11}$$

따라서 $n = 2m-1$로 놓아 $f_F(x)$를 다음과 같이 얻는다.

$$f_F(x) = \frac{\pi}{2} - \frac{4}{\pi}\sum_{m=1}^{\infty}\frac{\cos(2m-1)x}{(2m-1)^2}. \tag{5.12}$$

이 식 우변의 급수의 수렴성은 식 (2.6)에서 고려한 p-급수의 성질과 비교 검사에 의해 판정할 수 있다. 먼저 다음을 생각하고,

$$\alpha_m = \frac{|\cos(2m-1)x|}{(2m-1)^2}, \quad \beta_m = \frac{1}{(2m-1)^2}, \tag{5.13}$$

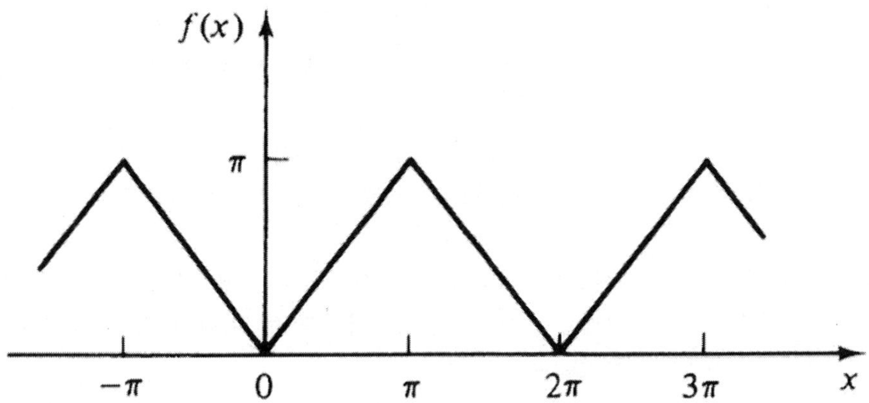

그림 5.3 톱니 파동

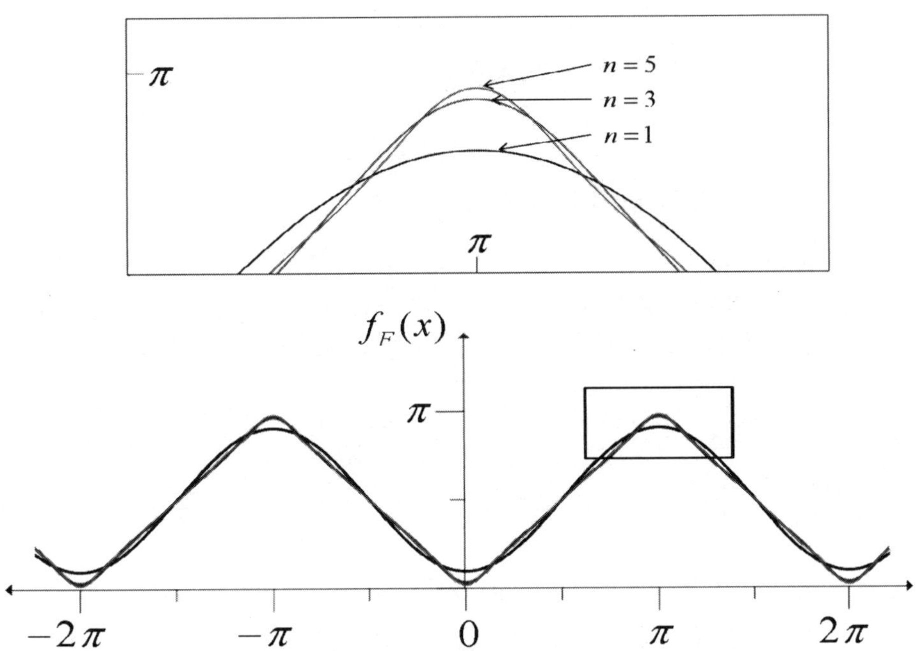

그림 5.4 톱니 파동에 대한 푸리에 급수의 부분합

$K=2$로 취하면, 모든 m에 대해 $\alpha_m < K\beta_m$이 성립하고, 또 β_m에 의해 주어지는 급수는 $p=2$인 p-급수, 즉 수렴하는 급수로 볼 수 있으므로, 결국 비교 검사에 의해 식 (5.12) 우변의 급수는 절대 수렴함을 알 수 있다.

그림 5.4에는 식 (5.12)로 주어진 톱니 파동의 푸리에 급수의 부분합을 몇 경우에 대해 보였다. 항의 수가 증가함에 따라 직사각형 파동의 경우보다 빠른 수렴을 보여주고 있다.

푸리에 급수 정리에 따르면 식 (5.10)으로 주어진 함수는 연속이므로 식 (5.12)로 얻어진 푸리에 급수는 모든 점에서 주어진 함수로 수렴하며, 따라서 톱니 파동의 푸리에 급수, 식 (5.12)는 균일 수렴함을 알 수 있다.

일반적으로 주어진 함수의 N계 도함수가 연속이면 그 함수의 푸리에 계수는 $n\to\infty$일 때, $O\left(\dfrac{1}{n^{N+2}}\right)$인 것으로 알려져 있으며 위의 예에서 직사각형 파동은 $N=-1$, 톱니 파동은 $N=0$인 경우임을 확인할 수 있다.

정리 5.1에서는 주어진 2π-주기 함수 $f(x)$가 부분 유연이면 푸리에 급수 정리가 성립하는 것으로 설명하였는데, 다른 형태의 정리는 다음과 같다.

정리 5.2: 푸리에 급수 정리-2

2π-주기 함수 $f(x)$가 구간 $(-\pi,\pi)$에서 유계이고, 유한한 수의 최대값과 최소값을 가지며, 또한 유한한 수의 불연속점을 가지면, 주어진 함수의 푸리에 급수 $f_F(x)$는 함수 $f(x)$가 연속인 모든 점에서 $f(x)$에 수렴하고, 또 함수가 불연속인 점에서는 좌우 극한의 평균값 $\dfrac{[f(x-0)+f(x+0)]}{2}$에 수렴한다.

정리 5.2의 조건은 Dirichlet 조건(Dirichlet conditions)으로 알려져 있다.

함수가 주어지면 푸리에 계수는 유일한 방법으로 결정할 수 있으므로, 주어진 함수의 푸리에 급수가 유일하다는 것은 쉽게 이해할 수 있으며, 삼각 급수(trigonometric series)의 유일성에 대한 증명은 간단하지 않지만, 다음과 같은 형태로 주어진다.

정리 5.3: 삼각 급수의 유일성

모든 x에 대해 다음이 성립하면,

$$\sum_{n=0}^{\infty}(a_n \cos nx + b_n \sin nx) = \sum_{n=0}^{\infty}(c_n \cos nx + d_n \sin nx\},$$

모든 n에 대해 $a_n = c_n$, $b_n = d_n$이 성립한다.

위의 정리에 따르면, 주어진 함수의 푸리에 급수는 유일하다.

5.2 푸리에 급수의 항별 미분과 항별 적분

주어진 함수 $f(x)$의 푸리에 급수 $f_F(x)$를 얻었을 때, 그 급수 $f_F(x)$를 항별 미분하면 주어진 함수의 도함수 즉 $\frac{df}{dx}$를 얻을 수 있는지에 대한 해답은 다음 정리로 주어진다.

정리 5.4: 푸리에 급수의 항별 미분

모든 x에 대해 연속인 2π-주기 함수 $f(x)$의 도함수가 부분 연속이면 다음이 성립한다.

$$\frac{df_F}{dx} = \sum_{n=1}^{\infty}\left\{\frac{d}{dx}(a_n \cos nx + b_n \sin nx)\right\}, \tag{5.14}$$

여기서 $f_F(x) = \frac{a_0}{2} + \sum_{n=1}^{\infty}(a_n \cos nx + b_n \sin nx)$이다.

직사각형 파동은 연속이 아니므로 위의 정리를 적용할 수 없다. 만약 직사각형 파동의 푸리에 급수를 항별 미분하면 식 (5.8)로부터 다음을 얻는데,

$$\frac{4}{\pi}\sum_{m=1}^{\infty}\cos(2m-1)x, \tag{5.15}$$

이 급수는 명백히 발산하므로, 정리 5.4에서 함수의 연속성에 대한 조건이 매우 중요함을 알 수 있다.

한편 연속인 함수 톱니 파동에 대해서는 그 도함수가 부분 연속이므로, 위의 정리 5.4를 적용할 수 있으며, 식 (5.12)를 식 (5.14)에 대입하여 다음 결과를 얻는다.

$$\frac{df_F(x)}{dx}=\frac{4}{\pi}\sum_{m=1}^{\infty}\frac{\sin(2m-1)x}{2m-1}. \tag{5.16}$$

이 식 우변의 급수는 식 (5.8)로 주어지는 직사각형 파동의 푸리에 급수와 같으므로, 항별 미분에 의해 주어진 함수는 톱니 파동의 도함수임을 확인할 수 있다.

한편, 주어진 함수 $f(x)$의 푸리에 급수 $f_F(x)$를 얻었을 때, 그 급수 $f_F(x)$를 항별 적분하면 주어진 함수의 부정적분 즉 $\int^x fdx$를 얻을 수 있는지에 대한 해답은 다음 정리로 주어진다.

정리 5.5: 푸리에 급수의 항별 적분

어떤 푸리에 급수에 대해서도, 즉 발산하거나 또는 수렴하거나에 상관없이 모든 푸리에 급수에 대해 다음이 성립하고,

$$\int_{\alpha}^{\beta} f_F\,dx=\frac{a_0}{2}x+\sum_{n=1}^{\infty}\left\{\int_{\alpha}^{\beta}(a_n\cos nx+b_n\sin nx)dx\right\}, \tag{5.17}$$

여기서 $f_F(x) = \dfrac{a_0}{2} + \sum_{n=1}^{\infty}(a_n \cos nx + b_n \sin nx)$, $\quad -\pi \le \alpha < \beta \le \pi$이며,

식 (5.17) 우변은 $\int^x f_F\, dx$에 수렴한다.

직사각형 파동에 대해 위의 정리를 적용하면, 식 (5.17)에 식 (5.8)을 대입하고, $\alpha = 0$, $\beta = x$로 취하여 다음을 얻는다.

$$\int_0^x f_F(x)dx = -\frac{4}{\pi}\sum_{m=1}^{\infty}\frac{\cos(2m-1)x - 1}{(2m-1)^2}, \tag{5.18}$$

한편, 톱니 파동의 푸리에 급수인 식 (5.12)에 따르면 톱니 파동 $g(x)$는 다음 관계를 만족하고,

$$g(x) = \frac{\pi}{2} - \frac{4}{\pi}\sum_{m=1}^{\infty}\frac{\cos(2m-1)x}{(2m-1)^2}, \tag{5.19}$$

$x = 0$를 대입하고 $g(0) = 0$임을 이용하면 다음을 얻으므로,

$$\sum_{m=1}^{\infty}\frac{1}{(2m-1)^2} = \frac{\pi^2}{8}, \tag{5.20}$$

이들 결과, 식 (5.19), (5.20)을 위의 식 (5.18)에 대입하면 다음을 얻는다.

$$\int_{-\pi}^{x} f_F(x)dx = g(x). \tag{5.21}$$

다시 말하면, 이 식의 우변, 항별 적분에 의해 주어진 함수가 직사각형 파동의 적분인 톱니 파동이므로, 정리 5.5와 부합함을 확인할 수 있다.

주기가 $2l$ 인 $2l$-주기 함수에 대해서는 $x=\frac{\pi}{l}\xi$의 치환을 사용하여 푸리에 급수 정리를 사용할 수 있으며, 그 결과를 정리하면 다음과 같다.

정리 5.6: 푸리에 급수 정리-3

$2l$-주기 함수 $f(\xi)$가 구간 $(-l,l)$에서 부분 유연이면, 그 푸리에 급수 $f_F(\xi)$는 다음 식으로 주어진다.

$$f_F(\xi)=\frac{a_0}{2}+\sum_{n=1}^{\infty}\left(a_n\cos\frac{n\pi\xi}{l}+b_n\sin\frac{n\pi\xi}{l}\right), \tag{5.22}$$

여기서 a_n과 b_n은 다음과 같다.

$$a_n=\frac{1}{l}\int_{-l}^{l}f(\xi)\cos\frac{n\pi\xi}{l}\,d\xi,\ n=0,1,\cdots, \tag{5.23}$$

$$b_n=\frac{1}{l}\int_{-l}^{l}f(\xi)\sin\frac{n\pi\xi}{l}\,d\xi,\ n=1,2,\cdots. \tag{5.24}$$

$f_F(\xi)$는 함수 $f(\xi)$가 연속인 모든 점에서 $f(\xi)$에 수렴하고, 또 함수가 불연속인 점에서는 좌우 극한의 평균값 $\frac{[f(\xi-0)+f(\xi+0)]}{2}$에 수렴한다.

물론 위의 정리에서 만약 $f(\xi)$가 기함수이면 모든 a_n이 영이 되어 푸리에 싸인 급수를 얻게 되며, 우함수이면 모든 b_n이 영이 되어 푸리에 코싸인 급수를 얻게 된다.

5.3 푸리에 적분

앞 절에서 다룬 푸리에 급수를 주기가 유한한 함수에 대해 사용하는 데는 문제가 없지만, 주기가 무한한, 즉 $l \to \infty$인 경우, 다시 말하면 주기 함수가 아닌 비주기 함수를 다룰 때는 식 (5.22)에서 보인 바와 같은 우선 삼각 급수로 표현하는 것, 자체가 불가능하다.

이와 같은 경우에는 푸리에 적분을 사용하게 되는데, 이에 대한 결과를 얻기 위해 엄밀하지는 않지만 앞 절에서 생각한 내용에 대해 $l \to \infty$인 경우 얻게 되는 결과를 살펴보기로 한다.

먼저 식 (5.22)에 식 (5.23), (5.24)를 대입하고 정리하면 다음을 얻는데,

$$f_F(\xi) = \frac{1}{2l}\int_{-l}^{l} f(\eta)\,d\eta + \frac{1}{l}\sum_{n=1}^{\infty}\left\{\int_{-l}^{l} f(\eta)\left(\cos\frac{n\pi\eta}{l}\cos\frac{n\pi\xi}{l} + \sin\frac{n\pi\eta}{l}\sin\frac{n\pi\xi}{l}\right)d\eta\right\}, \tag{5.25}$$

어떤 유한한 실수 M에 대해 다음을 가정하면

$$\int_{-\infty}^{\infty} |f(\eta)|\,d\eta < M, \tag{5.26}$$

$l \to \infty$인 경우 식 (5.25) 우변의 첫째 항은 영이 되므로, 둘째 항에 대해서만 생각하면 된다. 만약 $\frac{\pi}{l} = \Delta k$라고 하면 식 (5.25)로부터 다음을 얻는다.

$$f_F(\xi) = \frac{\Delta k}{\pi}\sum_{n=1}^{\infty}\left\{\int_{-\infty}^{\infty} f(\eta)\cos n\Delta k(\eta-\xi)\,d\eta\right\}. \tag{5.27}$$

이 식에서 급수의 덧셈과 적분의 순서를 바꾸기로 하면 다음을 얻는데,

$$f_F(\xi) = \frac{1}{\pi}\int_{-\infty}^{\infty} f(\eta)\,d\eta\left\{\sum_{n=1}^{\infty}\cos n\Delta k(\eta-\xi)\Delta k\right\}, \tag{5.28}$$

이 식 우변의 급수는 $\int_0^\infty \cos k(\eta-\xi)dk$의 리만 합으로 볼 수 있으므로 결국 다음을 얻는다.

$$f_F(\xi)=\frac{1}{\pi}\int_{-\infty}^{\infty}f(\eta)d\eta\left\{\int_0^\infty \cos k(\eta-\xi)dk\right\}. \tag{5.29}$$

다시 적분의 순서를 바꾸고 삼각 함수를 전개하면 다음을 얻고,

$$\begin{aligned} f_F(\xi) &= \frac{1}{\pi}\int_0^\infty dk\left\{\int_{-\infty}^{\infty}f(\eta)\cos k(\eta-\xi)d\eta\right\} \\ &= \frac{1}{\pi}\int_0^\infty dk\int_{-\infty}^{\infty}f(\eta)(\cos k\eta\cos k\xi+\sin k\eta\sin k\xi)d\eta \\ &= \int_0^\infty\{a(k)\cos k\xi+b(k)\sin k\xi\}dk, \end{aligned} \tag{5.30}$$

여기서 $a(k)$와 $b(k)$는 다음과 같으며,

$$a(k)=\frac{1}{\pi}\int_{-\infty}^{\infty}f(\eta)\cos k\eta\, d\eta, \tag{5.31}$$

$$b(k)=\frac{1}{\pi}\int_{-\infty}^{\infty}f(\eta)\sin k\eta\, d\eta. \tag{5.32}$$

식 (5.30)의 $f_F(\xi)$는 함수 f의 푸리에 적분이라고 부른다.

푸리에 급수에 대해서와 마찬가지로 주어진 함수 f가 우함수이면 $b(k)=0$이고, 기함수이면 $a(k)=0$이다. 그러므로 예를 들어 f가 우함수이면 다음을 얻는다.

$$f_F(\xi)=\int_0^\infty a(k)\cos k\xi\, dk,\ a(k)=\frac{2}{\pi}\int_0^\infty f(\eta)\cos k\eta\, d\eta. \tag{5.33}$$

식 (5.33)에서 $f_F(\xi)$는 함수 f의 푸리에 코싸인 적분이라고 부르고, 식 (5.33)의 $a(k)$는 함수 f의 푸리에 코싸인 변환이라고 부르며, 다음과 같이 쓰기도 한다.

$$a(k) = F_c\{f\}. \tag{5.34}$$

물론 f가 기함수이면 다음을 얻는다.

$$f_F(\xi) = \int_0^\infty b(k)\sin k\xi dk,\ b(k) = \frac{2}{\pi}\int_0^\infty f(\eta)\sin k\eta d\eta. \tag{5.35}$$

식 (5.35)의 $f_F(\xi)$는 함수 f의 푸리에 싸인 적분이라고 부르고, $b(k)$는 함수 f의 푸리에 싸인 변환이라고 부르며, 다음과 같이 쓰기도 한다.

$$b(k) = F_s\{f\}. \tag{5.36}$$

보다 엄밀하게 다음과 같은 **푸리에 적분 정리**(Fourier integral theorem)를 얻을 수 있다.

정리 5.7: 푸리에 적분 정리-1

주어진 함수 $f(x)$가 모든 l에 대해 구간 $(-l, l)$에서 부분 유연이고, 어떤 유한한 M에 대해 다음이 성립하면,

$$\int_{-\infty}^\infty |f(x)|dx < M, \tag{5.26}$$

그 푸리에 적분 $f_F(x)$는 다음 식으로 주어지며,

$$f_F(x) = \frac{1}{\pi}\int_0^\infty dk\int_{-\infty}^\infty f(\xi)\cos k(\xi - x)d\xi, \tag{5.30}$$

$f_F(x)$는 함수 $f(x)$가 연속인 모든 점에서 $f(x)$에 수렴하고, 또 함수가 불연속인 점에서는 좌우 극한의 평균값 $\dfrac{[f(x-0)+f(x+0)]}{2}$에 수렴한다.

예를 들어 그림 5.5와 같은 직사각형 펄스에 대해 생각해 보자. 직사각형 펄스는 식 (4.24)로 정의된 Heaviside **단위 계단 함수** $H(x)$를 사용하여 다음과 같이 나타낼 수 있는데,

$$f(x) = H(x+1) - H(x-1) = \begin{cases} 1, & |x| \le 1, \\ 0, & |x| > 1, \end{cases} \tag{5.37}$$

우함수이므로 $b(k) = 0$이고, 식 (5.33)으로부터 $a(k)$에 대해 다음을 얻으며,

$$a(k) = \frac{2}{\pi}\int_0^1 \cos k\eta \, d\eta = \frac{2}{\pi k}\sin k\eta \Big|_0^1 = \frac{2}{\pi}\frac{\sin k}{k}, \tag{5.38}$$

따라서 식 (5.30)을 사용하여 푸리에 적분은 다음과 같이 얻는다.

$$f_F(x) = \int_0^\infty a(k)\cos kx\,dk = \frac{2}{\pi}\int_0^\infty \frac{\sin k}{k}\cos kx\,dk. \tag{5.39}$$

위 식 우변의 적분 상한을 유한한 값 Ω로 취하여 근사적으로 계산하면 다음을 얻으며,

$$f_F(x) \sim \frac{1}{\pi}\int_0^\Omega \frac{\sin k(1+x) + \sin k(1-x)}{k}\,dk = f_\Omega(x), \tag{5.40}$$

다음과 같이 정의되는 싸인 적분을 사용하기로 하면,

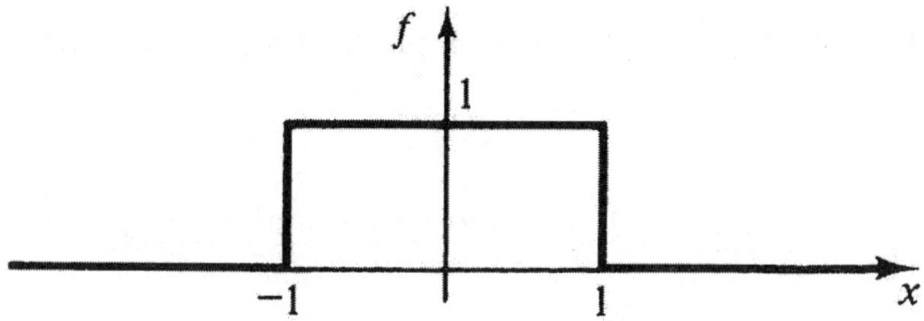

그림 5.5 직사각형 펄스

$$Si(x) = \int_0^x \frac{\sin\xi}{\xi} d\xi, \tag{5.41}$$

식 (5.40) 우변의 적분을 다음과 같이 나타낼 수 있다.

$$f_\Omega(x) = \frac{1}{\pi}\left[Si\{\Omega(1+x)\} + Si\{\Omega(1-x)\}\right]. \tag{5.42}$$

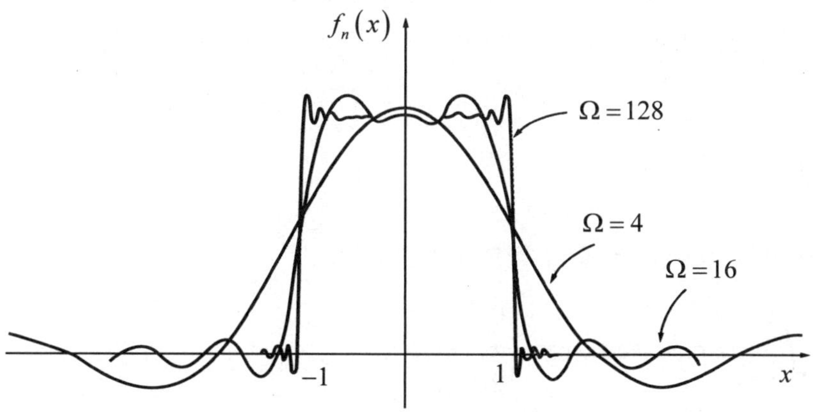

그림 5.6 직사각형 펄스의 푸리에 적분에 대한 근사

$\Omega=4$, 16, 128에 대한 계산 결과를 그림 5.6에 보였다.

한편, 식 (5.39) 우변의 적분은 $Si(\infty)=\frac{\pi}{2}$임을 이용하면, 다음 결과를 구할 수 있으므로,

$$f_F(x)=\frac{1}{\pi}\int_0^\infty \frac{\sin k(1+x)+\sin k(1-x)}{k}dk$$
$$=\frac{1}{2}\{\mathrm{sgn}(1+x)+\mathrm{sgn}(1-x)\}=f(x), \tag{5.43}$$

$\Omega\to\infty$인 경우, 푸리에 적분 $f_F(x)$가 주어진 함수 $f(x)$와 엄밀하게 같음을 알 수 있다.

여기서 $\mathrm{sgn}x$는 다음과 같이 자변수의 부호에 따라 1 또는 -1의 값을 가지도록 정의되는 부호 함수이다.

$$\mathrm{sgn}x=\begin{cases}1, x>0,\\ -1, x<0.\end{cases} \tag{5.44}$$

일반적인 함수에 대한 푸리에 적분의 계산을 위해서는 복소함수론에서 배우게 될 복소함수 적분을 사용하는 경우가 많으며, 이에 대해서는 다음으로 미루기로 한다.

연습문제

1. m과 n이 정수일 때, 다음 적분을 증명하시오.

1) $\int_{-\pi}^{\pi}\cos mx\cos nx dx=\begin{cases}0, & m\neq n\\ \pi, & m=n\geq 1,\\ 2\pi, & m=n=0\end{cases}$

2) $\int_{-\pi}^{\pi}\sin mx\sin nx dx=\begin{cases}0, m\neq n\\ \pi, m=n\geq 1\end{cases}$'

3) $\int_{-\pi}^{\pi} \sin mx \cos nx dx = 0$, 모든 m, n에 대하여.

2. 식 (5.8)의 급수가 $x \in [0.0001, 2]$의 구간에서 균일 수렴함을 증명하시오.

3. 푸리에 급수 정리와 관련하여 다음에 답하시오.

1) 오일러 공식, $\cos j(x-\xi) = \mathrm{Re}\{e^{ij(x-\xi)}\}$를 이용하여 다음을 증명하시오. 여기서 Re은 실수부를 뜻한다.

$$\frac{1}{2} + \sum_{j=1}^{n} \cos j(x-\xi) = \frac{\sin\left(n+\frac{1}{2}\right)(x-\xi)}{2\sin\frac{x-\xi}{2}}.$$

2) 푸리에 급수의 부분합 $s_n(x)$에 대해 다음을 증명하시오.

$$s_n(x) = \frac{1}{\pi}\int_{-\pi}^{\pi} f(\xi)\left\{\frac{1}{2} + \sum_{j=1}^{n} \cos j(x-\xi)\right\} d\xi = \frac{1}{\pi}\int_{-\pi}^{\pi} f(x-\xi) \frac{\sin\left(n+\frac{1}{2}\right)\xi}{2\sin\frac{\xi}{2}} d\xi.$$

3) 아래에 주어진 리만-르베끄 보조 정리를 이용하여 $\gamma \in (0, \pi)$일 때, 다음을 증명하시오.

$$s_n(x) \sim \frac{1}{\pi}\int_{0}^{\gamma} [f(x+\xi) + f(x-\xi)] \frac{\sin\left(n+\frac{1}{2}\right)\xi}{\xi} d\xi.$$

정리 5.8: 리만-르베그 보조 정리

a, b가 유한하고, β가 실수이며, f가 구간 $[a,b]$에서 리만 적분 가능이면, 다음이 성립한다.

$$\lim_{\alpha\to\infty}\int_a^b f(x)\sin(\alpha x+\beta)dx = 0.$$

4) 식 (5.6)으로 주어진 직사각형 파동에 대해 위 3)의 $\gamma = x$로 취해 다음을 증명하시오.

$$s_n(x) \sim \frac{2}{\pi}\int_0^x \frac{\sin\left(n+\frac{1}{2}\right)\xi}{\xi}d\xi = \frac{2}{\pi}Si\left[\left(n+\frac{1}{2}\right)x\right].$$

5) 싸인 적분의 성질을 이용하여 위 4)에서 구한 부분합 s_n이 그림 5.7에 보인 바와 같이 $x = \frac{\pi}{\left(n+\frac{1}{2}\right)}, \frac{2\pi}{\left(n+\frac{1}{2}\right)}, \cdots$ 에서 국부 최대, 최소값을 가지는 것을 보이시오.

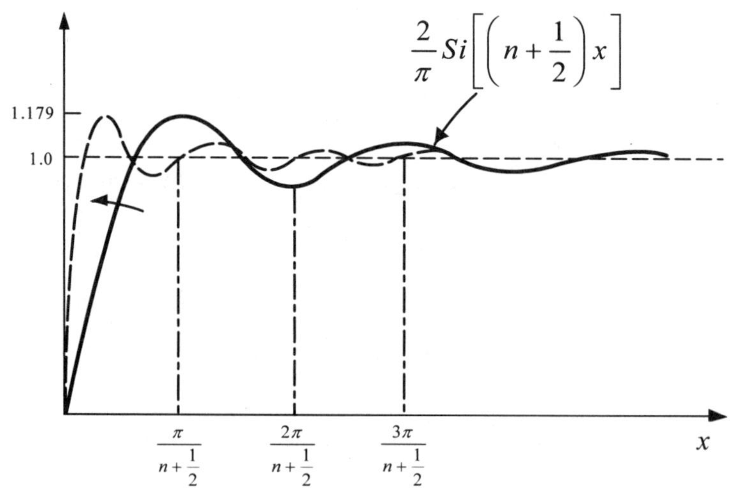

그림 5.7 Gibbs 현상

그림 5.7에서 n을 증가시키면 첫 번째 최대값의 위치가 영에 가까이 가지만, 그 값은 1.1.79로 약간의 과월(overshoot)을 보이며, 변화하지 않는다. n을 증가시키면 $x=0$이 아닌 원하는 점 x에서 $s_n(x)$의 값이 1이 되도록 하는 것에는 문제가 없으나, 위의 과월은 피할 수가 없다. 이와 같은 현상은 직사각형 파동에서뿐만 아니라 불연속인 점 주위에서 항상 발생하며, Gibbs(1899)에 의해 지적된 바 있어 Gibbs 현상(Gibbs' phenomenon)이라고 불린다.

4. 다음과 같이 한 구간에 대해 정의된, 주기 함수들의 푸리에 급수를 구하시오.

1) $f(x) = x^2,\ x \in [-\pi, \pi]$

2) $f(x) = \sin x,\ x \in [0, \pi]$

3) $f(x) = \sin x,\ x \in [-\pi, \pi]$

4) $f(x) = \begin{cases} 0, x \in [-\pi, 0] \\ x, x \in [0, \pi] \end{cases}$

5) $f(x) = \begin{cases} 0,\ x \in [-\pi, 0] \\ x^{2,}\ x \in [0, \pi] \end{cases}$

6) $f(x) = \begin{cases} 100, \quad x \in [-\frac{\pi}{2}, 0] \\ -100, x \in [0, \frac{\pi}{2}] \end{cases}$

7) $f(x) = \cos x,\ x \in [-\frac{\pi}{2,}\frac{\pi}{2}]$

8) $f(x) = \begin{cases} 0, \quad x \in [-\pi, 0] \\ \sin x, x \in [0, \pi] \end{cases}$

9) $f(x) = \begin{cases} 0,\ x \in [-2, 0) \\ 25, x = 0 \\ 50\ x \in (0, 1) \end{cases}$

10) $f(x) = 50,\ x \in [-\pi, \pi]$

5. 모든 x에 대해 다음이 성립하는 a_n과 b_n을 구하시오.

$$\cos^2 x = \sum_{n=0}^{\infty} (a_n \cos nx + b_n \sin nx).$$

구한 a_n과 b_n의 유일성(uniqueness)에 대해 논의하시오.

6. 주기가 $2l$인 함수에 대한 복소 푸리에 급수(complex Fourier series)를 다음과 같이 쓸 수 있다고 하자.

$$f(x) = \sum_{n=-\infty}^{\infty} c_n e^{in\pi x/l}. \tag{5.45}$$

이 식의 c_n을 나타내는 식을 구하고, 그 결과와 식 (5.22), (5.23), (5.24)에 주어진 a_n과 b_n 사이의 관계를 구하시오.

7. 정수 m, n에 대해 다음 관계를 증명하시오.

$$\int_{-l}^{l} e^{-im\pi x/l} e^{in\pi x/l} dx = \begin{cases} 2l, & m = n \\ 0, & m \neq n \end{cases}.$$

식 (5.45)의 양변에 $e^{im\pi x/l}$를 곱하고 적분하여 다음 결과를 얻으시오.

$$c_n = \frac{1}{2l} \int_{-l}^{l} f(x) e^{-im\pi x/l} dx.$$

8. 직사각형 펄스의 푸리에 적분과 관련하여, 식 (5.38)에서 구한 결과에 따르면 $\lim_{k \to 0} a(k) = \frac{2}{\pi} \neq 0$이다. 직사각형 펄스의 구간 $x \in (-\infty, \infty)$에 대한 평균값은 영인 것과 이 결과에 대해 서로 모순되는 것인지에 대해 논의하시오.

6장

푸리에 변환과 라플라스 변환

6.1 푸리에 변환

먼저 앞 장에서 얻었던 푸리에 적분 정리(정리 5.7)에 오일러 공식을 적용하여 복소 지수 함수(complex exponential function)를 사용하여 다시 쓰면 다음을 얻는다.

$$f_F(x) = \frac{1}{\pi}\int_0^\infty dk \int_{-\infty}^\infty f(\xi)\cos k(\xi - x)d\xi \tag{5.30}$$

$$= \frac{1}{2\pi}\int_0^\infty dk \int_{-\infty}^\infty f(\xi)\left\{e^{ik(\xi-x)} + e^{-ik(\xi-x)}\right\}d\xi$$

$$= \frac{1}{2\pi}\int_{-\infty}^\infty dk \int_{-\infty}^\infty f(\xi)e^{-ik(\xi-x)}d\xi$$

$$= \frac{1}{2\pi}\int_{-\infty}^\infty e^{ikx}dk \int_{-\infty}^\infty f(\xi)e^{-ik\xi}d\xi. \tag{6.1}$$

이 식을 고려하여 주어진 함수 $f(x)$의 푸리에 변환(Fourier transform)과 푸리에 역변환(Fourier inverse transform)을 다음과 같이 정의한다.

정의 6.1: 푸리에 변환과 푸리에 역변환

주어진 함수 $f(x)$의 푸리에 변환 $Ff(x)=\tilde{f}(k)$는 다음과 같이 정의된다.

$$Ff(x)=\tilde{f}(k)=\int_{-\infty}^{\infty} f(x)e^{-ikx}dx. \tag{6.2}$$

또한 푸리에 역변환은 다음과 같이 정의한다.

$$F^{-1}\tilde{f}(k)=\frac{1}{2\pi}\int_{-\infty}^{\infty}\tilde{f}(k)e^{ikx}\,dk. \tag{6.3}$$

위의 정의를 이용하여 푸리에 적분 정리를 다시 쓰면 다음을 얻는다.

정리 6.1: 푸리에 적분 정리-2

주어진 함수 $f(x)$가 모든 l에 대해 구간 $(-l,l)$에서 부분 유연이고, 어떤 유한한 M에 대해 다음이 성립하면,

$$\int_{-\infty}^{\infty}|f(x)|\,dx<M, \tag{5.26}$$

그 푸리에 적분 $f_F(x)$는 다음과 같이 푸리에 역변환으로 주어지며,

$$f_F(x)=\frac{1}{2\pi}\int_{-\infty}^{\infty}\tilde{f}(k)e^{ikx}\,dk=F^{-1}\tilde{f}(k), \tag{6.4}$$

$f_F(x)$는 함수 $f(x)$가 연속인 모든 점에서 $f(x)$에 수렴하고, 또 함수가 불연속인 점에서는 좌우 극한의 평균값 $\dfrac{[f(x-0)+f(x+0)]}{2}$에 수렴한다.

만약 주어진 함수의 푸리에 적분이 주어진 함수와 '거의 모든 곳(almost everywhere)'에서 같은 점을 고려하여 편의상 등호를 사용하여 다음과 같이 쓰기로 하면,

$$f_F(x) = f(x), \tag{6.5}$$

위의 정리 6.1의 식 (6.4)는 다음과 같이 쓸 수 있다.

$$f(x) = F^{-1}\tilde{f}(k). \tag{6.6}$$

이 식은 푸리에 역변환 공식(Fourier inversion formula)이라고 불리며, 식 (6.2)와 (6.6)은 **푸리에 변환쌍**(Fourier transform pair)이라고 부른다.

푸리에 변환이 가지는 성질을 다음과 같은 정리로 간추려 둔다.

정리 6.2: 푸리에 변환의 선형성(linearity)

α, β를 임의의 복소 상수라고 하고, $f(x)$, $g(x)$를 주어진 함수라고 할 때 다음이 성립한다.

$$F(\alpha f + \beta g) = \alpha F f + \beta F g, \tag{6.7}$$

$$F^{-1}\left(\alpha\tilde{f} + \beta\tilde{g}\right) = \alpha F^{-1}\tilde{f} + \beta F^{-1}\tilde{g}. \tag{6.8}$$

정리 6.3: 도함수의 푸리에 변환

주어진 함수 $f(x)$의 n계 도함수를 $f^{(n)}(x)$라고 할 때, 이 도함수의 푸리에 변환은 다음과 같다.

$$F f^{(n)} = (ik)^n \tilde{f}(k). \tag{6.9}$$

정의 6.2: 컨볼루션(convolution)

$f(x)$, $g(x)$를 주어진 두 함수라고 할 때, 다음과 같이 정의되는 적분을 두 함수의 컨볼루션이라고 하고 $f*g$로 표기한다.

$$f*g=\frac{1}{2\pi}\int_{-\infty}^{\infty}f(x-\xi)g(\xi)d\xi. \tag{6.10}$$

정리 6.4: 컨볼루션의 푸리에 변환쌍

주어진 두 함수 $f(x)$, $g(x)$의 컨볼루션 $f*g$의 푸리에 변환쌍은 다음과 같다.

$$F(f*g)=\tilde{f}\tilde{g}, \tag{6.11}$$

$$F^{-1}(\tilde{f}\tilde{g})=f*g. \tag{6.12}$$

위의 정리는 역학 문제와 관련하여 매우 자주 등장하므로 식 (6.11)을 증명하기로 한다. 먼저 푸리에 역변환과 푸리에 변환의 정의에 따라 다음을 얻으며,

$$F^{-1}(\tilde{f}\tilde{g})=\frac{1}{2\pi}\int_{-\infty}^{\infty}\tilde{f}\tilde{g}e^{ikx}dk=\frac{1}{2\pi}\int_{-\infty}^{\infty}\tilde{f}e^{ikx}dk\int_{-\infty}^{\infty}g(\xi)e^{-ik\xi}d\xi, \tag{6.13}$$

적분의 순서를 바꾸어 다음을 얻고,

$$F^{-1}(\tilde{f}\tilde{g})=\frac{1}{2\pi}\int_{-\infty}^{\infty}g(\xi)d\xi\int_{-\infty}^{\infty}\tilde{f}e^{ik(x-\xi)}dk, \tag{6.14}$$

푸리에 변환의 정의에 따라 다음 결과를 얻는다.

$$F^{-1}(\tilde{f}\tilde{g}) = \frac{1}{2\pi}\int_{-\infty}^{\infty} g(\xi)f(x-\xi)\,d\xi = f * g. \tag{6.15}$$

물론 이 식의 양변에 푸리에 변환을 취하면 식 (6.11)을 얻는다.

푸리에 변환의 응용 예를 보이기 위해 다음 문제를 생각한다. 탄성 지지대(elastic foundation) 위의 무한히 긴 길이의 보(beam)가 그림 6.1에 보인 바와 같은 분포 하중 $w(x)$를 받을 때, 보의 처짐 $u(x)$를 구해 보자.

재료역학에서 배운 바와 같이 보의 처짐 $u(x)$는 다음 식을 만족하는데,

$$EI\frac{d^4u}{dx^4} + cu = w,\ x \in (-\infty, \infty), \tag{6.16}$$

여기서 E는 보의 탄성 계수, I는 보의 횡단면의 중립축에 대한 면적 관성 모멘트, c는 탄성 지지대의 탄성 계수이며, 이들의 물리적 차원(dimension)은 다음과 같다.

$$[E] = [c] = (MLT^{-2})L^{-2},\ [I] = L^4. \tag{6.17}$$

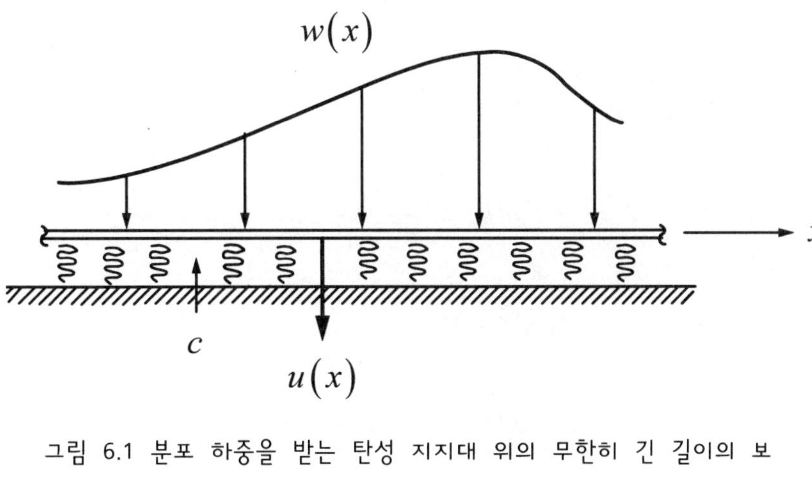

그림 6.1 분포 하중을 받는 탄성 지지대 위의 무한히 긴 길이의 보

식 (6.16)을 EI로 나누고 $\dfrac{c}{EI} \equiv \alpha^4$으로 정의하면 $[\alpha] = L^{-1}$임을 알 수 있으며, 다음 식을 얻는다.

$$\frac{d^4u}{dx^4} + \alpha^4 u = \frac{w}{EI} \equiv f(x),\ x \in (-\infty, \infty). \tag{6.18}$$

이 식에 e^{-ikx}를 곱하고 x에 대해 $-\infty$부터 ∞까지 적분하면, 다시 말하면 식 (6.18)의 푸리에 변환을 구하면, 다음을 얻는다.

$$(ik)^4\tilde{u} + \alpha^4\tilde{u} = \tilde{f}(k). \tag{6.19}$$

이 식 좌변의 첫 번째 항을 구하는 데는 정리 6.3의 식 (6.9)를 이용하였다.

푸리에 변환을 이용함에 따라 식 (6.18)의 미분 방정식이 식 (6.19)의 대수 방정식으로 바뀌었음에 주목하기 바란다. 대수 방정식인 식 (6.19)의 해 $\tilde{u}(k)$는 다음과 같이 쉽게 구할 수 있으며,

$$\tilde{u}(k) = \frac{\tilde{f}(k)}{k^4 + \alpha^4}, \tag{6.20}$$

여기서 $\tilde{g}(k)$를 다음과 같이 정의하면,

$$\tilde{g}(k) \equiv \frac{1}{k^4 + \alpha^4}, \tag{6.21}$$

식 (6.20)은 다음과 같이 쓸 수 있으므로,

$$\tilde{u}(k) = \tilde{f}(k)\tilde{g}(k), \tag{6.22}$$

정리 6.4의 식 (6.12)를 사용하여 미분 방정식의 해를 다음과 같이 얻는다.

$$u(x) = F^{-1}(\tilde{u}) = F^{-1}(\tilde{f}\tilde{g}) = f * g. \tag{6.23}$$

이 식이 의미를 가지기 위해서는 $g(x)$를 알아야 하는데, 아래에서는 위의 식을 조금 바꾸어 다음과 같은 형태로 쓰고,

$$\begin{aligned} u(x) = F^{-1}(\tilde{u}) &= \frac{1}{2\pi EI}\int_{-\infty}^{\infty}\frac{\tilde{w}(k)}{k^4+\alpha^4}e^{ikx}dk \\ &= \frac{1}{2\pi EI}\int_{-\infty}^{\infty}\frac{e^{ikx}}{k^4+\alpha^4}dk\int_{-\infty}^{\infty}w(\xi)e^{-ik\xi}d\xi \\ &= \frac{1}{2\pi EI}\int_{-\infty}^{\infty}w(\xi)d\xi\int_{-\infty}^{\infty}\frac{e^{-ik(\xi-x)}}{k^4+\alpha^4}dk \equiv \int_{-\infty}^{\infty}w(\xi)G(\xi,x)d\xi, \end{aligned} \tag{6.24}$$

이 식의 마지막 등식에서 정의된 함수 $G(\xi,x)$에 대해 생각하기로 한다.

함수 $G(\xi,x)$는 다음과 같으므로 $g(x-\xi)$와의 관계식을 다음과 같이 얻으며,

$$G(\xi,x) = \frac{\alpha^4}{2\pi c}\int_{-\infty}^{\infty}\frac{e^{-ik(\xi-x)}}{k^4+\alpha^4}dk = \frac{\alpha^4}{c}g(x-\xi), \tag{6.25}$$

식 (6.25)의 적분은 **복소 적분**(complex integration)을 사용하여 다음과 같이 구할 수 있다.

$$G(\xi,x) = \frac{\alpha}{2c}e^{-\frac{\alpha|x-\xi|}{\sqrt{2}}}\sin\left(-\frac{\alpha|x-\xi|}{\sqrt{2}}+\frac{\pi}{4}\right). \tag{6.26}$$

따라서 $g(x)$를 다음과 같이 얻는다.

$$g(x) = \frac{1}{2\alpha^3}e^{-\frac{\alpha|x|}{\sqrt{2}}}\sin\left(-\frac{\alpha|x|}{\sqrt{2}}+\frac{\pi}{4}\right). \tag{6.27}$$

구하고자 하는 해가 식 (6.24)의 마지막 우변과 같은 형태의 적분으로 얻어졌을 때, 함수 $G(\xi,x)$는 핵함수(kernel function)라고 부르며, 특히 미분 방정식의 해와 관련하여서는 **그린 함수**(Green function)라고 부른다.

그린 함수의 성질을 알아보기 위해 먼저 $w(x)=\delta(x-x_0)$인 단위 세기의 점 하중(point loading)을 받는 경우를 생각하면 다음을 얻으므로,

$$u(x)=\int_{-\infty}^{\infty}\delta(x-x_0)G(\xi,x)d\xi=G(x_0,x), \tag{6.28}$$

그린 함수 $G(\xi,x)$는 $x=\xi$인 점에 단위 세기의 점 하중이 가해질 때, 점 x에서의 처짐임을 알 수 있다. 점 하중이 가해지는 점에서의 처짐은 $\dfrac{\alpha}{2\sqrt{2}c}$이며, 보의 처짐은 좌우 대칭이고, 하중이 가해진 점으로부터의 거리가 멀어짐에 따라 지수 함수적으로 감소함을 알 수 있다.

한편, $w(x)=w_0$인 균일 분포 하중이 가해질 경우에는 다음 결과를 얻는데,

$$u(x)=w_0\int_{-\infty}^{\infty}G(\xi,x)d\xi=\frac{w_0}{c}, \tag{6.29}$$

이는 바로 정적 변위(static deflection)이다. 이 식에서 두 번째 등호는 $\beta\equiv\dfrac{\alpha}{\sqrt{2}}$라고 하고 얻어지는 다음 관계를 이용하여 구할 수 있다.

$$\begin{aligned}J&=\int_{-\infty}^{\infty}e^{-\beta|x-\xi|}\sin\left(-\beta|x-\xi|+\frac{\pi}{4}\right)d\xi=2Im\,e^{\frac{i\pi}{4}}\int_0^{\infty}e^{-\beta|\eta|(1+i)}d\eta\\&=2Im\,e^{\frac{i\pi}{4}}\int_0^{\infty}e^{-\beta\eta(1+i)}d\eta=2Im\frac{e^{\frac{i\pi}{4}}}{\beta(1+i)}=\frac{\sqrt{2}}{\beta}=\frac{2}{\alpha}.\end{aligned} \tag{6.30}$$

식 (6.26)과 (6.29)에서 $u(x) = w_0 \dfrac{\alpha}{2c} J$이므로 식 (6.30)의 결과를 대입하여 식 (6.29)의 결과를 쉽게 얻는다.

여기서 한 가지 주의할 점은 $w(x) = w_0$에 대한 푸리에 변환은 사실 존재하지 않음에도 불구하고 위에서 본 바와 같이 물리적으로 타당한 해가 얻어졌다는 점인데, 이는 식 (6.24)에서 적분의 순서를 바꾸었음에 기인한다는 점을 지적해 둔다.

미분 방정식과 관련하여 그린 함수 방법은 14.3절에서 다시 다룰 것이므로 보다 자세한 사항은 14.3절을 참조하기 바란다.

푸리에 변환을 사용하는 경우, 이와 같이 푸리에 변환이 존재하지 않는 경우에 대한 문제를 자주 다루어야 하는 문제점이 있어, 변환을 얻을 때, 아예 영보다 작은 지수를 가지는 지수 함수를 곱하여 변환을 얻는 것을 생각할 수 있으며, 다음 절에서는 바로 이와 같은 변환, 즉 라플라스 변환을 생각하기로 한다.

수학자들의 소개

- 그린(Green, 1793-1841, UK), 적분 정리, 미분 방정식의 해법 등에 기여.

6.2 라플라스 변환

앞 절에서 고려했던 푸리에 변환은 많은 함수에 대해 그 변환이 존재하지 않는다는 문제점뿐만 아니라, 그 적분 구간이 $-\infty$부터 ∞까지이므로, 예를 들어 시간 영역에서 그 구간이 $t \in [0, \infty)$인 문제를 고려하는 경우에는 적용하는데 또한 어려움이 있다.

라플라스 변환(Laplace transform)은 푸리에 적분 정리로부터 얻을 수 있다. 먼저 주어진 함수 $f(t)$가 다음 조건을 만족한다고 가정한다.

L1) 모든 유한한 구간에서 부분 유연하다.

L2) 상수 K, c, T가 존재하여, 모든 $t > T$에 대해 다음 관계를 만족한다.

$$|f(t)| < Ke^{ct}. \tag{6.31}$$

이와 같은 조건을 만족하는 함수 $f(t)$에 대해 다음과 같이 새로운 함수 $\phi(t)$를 정의한다.

$$\phi(t) = \begin{cases} 0, & t < 0, \\ e^{-\gamma t} f(t), & t > 0. \end{cases} \tag{6.32}$$

이렇게 정의된 함수 $\phi(t)$에 대해 푸리에 적분 정리, 식 (6.4), (6.2)를 적용하고, $x \to t$, $k \to \omega$, $\xi \to \tau$로 변수를 바꾸어 쓰면 다음을 얻는다.

$$\phi_F(t) = \frac{1}{2\pi} \int_{-\infty}^{\infty} \tilde{\phi}(\omega) e^{i\omega t} d\omega = \frac{1}{2\pi} \int_{-\infty}^{\infty} e^{i\omega t} d\omega \int_0^{\infty} \phi(\tau) e^{-i\omega\tau} d\tau. \tag{6.33}$$

이 식에 식 (6.32)를 대입하고, $\phi_F(t) = e^{-\gamma t} f_L(t)$라고 하면 다음을 얻는데,

$$f_L(t) = \frac{1}{2\pi} \int_{-\infty}^{\infty} e^{(\gamma + i\omega)t} d\omega \int_0^{\infty} f(\tau) e^{-(\gamma + i\omega)\tau} d\tau, \tag{6.34}$$

이 식에 $s = \gamma + i\omega$의 복소변수를 도입하여 다음을 얻는다.

$$f_L(t) = \frac{1}{2\pi i} \int_{\gamma - i\infty}^{\gamma + i\infty} e^{st} ds \int_0^{\infty} f(\tau) e^{-s\tau} d\tau. \tag{6.35}$$

이 식으로부터 주어진 함수 $f(t)$에 대해 라플라스 변환은 다음과 같이 정의한다.

정의 6.3: 라플라스 변환

위의 조건 L1, L2를 만족하는 함수 $f(t)$에 대해 라플라스 변환 $\overline{f}(s)$는 다음과 같이 정의한다.

$$\overline{f}(s) = \int_0^{\infty} f(t) e^{-st} dt \equiv Lf. \tag{6.36}$$

라플라스 변환을 이용하여 식 (6.35)를 다시 쓰면 라플라스 역변환(Laplace inverse transform)에 대한 다음 정리를 얻는다.

정리 6.5: 라플라스 역변환

주어진 라플라스 변환 $\bar{f}(s)$의 역변환 $L^{-1}\bar{f}(s)$는 다음 식으로 주어지며,

$$L^{-1}\bar{f}(s) = \frac{1}{2\pi i}\int_{\gamma - i\infty}^{\gamma + i\infty}\bar{f}(s)e^{st}\,ds = f_L(t), \tag{6.37}$$

푸리에 적분 정리, 정리 6.1에 의해 $f_L(t)$는 '거의 모든 곳'에서 $f(t)$와 같으므로, 다음 식을 얻는다.

$$f(t) = L^{-1}\bar{f}(s). \tag{6.38}$$

식 (6.36)과 (6.38)은 **라플라스 변환쌍**(Laplace transform pair)이라고 부르며, 식 (6.37)에 보인 복소 적분의 적분 경로는 그림 6.2에 보였다. Bromwich 경로(Bromwich contour)라고 불리는 수직 경로를 따라 정의된 라플라스 역변환은 20세기 초반 이후에야 점근 해석과 관련하여 본격적으로 활용되기 시작하였다.

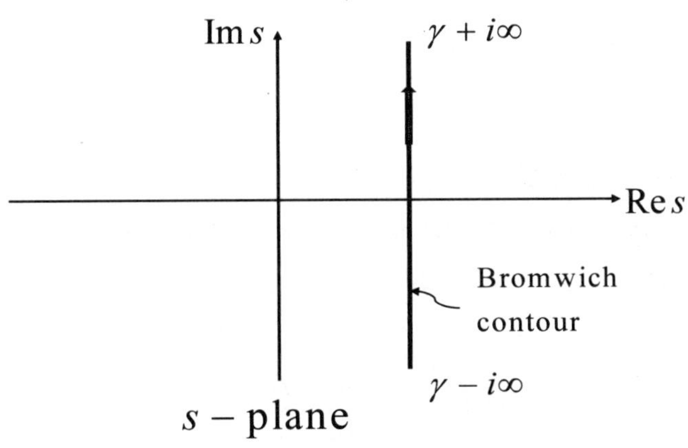

그림 6.2 라플라스 역변환의 적분 경로

라플라스 변환이 가지는 성질을 다음과 같은 정리로 간추려 둔다.

정리 6.6: 라플라스 변환의 선형성

α, β를 임의의 복소 상수라고 하고, $f(t)$, $g(t)$를 주어진 함수라고 할 때 다음이 성립한다.

$$L(\alpha f+\beta g)=\alpha Lf+\beta Lg, \tag{6.39}$$

$$L^{-1}(\alpha\bar{f}+\beta\bar{g})=\alpha L^{-1}\bar{f}+\beta L^{-1}\bar{g}. \tag{6.40}$$

정리 6.7: 도함수의 라플라스 변환

주어진 함수 $f(t)$의 n계 도함수를 $f^{(n)}(t)$라고 할 때, 이 도함수의 라플라스 변환은 다음과 같다.

$$Lf^{(n)}=sLf^{(n-1)}-f^{(n-1)}(0). \tag{6.41}$$

정의 6.4: 컨볼루션

$f(t)$, $g(t)$를 주어진 두 함수라고 할 때, 다음과 같이 정의되는 적분을 두 함수의 컨볼루션이라고 하고 $f*g$로 표기한다.

$$f*g=\int_0^t f(\tau)g(t-\tau)d\tau. \tag{6.42}$$

정리 6.8: 컨볼루션의 라플라스 변환쌍

주어진 두 함수 $f(t)$, $g(t)$의 컨볼루션 $f*g$의 라플라스 변환쌍은 다음과 같다.

$$L(f*g)=\bar{f}\bar{g}, \tag{6.43}$$

$$L^{-1}(\bar{f}\bar{g})=f*g. \tag{6.44}$$

위의 정리는 역학 문제와 관련하여 매우 자주 등장하므로 식 (6.43)을 증명하기로 한다. 먼저 라플라스 변환의 정의에 따라 다음을 얻으며,

$$L(f*g)=\int_0^\infty e^{-st}dt\int_0^t f(\tau)g(t-\tau)d\tau, \tag{6.45}$$

그림 6.3에 보인 바와 같이 적분 변수의 순서를 바꾸어 다음을 얻고,

$$L(f*g)=\int_0^\infty f(\tau)d\tau\int_\tau^\infty g(t-\tau)e^{-st}dt, \tag{6.46}$$

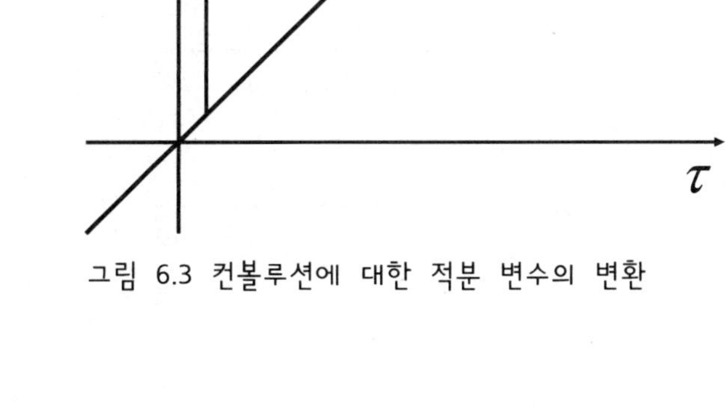

그림 6.3 컨볼루션에 대한 적분 변수의 변환

우변의 두 번째 적분에 $\mu = t - \tau$의 치환을 사용하여 다음을 얻는다.

$$L(f * g) = \int_0^\infty f(\tau)d\tau \int_0^\infty g(\mu)e^{-s(\mu+\tau)}d\mu$$

$$= \int_0^\infty f(\tau)e^{-s\tau}d\tau \int_0^\infty g(\mu)e^{-s\mu}d\mu = \bar{f}\bar{g}. \qquad (6.47)$$

물론 이 식의 양변에 라플라스 역변환을 취하면 식 (6.44)를 얻는다.

아래에서는 라플라스 변환의 응용에 대한 예를 생각한다.

1) 먼저 식 (4.24)와 같이 정의된 Heaviside의 단위 계단 함수 $H(t-a)$의 라플라스 변환을 구한다. 라플라스 변환의 정의인 식 (6.36)으로부터 다음을 얻는다.

$$L[H(t-a)] = \int_a^\infty e^{-st}dt = -\left.\frac{e^{-st}}{s}\right|_a^\infty = \frac{e^{-as}}{s}. \qquad (6.48)$$

이 식의 마지막 등호는 $\mathrm{Re}\,s = \gamma > 0$임을 이용하여 얻는다.

2) 실수인 ω에 대해 함수 $e^{i\omega t}$의 라플라스 변환은 다음과 같으므로,

$$L(e^{i\omega t}) = \int_0^\infty e^{i\omega t}e^{-st}dt = -\left.\frac{e^{-(s-i\omega)t}}{s-i\omega}\right|_0^\infty = \frac{1}{s-i\omega}, \qquad (6.49)$$

실수부와 허수부를 고려하여 다음 결과를 얻는다.

$$L(\cos\omega t) = \mathrm{Re}\frac{1}{s-i\omega} = \frac{s}{s^2+\omega^2}, \qquad (6.50)$$

$$L(\sin\omega t) = \mathrm{Im}\frac{1}{s-i\omega} = \frac{\omega}{s^2+\omega^2}. \qquad (6.51)$$

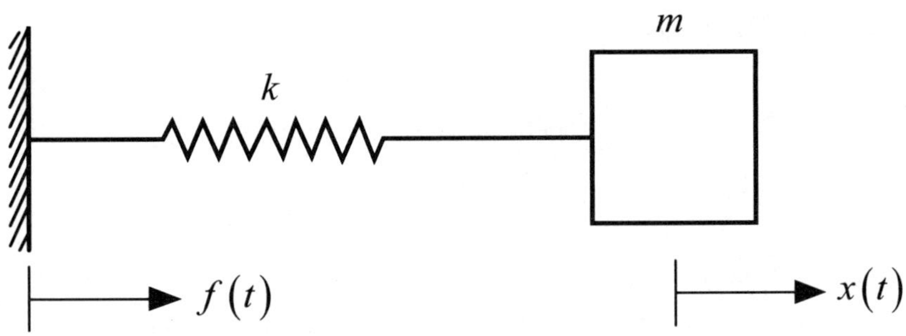

그림 6.4 운동하는 지지대를 가진 조화 진동자

3) 다음으로는 그림 6.4에 보인 바와 같은 조화 진동자(harmonic oscillator)의 지지대가 운동하는 경우의 해를 라플라스 변환을 사용하여 구해 본다.

운동 방정식은 Newton 법칙으로부터 다음과 같이 얻으므로,

$$m\ddot{x} = k(f - x), \tag{6.52}$$

정리하면 다음 식을 얻는다.

$$\ddot{x} + \omega_n^2 x = \omega_n^2 f,\ t \in (0, \infty). \tag{6.53}$$

여기서 $\omega_n = \sqrt{\dfrac{k}{m}}$ 로 고유 진동수라고 부른다. 이 식의 양변에 e^{-st}를 곱하고 0부터 ∞까지 t에 대해 적분하면, 즉 이 식의 라플라스 변환을 취하면, 식 (6.41)을 이용하여 다음을 얻는다.

$$\left[s^2\overline{x} - sx(0) - \dot{x}(0)\right] + \omega_n^2\,\overline{x} = \omega_n^2\,\overline{f}. \tag{6.54}$$

라플라스 변환을 이용하여 미분 방정식을 대수 방정식으로 바꾸었음에 주목하기 바라며, 이 식은 초기 조건(initial conditions)인 $x(0)$와 $\dot{x}(0)$를 포함하고 있음에 유의한

다. 식 (6.54)로부터 $\overline{x}(s)$를 쉽게 다음과 같이 구할 수 있다.

$$\overline{x}(s) = \frac{sx(0) + \dot{x}(0)}{s^2 + \omega_n^2} + \frac{\omega_n^2 \overline{f}(s)}{s^2 + \omega_n^2}. \tag{6.55}$$

이 식 우변의 첫 번째 항은 초기 조건에 따라 결정되며, 두 번째 항은 지지대의 운동에 따라 결정된다. 식 (6.55)에 라플라스 역변환을 취하여 식 (6.50), (6.51)을 사용하여 다음을 얻는다.

$$L^{-1}\overline{x}(s) = x(0)\cos\omega_n t + \frac{\dot{x}(0)}{\omega_n}\sin\omega_n t + \omega_n L^{-1}\left\{\frac{\omega_n \overline{f}(s)}{s^2 + \omega_n^2}\right\}, \tag{6.56}$$

식 (6.51)을 참조하여 다음과 같이 놓으면,

$$g(t) = \sin\omega_n t, \tag{6.57}$$

식 (6.56) 우변의 마지막 항은 두 함수 $f(t)$, $g(t)$의 컨볼루션의 라플라스 변환으로 볼 수 있으므로 식 (6.44), (6.42)로부터 다음을 얻는다.

$$\omega_n L^{-1}\left\{\frac{\omega_n \overline{f}(s)}{s^2 + \omega_n^2}\right\} = \omega_n (f * g) = \omega_n \int_0^t \sin\omega_n (t-\tau) f(\tau) d\tau. \tag{6.58}$$

위의 결과를 정리하면 구하고자 하는 해 $x(t)$는 다음과 같다.

$$x(t) = x(0)\cos\omega_n t + \frac{\dot{x}(0)}{\omega_n}\sin\omega_n t + \omega_n \int_0^t \sin\omega_n (t-\tau) f(\tau) d\tau. \tag{6.59}$$

이하에서는 초기 조건이 $x(0) = 0$, $\dot{x}(0) = 0$임을 가정하며, 이와 같은 경우에는 위의 식 (6.59) 우변에서 지지대의 운동 $f(t)$에 의한 적분 항만 남는다.

1) $f(t)=H(t-a)$, 즉 계단 함수로 주어지면, 식 (6.59)로부터 $t>a$에 대해 다음을 얻는다.

$$x(t)=\omega_n\int_a^t \sin\omega_n(t-\tau)d\tau=\cos\omega_n(t-\tau)\Big|_a^t=1-\cos\omega_n(t-a), \quad (6.60)$$

$t<a$일 때는 $x(t)=0$이므로 식 (6.60)과 이를 같이 나타내면 결국 해를 다음과 같이 얻는다.

$$x(t)=H(t-a)\left[1-\cos\omega_n(t-a)\right]. \quad (6.61)$$

이 해에 따르면 $t=a$인 순간에 지지대의 위치가 1 만큼 변하여 그 상태를 계속 유지하는 경우, 물체는 $x=0$로부터 운동을 시작하여 결국 $x=1$을 중심으로 진동수 ω_n, 진폭이 1인 조화 운동을 지속함을 알 수 있다.

2) $f(t)=\delta(t-a)$, 즉 델타 함수로 주어지면, 식 (6.59)로부터 $t>a$에 대해 다음을 얻는다.

$$x(t)=\omega_n\int_0^t \sin\omega_n(t-\tau)\delta(\tau-a)d\tau=\omega_n\sin\omega_n(t-a), \quad (6.62)$$

$t<a$일 때는 $x(t)=0$이므로 식 (6.62)와 이를 같이 나타내면 결국 해를 다음과 같이 얻는다.

$$x(t)=\omega_n H(t-a)\sin\omega_n(t-a). \quad (6.63)$$

이 해에 따르면 $t=a$인 순간에 지지대의 위치가 델타 함수에 따라 변한 경우, 즉 충격적으로(impulsively) 변한 경우, 물체는 $x=0$을 중심으로 진동수 ω_n, 진폭이 ω_n인 조화 운동을 지속함을 알 수 있다.

수학자들의 소개

- Bromwich(1875-1929, UK): 연산 미적분학에 복소 적분을 이용하여 이론적 근거를 제공하고, 정의 10.3의 2차 방형(quadratic forms)에 대한 기여.

연습문제

1. 다음 함수들에 대해 푸리에 적분을 구하시오.

   1) $f(x)=e^{-\alpha|x|}$, 2) $f(x)=\delta(x-x_0)$, 3) $f(x)=\begin{cases}0, & x<0\\ e^{-\alpha x}, & x\geq 0\end{cases}$.

   단 α는 양의 실수라고 한다.

2. 푸리에 변환과 관련하여 다음을 증명하시오.

   1) $F[(-ix)^n f(x)]=\tilde{f}^{(n)}(k)$,

   2) x-shift; $F[f(x-a)]=e^{-iak}\tilde{f}(k)$,

   3) k-shift; $F[e^{iax}f(x)]=\tilde{f}(k-a)$,

   4) 만약 $h(x)=\int_{-\infty}^{x}f(\xi)d\xi$이고, 또 $x\to\infty$일 때, $h\to 0$이면,

   $$F[h(x)]=\frac{\tilde{f}(k)}{ik}.$$

   힌트: 4)에 대해 부분 적분을 사용하시오.

3. 부분 분수에 의해 다음 식이 성립하는 α, β, γ, δ를 구하시오.

$$\frac{i\omega RC}{1+i\omega RC-\omega^2 LC}=\frac{\alpha}{\omega-\beta}+\frac{\gamma}{\omega-\delta}.$$

여기서 L, R, C는 각각 주어진 상수이고, ω는 진동수이다.

4. 라플라스 변환에 대한 조건 L1, L2와 관련하여 다음 함수들 중 그 조건을 만족하는 것과 만족하지 않는 것을 구분하고, 만족하지 않는 것에 대해서는 그 이유를 설명하시오.

   1) t^{100}, 2) $\sin\left(e^{t^2}\right)$, 3) te^t, 4) $e^t \ln t$, 5) $te^t \ln t$, 6) $\sin(\alpha t+\beta)$,

   7) $[H(t-1)-H(t-2)]\,e^{t^2}$.

5. 라플라스 변환과 관련하여 다음을 증명하시오.

   1) $L[(-t)^n f(t)]=\bar{f}^{(n)}(s)$,

   2) t-shift; $L[H(t-a)f(t-a)]=e^{-as}\bar{f}(s)$,

   3) s-shift; $L[e^{-at}f(x)]=\bar{f}(s+a)$,

   4) $L\left[\int_0^t f(\tau)d\tau\right]=\dfrac{\bar{f}(s)}{s}$,

   5) $L\left[\dfrac{f(t)}{t}\right]=\int_s^\infty \bar{f}(\sigma)d\sigma$,

   6) $f(t)$가 구간 $t\in[0,\infty)$에서 a-주기 함수일 때,

$$\bar{f}(s)=\frac{1}{1-e^{-as}}\int_0^a f(t)e^{-st}dt.$$

6. **Abel의 적분 방정식**(Abel's integral equation)에 대해 생각한다.

1) 질량 m인 구슬이 $t=0$에 정지 상태에서 출발하여 중력의 작용 아래 마찰이 없는 비탈을 미끄러져 내려온다. 초기의 높이를 x, $t>0$에서의 높이를 $\xi(t)$, 그리고 지나간 호의 길이를 $\sigma(t)$라고 하면, 에너지 보존으로부터, 비탈의 형상에 무관하게, 구슬의 속력 $\dot{\sigma}(t)=\sqrt{2g(x-\xi)}$ 이다. 하강하는데 걸리는 시간 T는 비탈의 형상에 따라 결정되는데, 다음을 증명하시오.

$$T=\frac{1}{\sqrt{2g}}\int_0^x \frac{y(\xi)}{\sqrt{x-\xi}}d\xi.$$

단 $y(\xi)=\dfrac{d\sigma}{d\xi}$ 이다. 만약 T가 미리 주어졌다면, 위 식은 σ에 대한 적분 방정식이며, 핵함수(kernel function)가 $\xi=x$에서 특이점을 가지므로 특이 적분 방정식이다. Abel은 Abel의 적분 방정식으로 알려진 보다 일반적인 다음 식을 고려하였다.

$$f(x)=\int_0^x \frac{y(\xi)}{(x-\xi)^\alpha}d\xi,\ \ \alpha\in(0,1).$$

2) Abel의 적분 방정식이 라플라스 컨볼루션의 형태를 가지는 것에 착안하여 다음을 증명하시오.

$$\bar{y}(s)=\frac{s^{1-\alpha}\bar{f}(s)}{\Gamma(1-\alpha)}.$$

위 식을 직접 라플라스 역변환 하는 것은 $L^{-1}\{s^{1-\alpha}\}$가 존재하지 않으므로 불가능하지만, 양변을 s로 나누어 다음 결과를 얻으시오.

$$y(x)=\frac{1}{\Gamma(\alpha)\Gamma(1-\alpha)}\frac{d}{dx}\int_0^x \frac{f(\xi)}{(x-\xi)^{1-\alpha}}d\xi.$$

7. 아래 미분 방정식들의 해를 라플라스 변환에 의해 구하시오.

1) $\ddot{x}+2\dot{x}=H(t-1)$; $x(0)=0$, $\dot{x}(0)=1$,

2) $\ddot{x}+x=|\sin t|$; $x(0)=\dot{x}(0)=0$,

3) $\dfrac{d^3x}{dt^3}-\dfrac{dx}{dt}=f(t)$; $x(0)=1$, $\dot{x}(0)=\ddot{x}(0)=0$,

4) $t\ddot{x}+(1-t)\dot{x}=0$; $x(0)=1$, $\dot{x}(0)=0$,

5) $\begin{cases}\dot{x}= x+y\\ \dot{y}= 4x+y\end{cases}$; $x(0)=1$, $y(0)=0$,

6) $\begin{cases}\dot{x}-2y= e^t-4t\\ \dot{y}+x-y= e^t-2t+2\end{cases}$; $x(0)=1$, $y(0)=0$,

7) $t\ddot{x}+\dot{x}=0$; $x(0)=1$, $\dot{x}(0)=0$.

제2부
선형 대수

현대적인 의미에서의 선형 대수(linear algebra)는 선형 벡터 공간(linear vector space)에 대한 이론으로 볼 수 있으며, 이에 대해서는 [참고문헌 1]에서 상술하였고, 실제로 본교에서는 2학년 1학기 공학수학 과목의 교재로 사용되고 있으므로 상당 부분 중복되는 느낌이 있으나, 선형 변환(linear transform) 또는 텐서(tensor), 선형 방정식, 고유벡터(eigenvectors), 고유 함수 전개(eigenfunction expansion) 등을 대학원 기초 수학 과정에서 다루지 않을 수 없으므로 여기에 포함하였다. 따라서 여기서는 기본적인 개념 위주로 기술하고 보다 자세한 내용, 예제 등은 위의 문헌을 참고하는 것을 권장한다.

대수(algebra)는 대수 방정식과 관련한 수학 분야이며, 따라서 원래 선형 대수는 선형, 또는 1차 연립 방정식과 관련된 분야이다. 선형 연립 방정식, 또는 간단히 줄여서 선형 방정식의 해를 구하는 문제는 매우 오래된 문제로 동양과 서양을 막론하고 매우 오래 전에 비교적 간단하게 수치적인 해를 구하는 방법이 알려졌다.

그러나 선형 방정식을 선형 벡터 공간에서 벡터의 변환으로 보는 시각은 19세기 중엽, Sylvester와 Cayley 등에 의해 본격적으로 발전되기 시작하였다. 선형 방정식의 수치해를 구하는 방법보다는 선형 변환의 성질을 이해하는 문제로 바꾸어 생각하기 시작한 것인데, 여기서 선형 변환은 벡터를 입력하였을 때 벡터를 출력하는 연산자(operator)로 보통 텐서라고 부른다.

주어진 텐서와 출력 벡터에 대해, 그에 상응하는 입력 벡터를 찾는 문제는 그 구조상 선형 방정식을 풀어 해를 구하는 문제와 전적으로 동일한데, 따라서 주어진 문제의 해가 존재할 것인지, 또는 유일한 해가 있는지 등에 대한 해답은 텐서의 성질을 보다 잘 이해함으로써 얻어질 수 있다. 기초적인 텐서 이론의 중요한 결과로 볼 수 있는 텐서에 대한 코쉬의 극형 분해(polar decomposition) 정리에 따르면, 모든 텐서는 대칭 텐서와 직교 텐서의 곱으로 바꾸어 쓸 수 있다. 따라서 텐서의 성질을 이해하기 위해서는 대칭 텐서와 직교 텐서에 대해 이해해야 한다.

7장에서는 먼저 선형 벡터 공간을 정의하고, 그와 관련된 기초적인 개념들에 대해 고찰하여 앞으로 생각할 여러 가지 문제들을 다룰 수 있는 기본적인 틀을 정립한다.

8장에서는 선형 벡터 공간 특히 실수 유클리드 공간(real Euclidean space) 상에 정의된 선형 변환의 성질에 대해 살펴보기로 한다. 스칼라곱(scalar product)이 정의된 선형 벡터 공간으로서의 실수 유클리드 공간에 대해서는 텐서의 성질을 이해하는데 가장 기본적인 개념인 대칭 텐서와 직교 텐서를 정의할 수 있다.

9장에서는 선형 방정식의 해법, 특히 가우스 소거법(Gauss elimination)에 대해 간단히 고찰하고, 라플라스 전개(Laplace expansion), Cramer의 해법(Cramer's rule) 등에 대해 고려한 후, 역행렬, 역텐서 등의 성질에 대해 공부한다.

10장에서는 대칭 텐서의 성질과 관련하여 고유값(eigenvalue)과 고유벡터(eigenvector)에 대해 고려하여 매우 다양한 분야에서 중요한 역할을 하는 기본적인 결과인 주기저 정리(principal basis theorem)에 대해 공부한다. 나아가 함수 공간(function space)에서 임의의 함수를 고유 함수를 사용하여 근사하는 고유 함수 전개와 벡터 공간에서 주기저를 사용하여 임의의 벡터를 나타내는 것과의 유사성이 우연한 것이 아니고, 유클리드 공간에 대해 정의된 대칭 텐서의 일반적인 성질과 관련되어 있는 것임에 주목하고, 대칭 텐서의 성질에 대해 보다 포괄적인 이해를 시도한다.

수학자들의 소개

- Sylvester(1814-1897, UK): 행렬 이론에 기여.
- Cayley(1821-1895, UK): 행렬 대수, 비유클리드 기하학, n차원 기하학에 기여.
- 유클리드(Euclid; BC325-270, Greece): 'Elements'(기하원본)의 저자.
- Cramer(1704-1752, Switzerland): 선형 방정식의 해법에 기여.

7장

선형 벡터 공간

7.1 선형 벡터 공간

고등학교 때, 벡터에 대해 처음 배울 적에 벡터는 시작점, 방향, 크기가 있는 양이라고 배운 학생들이 대부분이어서 지금부터 배우게 될 선형 벡터 공간의 개념을 쉽게 이해하지 못하는 학생들을 많이 보아 왔다.

그러나 함수도 벡터로 다루어야 할 경우에는 위의 벡터에 대한 개념이 전혀 쓸모가 없는 것임을 알 수 있다. 겉으로 보기에는 전혀 다른 계들을 선형 벡터 공간이라는 개념을 사용하여 하나의 방법으로 통일되게 다룰 수 있게 되었으므로, 이제 고등학교 때 배운 벡터는 '화살'(arrow)로 부르기로 하고, 먼저 선형 벡터 공간(Linear Vector Space, LVS)을 정의하기로 한다. 일단 선형 벡터 공간을 정의하면 벡터는 그 공간의 벡터 집합에 속하는 요소로 이해할 수 있다.

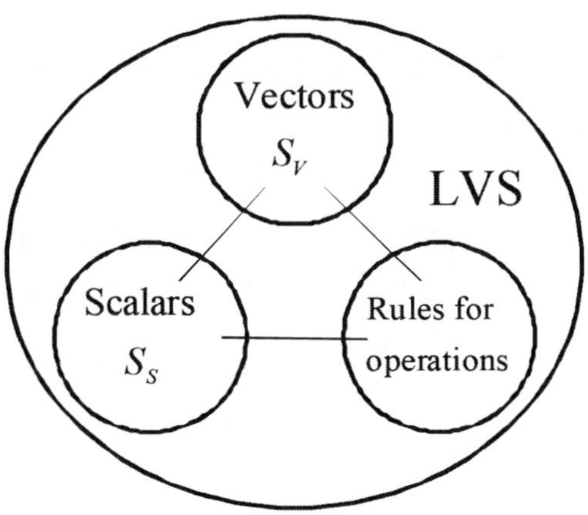

그림 7.1 선형 벡터 공간의 구성부

정의 7.1: 선형 벡터 공간

선형 벡터 공간은 다음과 같은 성질을 만족하는 벡터 집합, 스칼라 집합, 규칙 집합의 세 가지 구성부로 이루어진다.

1) 벡터 집합은 덧셈과 숫자곱에 의해 닫혀 있어야 한다. 즉 두 벡터끼리의 덧셈의 결과와 벡터의 숫자곱이 벡터 집합 내에 존재해야 한다. 이와 같은 벡터 집합의 성질은 선형성(linearity)이라고 한다.
2) 스칼라 집합은 모든 실수의 집합 또는 복소수의 집합으로 취하는데, 여기서는 대부분의 경우 실수의 집합으로 취한다.
3) 규칙 집합은 벡터 덧셈(vector addition)과 숫자곱(scalar multiplication)에 대한 규칙을 뜻하며 이들 규칙은 다음 정의 7.2와 7.3으로 주어진다.

정의 7.2: 벡터 덧셈

벡터 덧셈, +는 다음 성질을 만족하는 연산이다. $\underline{x}$와 $\underline{y}$를 벡터 집합에 속하는 임의의 두 벡터라고 할 때,

1) $\underline{x}+\underline{y}=\underline{y}+\underline{x}$, 즉 순서에 상관없이 그 결과가 같다. 이 성질은 교환성(commutativity)이라고 부른다.
2) $(\underline{x}+\underline{y})+\underline{z}=\underline{x}+(\underline{y}+\underline{z})$, 즉 세 개의 벡터를 더할 때, 어느 두 개를 먼저 더하여도 결과는 같다. 이 성질은 결합성(associativity)이라고 부른다.
3) 벡터 $\underline{x}$에 어떤 벡터를 더하여도 그 결과는 항상 $\underline{x}$인 벡터, 즉 영 벡터 $\underline{0}$가 존재한다. 이 $\underline{0}$는 덧셈에 대한 항등원(identity element)이라고 부른다.

정의 7.3: 숫자곱

벡터와 스칼라의 숫자곱은 다음 성질을 만족하는 연산이다. $\underline{x}$와 $\underline{y}$를 벡터 집합에 속하는 임의의 두 벡터, α, β를 스칼라 집합에 속하는 임의의 두 스칼라라고 할 때,

1) $\alpha(\beta\underline{x}) = \beta(\alpha\underline{x})$, 즉 순서에 상관없이 그 결과가 같다. 이 성질은 교환성(commutativity)이라고 부른다.
2) $\alpha(\underline{x}+\underline{y}) = \alpha\underline{x}+\alpha\underline{y}$, 즉 두 벡터의 덧셈을 한 결과에 숫자곱을 하거나, 각각의 벡터에 숫자곱을 한 후, 그 벡터들을 더하거나 결과는 같다. 이 성질은 벡터 덧셈에 대한 분배성(distributivity)이라고 부른다.
3) $(\alpha+\beta)\underline{x} = \alpha\underline{x}+\beta\underline{x}$, 즉 두 스칼라를 더한 것을 벡터 $\underline{x}$에 곱한 것과, 각각의 스칼라를 벡터에 숫자곱한 것을 더하여도 결과는 같다. 이 성질은 숫자곱에 대한 분배성이라고 부른다.
4) 벡터 $\underline{x}$에 어떤 스칼라를 곱하여도 그 결과는 항상 $\underline{x}$인 벡터, 즉 스칼라 1이 존재한다. 이 1은 숫자곱에 대한 항등원이라고 부른다.

위의 정의 7.1에서 언급한 벡터 집합의 선형성으로 인해, 위와 같이 정의되는 벡터 공간을 선형 벡터 공간이라고 부르며, 통상 R로 표기한다.

벡터 덧셈을 나타내는 기호로 보통 숫자끼리의 덧셈을 나타내는 기호 +를 사용하는 것은 다른 기호를 사용하는 것이 바람직하기는 하지만 가능한 한 기호의 수를 늘리지 않는 수학의 일반적인 경향을 따른 것이다.

위에 보인 정의는 많은 수학자들의 연구 결과, 다양한 계가 공통으로 가지는 가장 기본적인 성질들로 인정되어 성립되었으며, 처음 이 정의들을 접할 때는 그러한 사실을 느끼기 쉽지 않지만 보다 많은 문제들을 다루다 보면 서서히 공감할 수 있게 된다.

예를 들어 n 개의 실수를 하나의 열(column)로 배열한 n-덩이(n-tuple)의 벡터 집합과 모든 실수로 이루어진 스칼라 집합을 생각하자. 임의의 두 벡터 $\underline{x}$, $\underline{y}$를 다음과 같다고 할 때,

$$\underline{x} = \begin{pmatrix} \xi_1 \\ \xi_2 \\ \vdots \\ \xi_n \end{pmatrix},\ \underline{y} = \begin{pmatrix} \eta_1 \\ \eta_2 \\ \vdots \\ \eta_n \end{pmatrix}, \tag{7.1}$$

벡터 덧셈을 다음과 같이 정의하고,

$$\underline{x} + \underline{y} = \begin{pmatrix} \xi_1 + \eta_1 \\ \xi_2 + \eta_2 \\ \vdots \\ \xi_n + \eta_n \end{pmatrix}, \tag{7.2}$$

숫자곱을 다음과 같이 정의하며,

$$\alpha \underline{x} = \begin{pmatrix} \alpha\xi_1 \\ \alpha\xi_2 \\ \vdots \\ \alpha\xi_n \end{pmatrix}, \tag{7.3}$$

영 벡터를 다음과 같다고 하면,

$$\underline{0} = \begin{pmatrix} 0 \\ 0 \\ \vdots \\ 0 \end{pmatrix}, \tag{7.4}$$

위와 같이 정의된 계는 선형 벡터 공간을 구성하는 것을 확인할 수 있다. 위와 같이 정의된 선형 벡터 공간을 n-**덩이 벡터 공간**이라고 하고 통상 A_n으로 표기한다.

그림 7.2에는 4-덩이 벡터 공간, A_4를 생각해야 하는 경우를 예로 보였다.

선형 벡터 공간이 정의된 후, 이 벡터 공간이 무언가 쓸 모 있는 것이 되기 위해 가장 먼저 필요한 개념이 선형 독립(linear independence), 선형 종속(linear dependence)이며, 이들은 다음과 같이 정의된다.

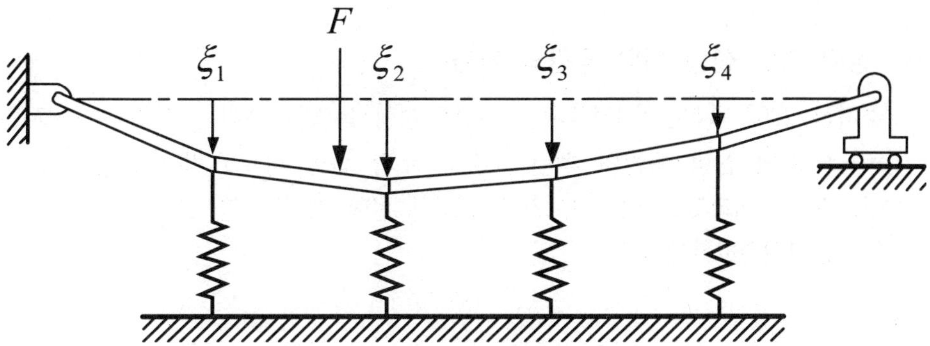

그림 7.2 4-덩이 벡터 공간, A_4의 예

정의 7.4: 선형 독립과 선형 종속

k 개의 벡터 $\underline{x}_1$, $\underline{x}_2$, $\cdots$, $\underline{x}_k$에 대해 스칼라 α_1, α_2, $\cdots$, α_k가 모두 영일 때만 다음 관계가 성립하면

$$\alpha_1 \underline{x}_1 + \alpha_2 \underline{x}_2 + \cdots + \alpha_k \underline{x}_k = \underline{0}, \tag{7.5}$$

벡터 $\underline{x}_1$, $\underline{x}_2$, $\cdots$, $\underline{x}_k$는 선형 독립이라고 한다. 만약 주어진 k 개의 벡터가 선형 독립이 아니면 선형 종속이라고 한다.

식 (7.5) 좌변의 표현처럼, 주어진 벡터 집합에 속하는 벡터들에 숫자곱과 벡터 덧셈의 연산만을 적용하여 얻어지는 벡터를 주어진 벡터들의 선형 결합(linear combination)이라고 부른다.

선형 독립의 개념을 사용하여 수행할 수 있는 가장 중요한 작업은 주어진 선형 벡터 공간의 차원(dimension)과 기저(basis)를 다음과 같이 정의할 수 있게 되는 것이다.

정의 7.5: 선형 벡터 공간의 차원

주어진 R에 속하는 벡터에서 n 개의 선형 독립인 벡터는 찾을 수 있지만 $n+1$ 개의 선형 독립인 벡터는 찾을 수가 없을 때, R의 차원은 n이고, $\dim R = n$이라고 표기하며, R은 n차원 선형 벡터 공간, 또는 줄여서 n차원 공간이라고 부른다.

정의 7.6: 선형 벡터 공간의 기저

주어진 R의 차원이 n일 때, R에 속하는 n 개의 선형 독립인 벡터 집합은 어떠한 것도 R의 기저이다.

n차원 공간에 대해 기저를 구성하는 벡터가 $\underline{e}_1$, $\underline{e}_2$, $\cdots$, $\underline{e}_n$일 때, 이 기저를 집합으로 나타내어 $\{\underline{e}_1, \underline{e}_2, \cdots, \underline{e}_n\}$ 또는 줄여서 $\{\underline{e}\}$로 표시한다.

예를 들어 3-덩이 벡터 공간 R, A_3에 대해 3 개의 벡터가 다음과 같이 주어졌을 때,

$$\underline{x}_1 = \begin{pmatrix} 1 \\ 0 \\ 0 \end{pmatrix},\ \underline{x}_2 = \begin{pmatrix} 1 \\ 1 \\ 0 \end{pmatrix},\ \underline{x}_3 = \begin{pmatrix} 1 \\ 1 \\ 1 \end{pmatrix}, \tag{7.6}$$

이들이 선형 독립인지를 확인하기 위해서 식 (7.5)와 같은 형태인 다음 식을 생각한다.

$$\alpha_1 \underline{x}_1 + \alpha_2 \underline{x}_2 + \alpha_3 \underline{x}_3 = \underline{0}. \tag{7.7}$$

이 식에 식 (7.6)을 대입하면 다음을 얻는데,

$$\alpha_1 + \alpha_2 + \alpha_3 = 0,\ \alpha_2 + \alpha_3 = 0,\ \alpha_3 = 0, \tag{7.8}$$

이들을 정리하면 결국 다음을 얻으므로,

$$\alpha_3 = 0,\ \alpha_2 = 0,\ \alpha_1 = 0, \tag{7.9}$$

정의 7.4에 따라 식 (7.6)으로 주어진 세 개의 벡터는 선형 독립이다.

또 A_3에 속하는 임의의 벡터 $\underline{y} = \begin{pmatrix} \eta_1 \\ \eta_2 \\ \eta_3 \end{pmatrix}$에 대해 다음 식을 만족하는 스칼라 α_1, α_2, α_3, α_4가 있는지 구해 보면

$$\alpha_1 \underline{x}_1 + \alpha_2 \underline{x}_2 + \alpha_3 \underline{x}_3 + \alpha_4 \underline{y} = \underline{0}, \tag{7.10}$$

다음 식을 얻으며,

$$\alpha_1 + \alpha_2 + \alpha_3 + \alpha_4 \eta_1 = 0,\ \alpha_2 + \alpha_3 + \alpha_4 \eta_2 = 0,\ \alpha_3 + \alpha_4 \eta_3 = 0, \tag{7.11}$$

이를 정리하여 다음 결과를 얻는다.

$$\alpha_3 = -\alpha_4 \eta_3, \tag{7.12}$$

$$\alpha_2 = -\alpha_3 - \alpha_4 \eta_2 = \alpha_4 (\eta_3 - \eta_2), \tag{7.13}$$

$$\alpha_1 = -\alpha_2 - \alpha_3 - \alpha_4 \eta_1 = -\alpha_4 (\eta_3 - \eta_2) + \alpha_4 \eta_3 - \alpha_4 \eta_1 = \alpha_4 (\eta_2 - \eta_1). \tag{7.14}$$

임의의 값을 가지는 α_4에 대해 주어진 η_1, η_2, η_3를 대입하여 식 (7.10)을 만족하는 α_1, α_2, α_3를 구할 수 있으며, 따라서 어떤 벡터 $\underline{y}$에 대해서도 네 개의 벡터 $\underline{x}_1$, $\underline{x}_2$, $\underline{x}_3$, $\underline{y}$는 선형 종속임을 알 수 있다.

결국 정의 7.5에 따라 A_3의 차원은 3이며, 따라서 A_3은 3차원 공간이고, 일반적으로 n차원 선형 벡터 공간은 통상 R_n으로 표기한다.

위에서 얻은 사실을 일반화하기 위해 A_n에 속하는 다음과 같은 n 개의 벡터를 생각하고,

$$\underline{e}_1 = \begin{pmatrix} 1 \\ 0 \\ \vdots \\ 0 \end{pmatrix},\ \underline{e}_2 = \begin{pmatrix} 0 \\ 1 \\ \vdots \\ 0 \end{pmatrix},\ \cdots,\ \underline{e}_n = \begin{pmatrix} 0 \\ 0 \\ \vdots \\ 1 \end{pmatrix}, \tag{7.15}$$

이들이 선형 독립임을 보이기 위해 식 (7.5)와 같은 형태의 다음 식을 생각하면,

$$\alpha_1 \underline{e}_1 + \alpha_2 \underline{e}_2 + \cdots + \alpha_n \underline{e}_n = \underline{0}, \tag{7.16}$$

쉽게 $\alpha_1 = \alpha_2 = \cdots = \alpha_n = 0$을 얻는다.

한편, A_n에 속하는 임의의 벡터 $\underline{x} = \begin{pmatrix} \xi_1 \\ \xi_2 \\ \vdots \\ \xi_n \end{pmatrix}$는 명백히 다음과 같이 쓸 수 있으므로,

$$\underline{x} = \xi_1 \underline{e}_1 + \cdots + \xi_n \underline{e}_n, \tag{7.17}$$

$n+1$ 개의 선형 독립인 벡터는 있을 수 없다. 따라서 n-덩이 선형 벡터 공간 A_n의 차원은 n이다.

또한 식 (7.15)로 주어진 n 개의 벡터는 기저이며 통상 **자연 기저**(natural basis)라고 부른다. 물론 자연 기저가 A_n에 대한 유일한 기저는 아니며, 이외에도 기저는 무수히 많다. 이와 같이 무수히 많은 기저 중에 혹시 다른 기저에 비해 주어진 문제를 해결하는데 보다 편리한 기저가 있는지에 대해 질문할 수 있으며, 이에 대한 해답은 다음 절에서 스칼라곱과 관련하여, 또 10장에서 고유값과 관련하여 얻을 것이다.

7.2 벡터의 스칼라곱과 실수 유클리드 공간

선형 벡터 공간의 기하학적 구조는 다음과 같이 정의되는 두 벡터의 스칼라곱에 의해 주어진다. 스칼라곱은 주어진 선형 벡터 공간에 대해 유일하게 정의되는 것이 아니고, 아래와 같은 정의를 만족하는 연산이면 어떠한 연산도 스칼라곱으로 볼 수 있으며, 따라서 동일한 선형 벡터 공간이라고 하더라도 스칼라곱이 다르게 정의되면 기하학적으로 다른 성질을 가질 수 있음에 유의한다.

정의 7.7: 스칼라곱

벡터와 벡터의 스칼라곱 $(\cdot, \cdot)$은 다음 성질을 만족하는 선형 연산이다. $\underline{x}$, $\underline{y}$, $\underline{z}$를 선형 벡터 공간 R에 속하는 임의의 벡터, α를 임의의 실수라고 할 때,

1) $(\underline{x},\underline{y})=(\underline{y},\underline{x})$, 즉 순서에 상관없이 같은 결과를 주며, 이 성질은 대칭성, 또는 교환성이라고 부른다.
2) $(\underline{x}+\underline{y},\underline{z})=(\underline{x},\underline{z})+(\underline{y},\underline{z})$, 즉 두 벡터 $\underline{x}$, $\underline{y}$의 벡터 덧셈을 벡터 $\underline{z}$와 스칼라곱한 것과, 각각의 벡터를 벡터 $\underline{z}$와 스칼라곱한 것을 더하여도 결과는 같다. 이 성질은 벡터 덧셈에 대한 분배성이라고 부른다.
3) $(\alpha\underline{x},\underline{y})=\alpha(\underline{x},\underline{y})$, 즉 벡터 $\underline{x}$에 숫자곱을 한 결과인 $\alpha\underline{x}$와 벡터 $\underline{y}$의 스칼라곱과, 두 벡터 $\underline{x}$, $\underline{y}$의 스칼라곱에 숫자 α를 곱한 결과는 같다. 이 성질은 숫자곱에 대한 분배성이라고 부른다.
4) 영 벡터가 아닌 어떠한 벡터 $\underline{x}$에 대해서도 $(\underline{x},\underline{x})>0$이 성립한다. 이 성질은 양정성(positivity)이라고 부른다.

정의 7.8: 실수 유클리드 공간(real Euclidean space)

스칼라곱이 정의된 선형 벡터 공간은 실수 유클리드 공간이라고 부른다.

위의 정의는 선형 벡터 공간에 대해 우리가 스칼라 집합으로 모든 실수를 사용하고 있는 것을 전제로 하고 있음에 다시 한 번 유의한다.

예를 들어 3-덩이 선형 벡터 공간 A_3에 대해 스칼라곱을 다음과 같이 정의하자.

$$(\underline{x},\underline{y}) = \xi_1\eta_1 + \xi_2\eta_2 + \xi_3\eta_3, \tag{7.18}$$

여기서 $\underline{x} = \begin{pmatrix}\xi_1\\ \xi_2\\ \xi_3\end{pmatrix}$, $\underline{y} = \begin{pmatrix}\eta_1\\ \eta_2\\ \eta_3\end{pmatrix}$이다. 위 식으로 정의된 연산은 정의 7.7의 대칭성, 벡터 덧셈 및 숫자곱에 대한 분배성, 양정성을 모두 만족하는 것을 쉽게 확인할 수 있다.

실수 유클리드 공간 R에 대해서는 이제 벡터의 길이(length)와 두 벡터 사이의 각도(angle)를 정의할 수 있어 벡터 공간 상에서 기하학적인 논의를 진행할 수 있다.

정의 7.9: 벡터의 길이와 두 벡터 사이의 각도

실수 유클리드 공간에 속하는 임의의 벡터 $\underline{x}$의 길이 $|\underline{x}|$, 두 벡터 $\underline{x}$, $\underline{y}$ 사이의 각도 θ는 각각 다음과 같이 정의한다.

$$|\underline{x}| = \sqrt{(\underline{x},\underline{x})}, \tag{7.19}$$

$$\theta = \cos^{-1}\frac{(\underline{x},\underline{y})}{|\underline{x}||\underline{y}|}. \tag{7.20}$$

위의 정의, 벡터의 길이를 정의하는 식 (7.19)에서 스칼라곱의 양정성이 중요한 역할을 하고 있음에 유의한다.

한편, 식 (7.20)의 두 벡터 사이의 각도에 대한 정의가 성립하기 위해서는 Schwarz 부등식(Schwarz inequality)이라고 불리는 다음 관계를 증명해야 하는데,

$$|\underline{x}||\underline{y}| \geq (\underline{x}, \underline{y}), \tag{7.21}$$

이를 위해 다음과 같이 정의된 함수 $F(t)$를 생각한다.

$$F(t) = |\underline{x} + t\underline{y}|^2 . \tag{7.22}$$

여기서 $\underline{x}$, $\underline{y}$는 주어진 임의의 두 벡터이다. 벡터의 길이와 스칼라곱의 정의로부터 다음을 얻고,

$$F(t) = (\underline{x} + t\underline{y}, \underline{x} + t\underline{y}) = (\underline{x}, \underline{x}) + 2t(\underline{x}, \underline{y}) + t^2(\underline{y}, \underline{y}) \geq 0, \tag{7.23}$$

2차 방정식의 근에 대한 판별식으로부터 다음을 얻는다.

$$(\underline{x}, \underline{y})^2 \geq (\underline{x}, \underline{x})(\underline{y}, \underline{y}) = |\underline{x}|^2 |\underline{y}|^2. \tag{7.24}$$

따라서 Schwarz 부등식을 증명하였으며, 정의인 식 (7.20)은 정당하다.

예를 들어 3-덩이 선형 벡터 공간 A_3에 대해 스칼라곱이 식 (7.18)과 같이 정의되면, 정의 7.9에 따라 다음을 얻는다.

$$|\underline{x}| = \sqrt{\xi_1^2 + \xi_2^2 + \xi_3^2}, \tag{7.25}$$

$$\theta = \cos^{-1} \frac{\xi_1\eta_1 + \xi_2\eta_2 + \xi_3\eta_3}{\sqrt{\xi_1^2 + \xi_2^2 + \xi_3^2}\sqrt{\eta_1^2 + \eta_2^2 + \eta_3^2}}. \tag{7.26}$$

일반적으로 역학 또는 물리 시간에 3차원 공간 상의 벡터의 길이는 식 (7.25)로, 또 두 벡터의 스칼라곱은 두 벡터 사이의 각도를 이용하여 $\underline{x} \cdot \underline{y} = |\underline{x}||\underline{y}|\cos\theta$와 같이 정의하지만, 여기서는 스칼라곱을 정의한 뒤, 스칼라곱을 이용하여 벡터의 길이와 두 벡터 사이의 각도를 정의한 점에 유의하기 바란다. 7.4절에서 함수를 벡터로 간주하는 함

수 공간을 다룰 때 이와 같은 방법의 이점이 보다 명백해 질 것이다.

두 벡터 사이의 각도가 직각일 때는 식 (7.20)의 정의를 고려하여 다음과 같이 두 벡터의 직교성(orthogonality)을 정의할 수 있다.

정의 7.10: 두 벡터의 직교성

실수 유클리드 공간에 속하는 임의의 두 벡터 $\underline{x}$, $\underline{y}$가 다음을 만족하면,

$$(\underline{x}, \underline{y}) = 0, \tag{7.27}$$

두 벡터는 직교한다고 한다.

예를 들어 3-덩이 선형 벡터 공간 A_3에 대해 스칼라곱을 식 (7.18)과 같이 정의한 경우, A_3에 속하는 3 개의 벡터가 다음과 같다고 하면,

$$\underline{x} = \begin{pmatrix} 2 \\ 1 \\ -3 \end{pmatrix},\ \underline{y} = \begin{pmatrix} 1 \\ 3 \\ 3 \end{pmatrix},\ \underline{z} = \begin{pmatrix} 1 \\ -2 \\ 0 \end{pmatrix}, \tag{7.28}$$

식 (7.25)를 사용하여 다음을 얻고,

$$|\underline{x}| = \sqrt{14},\ |\underline{y}| = \sqrt{19},\ |\underline{z}| = \sqrt{5}, \tag{7.29}$$

또 스칼라곱의 정의를 사용하여 다음을 얻으므로,

$$(\underline{x}, \underline{y}) = -4,\ (\underline{x}, \underline{z}) = 0, \tag{7.30}$$

두 벡터 $\underline{x}$, $\underline{z}$는 직교함을 알 수 있다.

만약 기저를 이루는 벡터가 모두 서로 직교하면 그와 같은 기저를 직교 기저(orthogonal basis)라고 하고, 더욱 모든 벡터의 길이가 1인 기저는 직교 정규 기저(orthonormal basis)라고 한다.

정의 7.11: 직교 기저와 직교 정규 기저

n차원 실수 유클리드 공간에 대한 기저 $\{\underline{e}_1, \underline{e}_2, \cdots, \underline{e}_n\}$을 이루는 벡터가 모두 서로 직교하면, 즉 $i \neq j$일 때 $(\underline{e}_i, \underline{e}_j) = 0$을 만족하면, 기저 $\{\underline{e}\}$는 직교 기저라고 한다.
나아가 기저를 이루는 모든 벡터의 길이가 1이면, 즉 $i = 1, 2, \cdots, n$에 대해 $|\hat{e}_i| = 1$이 성립하면, 기저 $\{\hat{e}\}$는 직교 정규 기저라고 한다.

위에서 벡터 위의 $\hat{\cdot}$ 은 단위 벡터를 나타내며, 어떤 벡터를 스스로의 크기로 나누어 단위 벡터를 얻는 것을 정규화(normalization)라고 한다.

이하에서는 n차원 실수 유클리드 공간 R_n에 대해 주어진 임의의 기저로부터 직교 정규 기저를 얻어내는 **Gram-Schmidt 과정**(Gram-Schmidt process)[1)]에 대해 예를 들어 설명하기로 한다.

3차원 실수 유클리드 공간 R_3에 대해 임의의 기저 $\{\underline{f}_1, \underline{f}_2, \underline{f}_3\}$가 주어졌다고 할 때, 먼저 $\hat{d}_1$은 $\underline{f}_1$을 정규화하여 다음과 같이 정의한다.

$$\hat{d}_1 = \frac{\underline{f}_1}{|\underline{f}_1|}, \tag{7.31}$$

다음으로 $\underline{f}_2$와 관련하여 다음과 같은 벡터 $\underline{h}_2$를 정의하면,

$$\underline{h}_2 = \underline{f}_2 - (\hat{d}_1, \underline{f}_2)\hat{d}_1, \tag{7.32}$$

1) 실제로는 라플라스, 코쉬(1836)에 의해 이미 사용된 것으로 알려져 있다.

직접 연산에 의해 $\left(\hat{d}_1, \underline{h}_2\right) = 0$을 얻으므로, $\underline{h}_2$는 $\hat{d}_1$과 직교함을 알 수 있다. 따라서 $\hat{d}_2$는 $\underline{h}_2$를 정규화하여 다음과 같이 정의하면,

$$\hat{d}_2 = \frac{\underline{h}_2}{\left|\underline{h}_2\right|}, \tag{7.33}$$

$\hat{d}_2$는 $\hat{d}_1$과 직교하는 단위 벡터이다.

다음에는 $\underline{f}_3$과 관련하여 다음과 같은 벡터 $\underline{h}_3$을 정의하면,

$$\underline{h}_3 = \underline{f}_3 - \left(\hat{d}_1, \underline{f}_3\right)\hat{d}_1 - \left(\hat{d}_2, \underline{f}_3\right)\hat{d}_2, \tag{7.34}$$

직접 연산에 의해 $\left(\hat{d}_1, \underline{h}_3\right) = \left(\hat{d}_2, \underline{h}_3\right) = 0$을 얻으므로, $\underline{h}_3$은 $\hat{d}_1$, $\hat{d}_2$와 직교함을 알 수 있다. 따라서 $\hat{d}_3$은 $\underline{h}_3$을 정규화하여 다음과 같이 정의하면,

$$\hat{d}_3 = \frac{\underline{h}_3}{\left|\underline{h}_3\right|}, \tag{7.35}$$

$\hat{d}_3$은 $\hat{d}_1$, $\hat{d}_2$와 직교하는 단위 벡터이다.

그러므로 기저 $\left\{\hat{d}_1, \hat{d}_2, \hat{d}_3\right\}$는 직교 정규 기저이며, 명백히 위의 방법은 큰 어려움 없이 n차원 공간에 대해 확장, 적용할 수 있다.

위의 과정 중, 예를 들어 $\underline{h}_2$가 영 벡터가 아닌 것은 $\underline{f}_2$와 $\hat{d}_1$이 선형 독립인 사실로부터 보증됨에 유의한다. 즉 식 (7.32) 우변의 계수 1, $-\left(\hat{d}_1, \underline{f}_2\right)$가 명백히 모두 영은 아니므로, $\underline{f}_2$와 $\hat{d}_1$이 선형 독립인 한, $\underline{h}_2$는 영 벡터가 될 수 없다. $\underline{h}_3$에 대해서도 같은 논리를 적용하면 영 벡터가 아님을 쉽게 알 수 있다.

또한 위의 과정에서, $\hat{d}_1$을 반드시 $\underline{f}_1$로부터 얻어내야 할 필요가 없으므로, 예를 들

어 $\underline{f}_2$를 정규화하여 $\hat{d}_1$을 얻었다면 위의 과정을 통하여 결과적으로 얻게 되는 직교 정규 기저는 위에서 얻은 직교 정규 기저와는 다를 것이다. 따라서 명백히 주어진 하나의 기저로부터 유도할 수 있는 직교 정규 기저 또한 무수히 많다고 볼 수 있다.

이후로는 n차원 실수 유클리드 공간 R_n에 대해 임의의 직교 정규 기저가 주어졌다고 가정해도 문제가 없을 것이다.

수학자들의 소개

- Schwarz(1843-1921, Germany): 변분법과 등각 사상에 기여.
- Gram(1850-1916, Denmark): 적분 방정식, 확률론 및 수치 해석에 기여.
- Schmidt(1876-1959, Germany): 함수 해석학(functional analysis) 및 적분 방정식에 기여.

7.3 벡터의 표현과 성분

n차원 실수 유클리드 공간 R_n에 대해 직교 정규 기저 $\{\hat{e}\}$가 주어졌을 때, R_n에 속하는 임의의 벡터 $\underline{x}$를 $\{\hat{e}\}$를 사용하여 어떻게 나타낼 수 있는지에 대해 생각하자.

먼저 $\{\hat{e}\}$는 기저이므로 $\underline{x}$는 다음과 같이 나타낼 수 있음에 주목한다.

$$\underline{x} = \alpha_1 \hat{e}_1 + \cdots + \alpha_n \hat{e}_n. \tag{7.36}$$

R_n의 차원이 n이므로, $n+1$ 개의 선형 독립인 벡터는 있을 수 없으며, 따라서 식 (7.36)을 만족하는 α_1, $\cdots$, α_n을 찾을 수 있음에 유의한다. 이들 α_1, $\cdots$, α_n, 예를 들어 α_1은 다음과 같이 위의 식에 $\hat{e}_1$을 스칼라곱하여 얻는다.

$$(\underline{x}, \hat{e}_1) = \alpha_1. \tag{7.37}$$

그러므로 다음과 같은 벡터의 표현(representation)과 성분(component)에 대한 정리를 얻는다.

정리 7.1: 직교 정규 기저를 사용한 벡터의 표현과 성분(유한 차원)

n차원 실수 유클리드 공간 R_n에 대해 주어진 직교 정규 기저 $\{\hat{e}\}$를 사용하여 임의의 벡터 $\underline{x}$를 나타내면 다음과 같다.

$$\underline{x} = \sum_{j=1}^{n} (\underline{x}, \hat{e}_j)\hat{e}_j = \sum_{j=1}^{n} \xi_j \hat{e}_j. \tag{7.38}$$

여기서 ξ_j는 기저 $\{\hat{e}\}$를 사용할 때 벡터 $\underline{x}$의 $\hat{e}_j$ 성분이라고 한다.

예를 들어 n-덩이 선형 벡터 공간 A_n에 속하는 임의의 두 벡터, $\underline{x} = \begin{pmatrix} \xi_1 \\ \xi_2 \\ \vdots \\ \xi_n \end{pmatrix}$, $\underline{y} = \begin{pmatrix} \eta_1 \\ \eta_2 \\ \vdots \\ \eta_n \end{pmatrix}$에 대해 스칼라곱을 다음과 같이 정의하면,

$$(\underline{x}, \underline{y}) = \xi_1\eta_1 + \xi_2\eta_2 + \cdots + \xi_n\eta_n = \sum_{j=1}^{n} \xi_j \eta_j, \tag{7.39}$$

A_n은 n차원 실수 유클리드 공간이다. 위와 같이 정의된 스칼라곱에 의해 주어지는 벡터 $\underline{x}$의 길이, $|\underline{x}| = \sqrt{\sum_{j=1}^{n} \xi_j^2}$은 유클리드 길이(Euclidean norm)라고 부른다. 이 공간에 대해 식 (7.15) 처럼 주어진 자연 기저를 고려하면,

$$\hat{e}_1 = \begin{pmatrix} 1 \\ 0 \\ \vdots \\ 0 \end{pmatrix},\ \hat{e}_2 = \begin{pmatrix} 0 \\ 1 \\ \vdots \\ 0 \end{pmatrix},\ \cdots,\ \hat{e}_n = \begin{pmatrix} 0 \\ 0 \\ \vdots \\ 1 \end{pmatrix}, \tag{7.40}$$

이들은 모두 크기가 1이며, 서로 직교하므로, 직교 정규 기저 $\{\hat{e}\}$를 구성함을 알 수 있다.

또 이 직교 정규 기저를 사용하여 임의의 벡터 $\underline{x} = \begin{pmatrix} \xi_1 \\ \xi_2 \\ \vdots \\ \xi_n \end{pmatrix}$를 나타내면, 정리 7.1의 식 (7.38)에 보인 바와 같이 주어짐을 이미 식 (7.17)로 확인한 바 있다.

물론 하나의 벡터를 무수히 많은 기저를 사용하여 나타낼 수 있으며, 한 기저에 대한 벡터의 표현을 알면, 다른 어떠한 기저에 대한 벡터의 성분도 기저 변환 공식(change of basis formula)을 사용하여 얻을 수 있는데, 이에 대해서는 선형 변환의 기저 변환 공식과 같이 역행렬과 역텐서에 대해 설명한 후, 9.3절에서 다루기로 한다.

7.4 함수 공간

현대적인 의미의 선형 대수를 공부하여 얻는 장점 중의 하나는 벡터 집합으로 함수들의 집합을 취하는 함수 공간을 실수 유클리드 공간으로 다룰 수 있게 된다는 점이다. 이하에서는 독립 변수는 t이며, t의 폐구간 $[a,b]$ 상에 정의된 함수에 대해 생각하며, 스칼라 집합으로 모든 실수의 집합을 취하기로 한다.

1) $[a,b]$에서 연속인 모든 함수 집합을 벡터 집합으로 취하면, 이는 스칼라 집합과 더불어 선형 벡터 공간을 이루는 것을 확인할 수 있다.

나아가 위에서 정의된 선형 벡터 공간에 속하는 임의의 벡터 $\underline{x}$, $\underline{y}$에 대해 스칼라곱을 다음과 같이 정의하면,

$$(\underline{x}, \underline{y}) = \int_a^b x(t)y(t)dt, \tag{7.41}$$

여기서 $\underline{x} = x(t)$, $\underline{y} = y(t)$이며, 식 (7.41)은 스칼라곱의 정의, 즉 대칭성, 벡터 덧셈과 숫자곱에 대한 분배성, 양정성을 모두 만족하는 것을 쉽게 확인할 수 있다. 그러므로 위와 같이 정의된 벡터 공간은 실수 유클리드 공간이며, 이 공간은 **연속 함수 공간**(continuous function space)이라고 불리고, 통상 C_0으로 표기한다.

예를 들어 $a=0$, $b=1$인 C_0에 속하는 다음과 같은 두 벡터에 대해 생각하자.

$$\underline{x} = 4t-3, \; \underline{y} = t^2. \tag{7.42}$$

식 (7.41)의 정의에 따라 두 벡터의 길이는 각각 다음과 같고,

$$|\underline{x}| = \sqrt{\int_0^1 (4t-3)^2 dt} = \sqrt{\left(\frac{16}{3}t^3 - 12t^2 + 9t\right)\Bigg|_0^1} = \sqrt{\frac{7}{3}}, \tag{7.43}$$

$$|\underline{y}| = \sqrt{\int_0^1 t^4 dt} = \sqrt{\frac{t^5}{5}\Bigg|_0^1} = \sqrt{\frac{1}{5}}, \tag{7.44}$$

두 벡터의 스칼라곱은 다음과 같으므로,

$$(\underline{x}, \underline{y}) = \int_0^1 (4t-3)t^2 dt = (t^4 - t^3)\Big|_0^1 = 0, \tag{7.45}$$

벡터 $\underline{x}$, $\underline{y}$는 직교함을 알 수 있다.

함수를 벡터로 다루게 됨으로써, 또 스칼라곱을 정의함으로써 두 함수에 대해 기하학적인 표현인 직교한다는 표현을 쓸 수 있는 점에 유의한다.

실수 유클리드 공간인 함수 공간 C_0에는 선형 독립인 함수가 무한히 많이 속해 있

으므로, 당연히 C_0의 차원은 ∞이다. ∞차원의 벡터 공간은 유한 차원, 즉 n차원의 벡터 공간과는 좀 다른 성질을 가진다.

예를 들어 그림 7.3에 보인, 다음과 같이 정의된 함수를 생각하면,

$$x_n(t) = \begin{cases} 0, & t \in [-1,0] \\ nt, & t \in \left[0, \dfrac{1}{n}\right] \\ 1, & t \in \left[\dfrac{1}{n}, 1\right] \end{cases}, \tag{7.46}$$

모든 유한한 n에 대해 $x_n(t)$는 연속 함수이며, $a=-1$, $b=1$인 C_0에 속한다. 그러나 $n \to \infty$일 때 위 식으로 정의된 함수는 Heaviside의 단위 계단 함수 $H(x)$로 수렴하며, 명백히 $H(x)$는 불연속 함수이므로 C_0에 속하지 않는다. 다시 말하면 모든 유한한 n에 대해 $x_n \in C_0$이지만, x_n의 극한점 $H \notin C_0$이므로, C_0는 닫힌 공간(closed space)이 아니다. 차원이 유한한 벡터 공간의 경우에는, 즉 R_n에 대해서는 R_n에 속한 무한 수열의 극한점은 항상 R_n에 속하는 것을 보일 수 있다.

함수 공간이 모두 열린 공간(open space)은 아니며, 닫힌 공간의 예를 다음에 보인다.

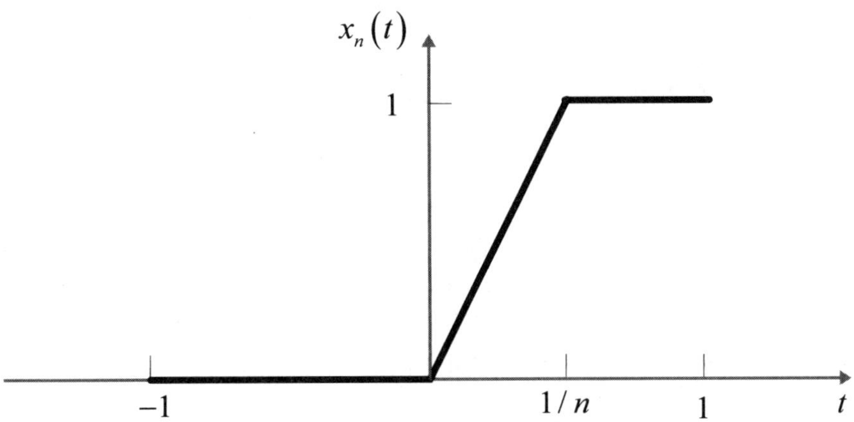

그림 7.3 $x_n(t)$

2) 구간 $[a,b]$에서 정의되어 있고, 또 제곱 적분 가능(square integrable)인 모든 함수 집합, 즉 다음을 만족하는 모든 함수를 벡터 집합으로 취하면,

$$\int_a^b |x(t)|^2 dt < \infty, \tag{7.47}$$

이는 스칼라 집합과 더불어 선형 벡터 공간을 이루는 것을 확인할 수 있다.

나아가 스칼라곱을 식 (7.41)과 같이 정의하면, 이와 같이 정의된 벡터 공간은 실수 유클리드 공간이며, 이 공간은 **르베끄 공간**(Lebesgue space)으로 불리고, 통상 L_2로 표기한다.

식 (7.46)으로 정의된 함수는 물론 L_2에 속하며, 또한 극한점인 $H(x)$도 L_2에 속하므로, 이 경우 L_2는 닫힌 공간임을 알 수 있다.

3) 모든 n차 다항식을 벡터 집합으로 취하면, 이는 스칼라 집합과 더불어 선형 벡터 공간을 이루는 것을 확인할 수 있다. 또 스칼라곱을 식 (7.41)과 같이 정의하면, 이와 같이 정의된 벡터 공간은 실수 유클리드 공간이며 통상 $\wp_n$으로 표기한다. 선형 독립과 차원의 정의를 사용하면 $\wp_n$의 차원은 $n+1$임을 쉽게 알 수 있다.

예를 들어 $a=-1$, $b=1$인 $\wp_2$에 대해, $\{1,t,t^2\}$는 명백히 선형 독립인 3 개의 벡터이므로, 기저로 볼 수 있으며, Gram-Schmidt 과정을 사용하여 이 기저로부터 직교정규 기저를 유도해 보자.

먼저 $\hat{d}_1$은 1을 정규화하여 다음과 같이 정의한다.

$$\hat{d}_1 = \phi_1(t) = \frac{1}{\sqrt{(1,1)}} = \frac{1}{\sqrt{2}}. \tag{7.48}$$

다음으로 벡터 $\underline{h}_2$를 다음과 같이 정의하고,

$$\underline{h}_2 = \psi_2(t) = t - \left(\frac{1}{\sqrt{2}}, t\right)\frac{1}{\sqrt{2}} = t, \tag{7.49}$$

$\underline{h}_2$를 정규화하여 $\hat{d}_2$를 얻으면 다음과 같다.

$$\hat{d}_2 = \phi_2(t) = \frac{t}{\sqrt{(t,t)}} = \frac{t}{\sqrt{\frac{2}{3}}} = \sqrt{\frac{3}{2}}\,t, \tag{7.50}$$

마지막으로 벡터 $\underline{h}_3$를 다음과 같이 정의하고,

$$\underline{h}_3 = \psi_3(t) = t^2 - \left(\frac{1}{\sqrt{2}}, t^2\right)\frac{1}{\sqrt{2}} - \left(\sqrt{\frac{3}{2}}\,t, t^2\right)\sqrt{\frac{3}{2}}\,t = t^2 - \frac{1}{3}, \tag{7.51}$$

$\underline{h}_3$를 정규화하여 $\hat{d}_3$를 얻으면 다음과 같다.

$$\hat{d}_3 = \phi_3(t) = \frac{t^2 - \frac{1}{3}}{\sqrt{\left(t^2 - \frac{1}{3}, t^2 - \frac{1}{3}\right)}} = \frac{t^2 - \frac{1}{3}}{\sqrt{\frac{8}{45}}} = \sqrt{\frac{5}{8}}\left(3t^2 - 1\right), \tag{7.52}$$

위에서 얻은 $\phi_1(t)$, $\phi_2(t)$, $\phi_3(t)$는 $\wp_2$에 대해 직교 정규 기저를 이루며, $\wp_2$에 속하는 임의의 함수는 정리 7.1에 주어진 식 (7.38)을 사용하여 나타낼 수 있다.

명백히 위와 같은 과정은 $n > 2$인 $\wp_n$에 대해서도 수행할 수 있는데, 아무리 n이 크다고 하더라도 $\wp_n \in C_0$이므로, C_0에 속한 임의의 함수를 만약 $\wp_n$의 기저를 사용하여 나타낸다면, 이는 연속 함수를 유한한 차수의 다항식으로 근사하는 것에 해당한다.

예를 들어 다음과 같이 정의되는 연속 함수를 생각하고,

$$x(t) = |t|, \tag{7.53}$$

위에서 구한 $\wp_2$에 대한 직교 정규 기저를 사용하여 이 함수를 근사하면 다음을 얻는다.

$$x(t) \simeq (x,\phi_1)\phi_1 + (x,\phi_2)\phi_2 + (x,\phi_3)\phi_3 = \frac{1}{\sqrt{2}}\frac{1}{\sqrt{2}} + 0 + \left(\sqrt{\frac{5}{32}}\right)\sqrt{\frac{5}{8}}(3t^2-1)$$

$$= \frac{1}{2} + \frac{5}{16}(3t^2-1) \equiv x_2(t). \tag{7.54}$$

여기서 x_2는 연속 함수 $x(t)$의 $\wp_2$ 근사라고 부르며, 그림 7.4에 이 결과를 도시하였다.

만약 보다 일반적으로 L_2에 속한 어떤 함수의 $\wp_n$ 근사를 구하는데, n을 계속 증가시키면 어떤 결과를 얻을 것인지에 대해 생각할 수 있다. $n \to \infty$이면 $\wp_n$ 근사는 주어진 함수에 점별 수렴(pointwise converge)하지는 않지만, 생각하는 구간에 걸쳐 주어진 함수와 그 근사의 차이를 제곱하고 적분하여 얻어지는 오차(error)가 가장 작아지는, 다시 말하면, 최소 자승(least square)의 견지에서 수렴하는 것을 보일 수 있으며, 이와 같은 형태의 수렴을 평균 제곱 수렴(mean square convergence)이라고 한다.

한편, 위의 Gram-Schmidt 과정 중 기저를 이루는 벡터를 정규화시키는 대신, $t=1$에서 1의 값을 가지도록 정하면 $\wp_2$에 대해 직교 기저를 이루는 다음과 같은 새로운 다항식들을 얻는데,

$$P_0(t) = 1,\ P_1(t) = t,\ P_2(t) = \frac{1}{2}(3t^2-1). \tag{7.55}$$

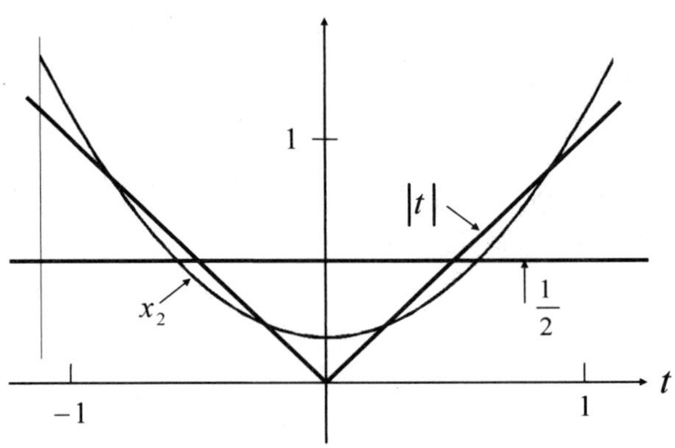

그림 7.4 연속 함수의 $\wp_2$ 근사

이들은 르장드르(Legendre) 다항식이라고 불리며, Gram-Schmidt 과정을 사용하여 위에서 얻은 직교 정규 기저인 $\phi_1(t)$, $\phi_2(t)$, $\phi_3(t)$와는 단지 앞에 곱해진 상수만 다르다는 점에 유의한다.

4) $[-\pi,\pi]$에서 정의되고, 또 아래와 같은 삼각 함수들의 선형 결합으로 나타낼 수 있는 모든 함수를 벡터 집합으로 취하면,

$$\tau_1(t)=1,\ \tau_2(t)=\cos t,\ \tau_3(t)=\sin t,\ \tau_4(t)=\cos 2t,\ \tau_5(t)=\sin 2t,\ \cdots, \tag{7.56}$$

이는 스칼라 집합과 더불어 선형 벡터 공간을 이루는 것을 확인할 수 있다. 또 스칼라 곱을 식 (7.41)과 같이 정의하면, 이와 같이 정의된 벡터 공간은 실수 유클리드 공간이며 통상 T_n으로 표기한다.

T_n의 기저로 식 (7.56)에 보인 함수의 집합을 사용할 수 있으며, 이 기저에 대해서는 직접 계산에 의해 다음을 얻으므로,

$$(\tau_i,\tau_j)=\int_{-\pi}^{\pi}\tau_i\tau_j dt=\pi\delta_{ij}\ , \tag{7.57}$$

직교 기저임을 알 수 있다. 단 여기서 δ_{ij}는 다음과 같이 정의된 Kronecker의 델타(Kronecker's delta)이다.

정의 7.12: Kronecker의 델타

Kronecker의 델타 δ_{ij}는 다음과 같이 정의된다.

$$\delta_{ij}=\begin{cases}1, i=j,\\ 0, i\neq j.\end{cases} \tag{7.58}$$

여기서 $i=1,2,\cdots,n$, $j=1,2,\cdots,n$이다.

사실 식 (7.56)의 기저는 푸리에 급수 정리, 정리 5.1 또는 5.2를 통해 L_2에 속한 함수를 근사, 또는 '나타내는데' 사용할 수 있음을 이미 배운 바 있다.

L_2에 속한 함수를 근사하는데 사용할 수 있는 기저는 위의 3), 4)에서 고려한 것뿐만 아니라 이외에도 무수히 많이 있다. 이와 같은 기저들이 어떻게 얻어질 수 있는지에 대해서는 미분 방정식에 대한 Sturm-Liouville(1837) 이론과 관련하여 10.3절에서 보다 자세히 다룰 것이다.

수학자들의 소개

- 르베끄(Lebesgue, 1875-1941, France): 푸리에 해석 및 적분의 정의 확장, 해석학에 기여.
- Legendre(1752-1833, France): 타원 적분 및 르장드르 다항식에 기여.
- Sturm(1803-1855, France): 2계 미분 방정식의 고유값 문제에 기여.
- Liouville(1809-1882, France): 2계 미분 방정식의 고유값 문제 및 미분 기하학에 기여.
- Kronecker(1823-1891, Germany): 타원 함수와 대수적 수론에 기여.

연습문제

1. 선형 벡터 공간 R에 속하는 임의의 벡터 $\underline{x}$에 대해, 그 길이 $|\underline{x}|$는 정준(norm)이라고도 부르는데, 스칼라곱과 상관없이 벡터의 길이를 정의할 때, 정준은 다음 성질을 만족하는 것으로 정의할 수 있다. R에 속하는 임의의 실수 α, 벡터 $\underline{x}$에 대해,

   1) $|\alpha\underline{x}| = |\alpha||\underline{x}|$,

   2) 양정성, $|\underline{x}| > 0$, $\underline{x} \neq \underline{0}$일 때; $|\underline{x}| = 0$, $\underline{x} = \underline{0}$일 때,

   3) 삼각형 부등식(triangle inequality), $|\underline{x}+\underline{y}| \leq |\underline{x}|+|\underline{y}|$.

   위와 같은 성질을 만족하는 정준이 정의된 선형 벡터 공간을 정준 공간(normed

space)이라고 한다.

실수 유클리드 공간 R에 대해 얻는 벡터의 길이가 위의 정준이 만족해야 하는 성질을 모두 만족하는 것을 증명하시오.

또한 n-덩이 실수 유클리드 공간 A_n에 대해 정의된 유클리드 길이는 위의 증명에 따라 삼각형 부등식을 만족하는 것에 유의하시오.

2. 실수 유클리드 공간 R에 속하는 임의의 두 벡터 $\underline{x}$, $\underline{y}$에 대해, **거리 함수** (distance function) $d(\underline{x},\underline{y})$는 다음 성질을 만족하는 함수로 정의한다.

   1) 대칭성, $d(\underline{x},\underline{y}) = d(\underline{y},\underline{x})$,

   2) 양정성, $d(\underline{x},\underline{y}) > 0$, $\underline{x} \neq \underline{y}$일 때; $d(\underline{x},\underline{y}) = 0$, $\underline{x} = \underline{y}$일 때,

   3) 삼각형 부등식, $d(\underline{x},\underline{y}) \leq d(\underline{x},\underline{z}) + d(\underline{y},\underline{z})$, 여기서 $\underline{z}$는 R에 속하는 임의의 벡터이다.

   공간 R에 대해 만약 거리 함수를 다음과 같이 정의하면,

$$d(\underline{x},\underline{y}) = |\underline{x} - \underline{y}|,$$

   이 거리 함수는 위의 성질들을 다 만족하는 것을 보이시오.

3. n-덩이 선형 벡터 공간 A_n에 대해 스칼라곱을 식 (7.39)과 같은 연산으로 정의하면, 이 연산이 스칼라곱이 만족해야 하는 성질을 모두 만족함을 보이시오.

4. 선형 벡터 공간 R의 기저가 n개의 벡터로 구성되었다고 하면, 공간 R의 차원은 n임을 보이시오.

5. 7.4절 1)에서 고려한 연속 함수 공간 C_0가 선형 벡터 공간임을 보이시오. 또 3)에서 고려한 n차 다항식으로 이루어지는 공간 $\wp_n$도 선형 벡터 공간임을 보이시오.

6. $C_0(a,b)$와 $L_2(a,b)$에 대해 다음 연산이 스칼라곱이 될 수 있음을 증명하시오.

$$(\underline{x},\underline{y}) = \int_a^b w(t)x(t)y(t)dt,$$

여기서 $w(t)$는 구간 $[0,1]$에서 양이며, **가중 함수**(weighting function)라고 불린다.

7. 다음과 같은 선형 독립인 벡터들의 집합들로부터 직교 정규인 벡터 집합들을 Gram-Schmidt 과정을 통해 구하시오.

1) $\underline{e}_1 = (0,1,0)$, $\underline{e}_2 = (2,0,1)$, $\underline{e}_3 = (1,1,1)$,

2) $\underline{e}_1 = t$, $\underline{e}_2 = \sin t$, $\underline{e}_3 = \cos t$, 단 이들은 $L_2(0,\pi)$에 속하는 것으로 본다.

8. 식 (7.57)을 증명하시오.

9. 점별 수렴과 평균 제곱 수렴의 성질과 관련하여 다음 질문에 답하시오.

1) 다음 수열을 스케치 하고,

$$f_n(t) = \begin{cases} 1-n|t|, & |t| < \dfrac{1}{n} \\ 0, & \dfrac{1}{n} \le |t| \le 1 \end{cases}$$

$t \in [-1,1]$에서, n이 증가함에 따라 평균 제곱 수렴의 견지에서는 $f_n \to 0$이지만, 점별 수렴의 견지에서는 그렇지 않음을 보이시오.

2) 다음을 스케치 하고,

$$g_n(t) = \begin{cases} nf_n(t), & t \neq 0 \\ 0, & t = 0 \end{cases}$$

여기서 f_n은 1)에서 정의된 수열이다. 또 n이 증가함에 따라 점별 수렴의 견지에서는 $g_n \to 0$이나, 평균 제곱 수렴의 견지에서는 그렇지 않음을 보이시오.

3) 다음을 스케치 하고,

$$h_n(t) = \begin{cases} f_n(t), & t \neq 0 \\ 0, & t = 0 \end{cases}$$

여기서 f_n은 1)에서 정의된 수열이다. 또 n이 증가함에 따라 점별 수렴의 견지에서나, 평균 제곱 수렴의 견지에서나 $g_n \to 0$임을 보이시오.

10. 정리 7.1을 무한 차원의 실수 유클리드 공간에 대해 확장하면 다음 결과를 얻는다.

정리 7.2: 직교 정규 기저를 사용한 벡터의 표현과 성분(무한 차원)

차원이 무한한 실수 유클리드 공간 R에 대해 주어진 직교 정규 기저 $\{\hat{e}\}$를 사용하여 R에 속한 임의의 벡터 $\underline{x}$를 나타내면 다음과 같다.

$$\underline{x} = \sum_{j=1}^{\infty} (\underline{x}, \hat{e}_j)\hat{e}_j = \sum_{j=1}^{\infty} \xi_j \hat{e}_j$$

여기서 ξ_j는 $\underline{x}$의 푸리에 계수라고 불린다.

만약 기저가 아닌 직교 정규 벡터의 집합 $\{\hat{e}_1, \hat{e}_2, \cdots, \hat{e}_n\}$을 사용하여 $\underline{x}$를 다음과 같이 근사(approximation)하고자 할 때,

$$\underline{x} \approx \sum_{1}^{n} \alpha_j \hat{e}_j,$$

근사의 오차(error)인 $E = \left| \underline{x} - \sum_{j=1}^{n} \alpha_j \hat{e}_j \right|$를 가능한 한 가장 작게 하는 근사를 **최선 근사**(best approximation)라고 부른다.

1) 다음을 증명하시오.

$$E^2 \le |\underline{x}|^2 + \sum_{j=1}^{n} |\xi_j - \alpha_j|^2 - \sum_{j=1}^{n} |\xi_j|^2$$

여기서 ξ_j는 푸리에 계수이다. 따라서 $\alpha_j = \xi_j$를 최선 근사의 한 후보로 생각할 수 있다. 다시 말하면 푸리에 계수를 최선 근사를 얻는데 쓸 수 있다는 점에 유의한다.

2) 다음 부등식을 증명하시오.

$$\sum_{j=1}^{n} |\xi_j|^2 \le |\underline{x}|^2,$$

이 식은 **베셀 부등식**(Bessel inequality)으로 불리며, 만약 $\{\hat{e}\}$가 기저인 경우에는 다음 식을 증명하시오.

$$\sum_{j=1}^{\infty} |\xi_j|^2 \le |\underline{x}|^2,$$

이 식은 **파세발 부등식**(Parseval inequality)으로 불린다. 이 식의 양변에 제곱근을 취하여 얻는 결과는 **'일반화된 피타고라스 정리'**(generalized Pythagoras theorem)로 볼 수 있다.

3) 따라서 R에 속한 임의의 벡터 $\underline{x}$를 나타내거나 또는 근사할 때, 어떤 경우에도 $j \to \infty$일 때, $\xi_j \to 0$이 성립해야 함을 보이시오. 이 결과는 **리만-르베끄 보조정리**(Riemann-Lebesgue lemma)로 알려져 있다.

8장

선형 변환

8.1 선형 변환 또는 텐서

선형 벡터 공간에 속한 벡터를 입력으로 하고, 또 동일한 공간에 속한 벡터를 출력으로 하는 **선형 연산자**(linear operator)를 생각하면, 이와 같은 연산자가 일차 연립방정식의 해를 구하는 문제와 어떤 상관관계를 가지지 않을까 하는 생각을 곧 할 수 있다. 여기서는 먼저 **선형 변환**(linear transform) 또는 **텐서**(tensor)라고 불리는 연산자를 정의한다.

정의 8.1: 선형 변환 또는 텐서

선형 변환(이하에서는 텐서로 부르기로 한다) $\underline{T}$는 선형 벡터 공간 R에 속한 벡터를 입력으로 하고, 그 출력 벡터 또한 R에 속하는 연산자이며, R에 속하는 임의의 벡터 $\underline{x}$, $\underline{y}$와 임의의 스칼라 α에 대해 다음과 같은 선형성(linearity)을 가진다.

1) $\underline{T}(\underline{x}+\underline{y}) = \underline{T}(\underline{x})+\underline{T}(\underline{y})$, 즉 벡터 덧셈에 대한 분배성,
2) $\underline{T}(\alpha\underline{x}) = \alpha\underline{T}(\underline{x})$, 즉 숫자곱에 대한 분배성.

위와 같이 정의된 텐서 $\underline{T}$는 R 상에 정의되었다고 말한다.
기본적인 텐서와 텐서의 연산에 대한 사항을 아래와 같이 정의해 둔다.

정의 8.2: 기본적인 텐서

아래에서 벡터 $\underline{x}$는 선형 벡터 공간 R에 속하는 임의의 벡터이다.

1) 단위 텐서(identity tensor) $\underline{1}$은 다음 식을 만족한다.

$$\underline{1}\underline{x} = \underline{x}. \tag{8.1}$$

2) 영 텐서(null tensor) $\underline{0}$은 다음 식을 만족한다.

$$\underline{0}\underline{x} = \underline{0}. \tag{8.2}$$

단, 식 (8.2) 좌변의 $\underline{0}$는 영 텐서이고, 우변의 $\underline{0}$는 영 벡터인데, 같은 표기를 가지지만, 식의 내용(context)으로부터 혼동의 소지가 없을 것으로 생각한다.

정의 8.3: 텐서의 등치와 연산

아래에서 벡터 $\underline{x}$는 선형 벡터 공간 R에 속하는 임의의 벡터이며 α는 임의의 스칼라이고, $\underline{A}$와 $\underline{B}$는 R 상에 정의된 텐서이다.

1) $\underline{A}$와 $\underline{B}$가 다음 식을 만족할 때, $\underline{A} = \underline{B}$라고 한다.

$$\underline{A}\underline{x} = \underline{B}\underline{x}. \tag{8.3}$$

2) 텐서의 덧셈은 다음과 같이 정의한다.

$$(\underline{A}+\underline{B})\underline{x} = \underline{A}\underline{x}+\underline{B}\underline{x}. \tag{8.4}$$

3) 텐서의 숫자곱은 다음과 같이 정의한다.

$$(\alpha\underline{A})(\underline{x}) = \underline{A}(\alpha\underline{x}). \tag{8.5}$$

4) 텐서곱은 다음과 같이 정의한다.

$$(\underline{A}\underline{B})(\underline{x}) = \underline{A}(\underline{B}\underline{x}). \tag{8.6}$$

식 (8.6)의 정의에 따르면 $(\underline{B}\underline{A})(\underline{x}) = \underline{B}(\underline{A}\underline{x})$이므로, 일반적으로 다음 식이 성립한다.

$$\underline{A}\underline{B} \neq \underline{B}\underline{A}. \tag{8.7}$$

한편 주어진 텐서 $\underline{A}$의 입력과 출력이 $1:1$로 대응할 때는 **역텐서**(inverse tensor)가 존재함을 보일 수 있다.

정리 8.1: 역텐서

선형 벡터 공간 R 상에 정의된 텐서 $\underline{A}$의 입력과 출력이 $1:1$로 대응할 때, 다음과 같은 성질을 가지는 텐서 $\underline{B}$가 존재하며,

$$\underline{A}\underline{B} = \underline{B}\underline{A} = \underline{1}, \tag{8.8}$$

이 텐서 $\underline{B}$를 $\underline{A}$의 역텐서라고 하고, $\underline{A}^{-1}$로 표기한다. 또한 $\underline{A}^{-1}$를 가지는 텐서 $\underline{A}$는 비특이 텐서(nonsingular tensor)라고 한다.

7장에서 벡터를 생각할 때와 같이 텐서 또한 R에 대해 어떤 기저를 잡으면 하나의 표현(representation)을 가지며, 여기서는 n차원의 선형 벡터 공간 R_n 상에 정의된 텐서의 표현에 대해 생각하기로 한다.

정리 8.2: 텐서의 표현과 성분

텐서 $\underline{A}$가 n차원의 선형 벡터 공간 R_n 상에 정의되어 있고, $\{\underline{e}\}$를 R_n의 기저라고 하면, 기저에 속하는 각각의 벡터 $\underline{e}_j$에 대해 다음 식이 성립하는 n^2 개의 실수, a_{ij}가 존재한다.

$$\underline{A}\underline{e}_j = a_{1j}\underline{e}_1 + a_{2j}\underline{e}_2 + \cdots + a_{nj}\underline{e}_n,\ j = 1, 2, \cdots, n. \tag{8.9}$$

여기서 a_{ij}는 $\underline{A}$의 성분(components)이라고 한다. $\{\underline{e}\}$를 기저로 사용하였을 때 $\underline{A}$의 표현을 $\underline{A}^e$로 표기하면, $\underline{A}^e$는 다음과 같은 $n \times n$ 정방 행렬(square matrix)로 주어진다.

$$\underline{A}^e = \begin{pmatrix} a_{11}\ a_{12} \cdots a_{1n} \\ a_{21}\ a_{22} \cdots a_{2n} \\ \cdots \\ a_{n1}\ a_{n2} \cdots a_{nn} \end{pmatrix} = (a_{ij}). \tag{8.10}$$

위 식에서 텐서 $\underline{A}$에 벡터 $\underline{e}_j$를 입력한 결과가 행렬 $\underline{A}^{\underline{e}}$의 j 번째 열(column)에 배치되는 것에 유의한다. 벡터의 성분에 대해서와 마찬가지로 텐서의 성분에 대해서도 기저가 변화하였을 때, 기저 변환 공식을 사용하여 변화된 기저에 대한 성분을 얻을 수 있음을 지적해 둔다.

간단한 예로, R_2 상에 정의된 텐서 $\underline{A}$가 기저를 이루는 벡터 $\underline{e}_1$, $\underline{e}_2$에 대해 다음을 만족한다고 하면,

$$\underline{A}\underline{e}_1 = \underline{e}_1,\ \underline{A}\underline{e}_2 = \underline{e}_2, \tag{8.11}$$

이를 식 (8.10)에 대입하여 다음을 얻는다.

$$\underline{A}^{\underline{e}} = \begin{pmatrix} 1 & 0 \\ 0 & 1 \end{pmatrix} = \underline{1}, \tag{8.12}$$

한편, 만약 텐서 $\underline{A}$가 다음을 만족한다고 하면,

$$\underline{A}\underline{e}_1 = \underline{e}_1 + \underline{e}_2,\ \underline{A}\underline{e}_2 = 2\underline{e}_1 + 2\underline{e}_2, \tag{8.13}$$

다음 결과를 얻는다.

$$\underline{A}^{\underline{e}} = \begin{pmatrix} 1 & 2 \\ 1 & 2 \end{pmatrix}. \tag{8.14}$$

위 행렬에서 첫 번째 행과 두 번째 행이 같은 점에 유의하고, 이는 식 (8.13)에서 $\underline{A}\underline{e}_1$과 $\underline{A}\underline{e}_2$가 선형 종속인 점에 기인한다는 점에 주목한다.

n차원의 선형 벡터 공간 R_n 상에 정의된 텐서의 역텐서에 대한 표현과 성분을 얻기 위해서는 먼저 Cramer의 해법을 다루고, 역행렬을 정의해야 한다.

8.2 대칭 텐서

이 절에서는 스칼라곱이 정의된 실수 유클리드 공간에 대해 고려하기로 한다. 먼저 대칭 텐서(symmetric tensor)의 정의는 다음과 같다.

정의 8.4: 대칭 텐서

실수 유클리드 공간 R 상에 정의된 텐서 $\underline{A}$가 R에 속하는 임의의 두 벡터 $\underline{x}$, $\underline{y}$에 대해 다음을 만족하면, $\underline{A}$는 대칭 텐서라고 부른다.

$$(\underline{A}\underline{x}, \underline{y}) = (\underline{x}, \underline{A}\underline{y}). \tag{8.15}$$

대칭 텐서의 정의는 스칼라곱을 사용하여 주어지는 것에 유의한다.

또한, 임의의 텐서 $\underline{A}$와 관련하여 전치 텐서(transpose tensor)를 다음과 같이 정의할 수 있다.

정리 8.3: 전치 텐서

텐서 $\underline{A}$가 실수 유클리드 공간 R 상에 정의되어 있을 때, R에 속하는 임의의 두 벡터 $\underline{x}$, $\underline{y}$에 대해 다음을 만족하는 텐서 $\underline{B}$가 존재하며,

$$(\underline{A}\underline{x}, \underline{y}) = (\underline{x}, \underline{B}\underline{y}). \tag{8.16}$$

이와 같은 텐서 $\underline{B}$는 $\underline{A}$의 전치 텐서라고 부르며, $\underline{A}^T$로 표기한다. 따라서 대칭 텐서는 그 정의, 식 (8.15)에 의해 다음을 만족한다.

$$\underline{A} = \underline{A}^T. \tag{8.17}$$

대칭 텐서의 성분에 대해 생각하기 위해 간단한 예제를 생각한다. 2-덩이 실수 유클리드 공간 A_2에 속하는 벡터 $\underline{x}$, $\underline{y}$가 다음과 같이 주어지고,

$$\underline{x} = \begin{pmatrix} x_1 \\ x_2 \end{pmatrix},\ \underline{y} = \begin{pmatrix} y_1 \\ y_2 \end{pmatrix}, \tag{8.18}$$

스칼라곱이 다음과 같이 정의되며,

$$\left(\underline{x}, \underline{y}\right) = x_1 y_1 + x_2 y_2, \tag{8.19}$$

A_2 상에 정의된 대칭 텐서 $\underline{A}$는 다음을 만족한다.

$$\underline{A}\underline{x} = \begin{pmatrix} a_{11}x_1 + a_{12}x_2 \\ a_{21}x_1 + a_{22}x_2 \end{pmatrix}, \tag{8.20}$$

그러면 대칭 텐서의 정의 식 (8.15)로부터 다음을 얻고,

$$\begin{aligned} \underline{0} &= (\underline{A}\underline{x}, \underline{y}) - (\underline{x}, \underline{A}\underline{y}) \\ &= (a_{11}x_1 + a_{12}x_2)y_1 + (a_{21}x_1 + a_{22}x_2)y_2 - (a_{11}y_1 + a_{12}y_2)x_1 + (a_{21}y_1 + a_{22}y_2)x_2 \\ &= a_{12}(x_2y_1 - x_1y_2) + a_{21}(x_1y_2 - x_2y_1) = (a_{12} - a_{21})(x_2y_1 - x_1y_2), \end{aligned} \tag{8.21}$$

따라서 다음 결과를 얻는다.

$$a_{12} = a_{21}. \tag{8.22}$$

보다 일반적으로는, 전치 텐서와 대칭 텐서의 성분에 대해 다음 정리를 얻는다.

정리 8.4: 직교 정규 기저에 대한 전치 텐서와 대칭 텐서의 성분

실수 유클리드 공간 R_n 상에 정의된 텐서 $\underline{A}$를 직교 정규 기저 $\{\hat{e}\}$를 사용하여 표현하면 다음과 같다고 할 때,

$$\underline{A}^{\hat{e}} = (a_{ij}), \tag{8.23}$$

전치 텐서 $\underline{A}^T$를 같은 기저 $\{\hat{e}\}$를 사용하여 나타내면 다음과 같으며,

$$(\underline{A}^T)^{\hat{e}} = (a_{ji}), \tag{8.24}$$

따라서 $\underline{A}$가 대칭 텐서이면 모든 i, j에 대해 다음을 만족한다.

$$a_{ji} = a_{ij}. \tag{8.25}$$

8.3 직교 텐서

직교 텐서(orthogonal tensor)는 벡터의 길이를 보존하는 텐서로 다음과 같이 정의한다.

정의 8.5: 직교 텐서

실수 유클리드 공간 R 상에 정의된 텐서 $\underline{Q}$가 R에 속하는 임의의 벡터 $\underline{x}$에 대해 다음을 만족하면, $\underline{Q}$는 직교 텐서라고 부른다.

$$|\underline{Q}\underline{x}| = |\underline{x}|. \tag{8.26}$$

직교 텐서는 벡터의 길이뿐만 아니라, 두 벡터의 스칼라곱도 보존하고, 따라서 두 벡터 사이의 각도도 보존하며, 다음과 같은 정리를 얻을 수 있다.

정리 8.5: 직교 텐서의 스칼라곱 보존

실수 유클리드 공간 R 상에 정의된 텐서 $\underset{\sim}{Q}$는 R에 속하는 임의의 두 벡터 $\underline{x}$, $\underline{y}$에 대해 다음을 만족한다.

$$(\underline{x},\underline{y}) = (\underset{\sim}{Q}\underline{x},\underset{\sim}{Q}\underline{y}). \tag{8.27}$$

또한, 직교 텐서는 비특이 텐서임을 보일 수 있으며 다음과 같은 정리를 얻는다.

정리 8.6: 직교 텐서의 역텐서

실수 유클리드 공간 R 상에 정의된 텐서 $\underset{\sim}{Q}$는 비특이 텐서이며 그 역텐서는 다음과 같이 주어진다.

$$\underset{\sim}{Q}^{-1} = \underset{\sim}{Q}^{T}, \tag{8.28}$$

즉 직교 텐서의 역텐서는 전치 텐서와 같다.

위의 정리는 그 증명이 비교적 간단하고, 수학적 명제의 증명 시 매우 많이 쓰이는 모순법을 사용하므로, 아래에 보이기로 한다. 먼저 직교 텐서가 비특이 텐서가 아니면 최소한 한 경우, 서로 다른 두 벡터 $\underline{x}$, $\underline{y}$에 대해 다음이 성립한다.

$$\underset{\sim}{Q}\underline{x} = \underline{z}, \ \underset{\sim}{Q}\underline{y} = \underline{z}. \tag{8.29}$$

여기서 $\underline{z}$는 출력 벡터로 R에 속한다.

식 (8.29)로부터 다음을 얻으며,

$$\underline{Q}(\underline{x}-\underline{y}) = \underline{0}, \tag{8.30}$$

직교 텐서는 벡터의 길이를 보존하는데, 위 식의 우변이 영 벡터이므로, 결국 $\underline{x} = \underline{y}$를 얻어 가정에 위배되는 결과를 얻는다. 따라서 직교 텐서는 비특이 텐서임을 알 수 있다.

한편, 직교 텐서는 스칼라곱도 보존하므로, 전치 텐서의 정의 식 (8.16)을 이용하여 다음을 얻으며,

$$(\underline{x},\underline{y}) = (\underline{Q}\underline{x},\underline{Q}\underline{y}) = (\underline{x},\underline{Q}^T\underline{Q}\underline{y}), \tag{8.31}$$

위 식은 임의의 두 벡터 $\underline{x}$, $\underline{y}$에 대해 성립하므로, 결국 다음을 얻어,

$$\underline{Q}^T\underline{Q} = \underline{Q}\underline{Q}^T = \underline{1}, \tag{8.32}$$

식 (8.28)을 얻는다.

n차원 실수 유클리드 공간 상에 정의된 직교 텐서를 직교 정규 기저를 사용하여 나타내면 직교 텐서의 성분에 대한 정리를 다음과 같이 얻는다.

정리 8.7: 직교 정규 기저에 대한 직교 텐서의 성분

실수 유클리드 공간 R_n 상에 정의된 직교 텐서 $\underline{Q}$를 직교 정규 기저 $\{\hat{e}\}$를 사용하여 표현하면 다음과 같다고 할 때,

$$\underline{Q}^{\hat{e}} = (q_{ij}), \tag{8.33}$$

그 성분 q_{ij}는 다음 관계를 만족한다.

$$\sum_{j=1}^{n} q_{ji}q_{jk} = \sum_{j=1}^{n} q_{ij}q_{kj} = \delta_{ik}. \tag{8.34}$$

식 (8.34)는 식 (8.33)을 식 (8.32)에 대입하고, R_n 상의 단위 텐서는 다음을 만족함을 고려하여 얻는다.

$$\underline{1}^{\hat{e}} = (\delta_{ik}). \tag{8.35}$$

예를 들어 2-덩이 실수 유클리드 공간 A_2에 대해 스칼라곱은 식 (8.19)로 정의되고, 직교 정규 기저로 다음과 같은 자연 기저를 사용하며,

$$\hat{e}_1 = \begin{pmatrix} 1 \\ 0 \end{pmatrix}, \ \hat{e}_2 = \begin{pmatrix} 0 \\ 1 \end{pmatrix}, \tag{8.36}$$

A_2 상에 정의된 직교 텐서 $\underline{Q}$가 다음과 같을 때,

$$\underline{Q}^{\hat{e}} = \begin{pmatrix} \frac{1}{\sqrt{2}} & \frac{-1}{\sqrt{2}} \\ \frac{1}{\sqrt{2}} & \frac{1}{\sqrt{2}} \end{pmatrix}, \tag{8.37}$$

위에서 고려한 정의와 정리가 만족되는지 확인해 본다.

먼저 식 (8.10)에 보인 바와 같이 텐서의 표현이 얻어지는 것을 고려하여 다음을 얻으며,

$$\underline{Q}\hat{e}_1 = \frac{1}{\sqrt{2}}\hat{e}_1 + \frac{1}{\sqrt{2}}\hat{e}_2, \ \underline{Q}\hat{e}_2 = -\frac{1}{\sqrt{2}}\hat{e}_1 + \frac{1}{\sqrt{2}}\hat{e}_2, \tag{8.38}$$

따라서 식 (8.18)에 보인 바와 같은 임의의 벡터 $\underline{x}$에 대해 다음을 얻고,

$$\begin{aligned} \underline{Q}\underline{x} &= \underline{Q}(x_1\hat{e}_1 + x_2\hat{e}_2) = x_1\left(\frac{1}{\sqrt{2}}\hat{e}_1 + \frac{1}{\sqrt{2}}\hat{e}_2\right) + x_2\left(-\frac{1}{\sqrt{2}}\hat{e}_1 + \frac{1}{\sqrt{2}}\hat{e}_2\right) \\ &= \left(\frac{1}{\sqrt{2}}x_1 - \frac{1}{\sqrt{2}}x_2\right)\hat{e}_1 + \left(\frac{1}{\sqrt{2}}x_1 + \frac{1}{\sqrt{2}}x_2\right)\hat{e}_2, \end{aligned} \tag{8.39}$$

$\hat{e}_1$, $\hat{e}_2$가 식 (8.36)과 같이 주어지므로, 이를 위 식에 대입하여 다음을 얻는다.

$$\underline{Q}\underline{x} = \begin{pmatrix} \frac{1}{\sqrt{2}}x_1 - \frac{1}{\sqrt{2}}x_2 \\ \frac{1}{\sqrt{2}}x_1 + \frac{1}{\sqrt{2}}x_2 \end{pmatrix}, \tag{8.40}$$

이 결과는 식 (8.37)에 2×1 행렬, $\underline{x} = \begin{pmatrix} x_1 \\ x_2 \end{pmatrix}$를 뒤에서 곱해주어 얻는 결과와 같음을 확인할 수 있다.

식 (8.39)로부터 다음을 얻으므로,

$$|\underline{Q}\underline{x}|^2 = \left(\frac{1}{\sqrt{2}}x_1 - \frac{1}{\sqrt{2}}x_2\right)^2 + \left(\frac{1}{\sqrt{2}}x_1 + \frac{1}{\sqrt{2}}x_2\right)^2 = x_1^2 + x_2^2 = |\underline{x}|^2, \tag{8.41}$$

길이가 보존되는 것을 확인할 수 있고, 또 식 (8.19), 스칼라곱의 정의를 사용하여 다음을 얻으므로,

$$\begin{aligned}(\underline{Q}\underline{x}, \underline{Q}\underline{y}) &= \left(\frac{1}{\sqrt{2}}x_1 - \frac{1}{\sqrt{2}}x_2\right)\left(\frac{1}{\sqrt{2}}y_1 - \frac{1}{\sqrt{2}}y_2\right) + \left(\frac{1}{\sqrt{2}}x_1 + \frac{1}{\sqrt{2}}x_2\right)\left(\frac{1}{\sqrt{2}}y_1 + \frac{1}{\sqrt{2}}y_2\right) \\ &= x_1y_1 + x_2y_2 = (\underline{x}, \underline{y}),\end{aligned} \tag{8.42}$$

스칼라곱과 각도도 보존되는 것을 확인할 수 있다.

또한 식 (8.37)의 성분 q_{ij}는 식 (8.34)를 만족하는 것을 직접 계산에 의해 확인할 수 있다.

다음으로 $\left(\underline{Q}^{-1}\right)^{\hat{e}}$를 구해보자. 정리 8.5의 식 (8.28)로부터 $\underline{Q}^{-1} = \underline{Q}^T$이므로, 그 성분에 대해 다음을 얻는다.

$$\left(\underline{Q}^{-1}\right)^{\hat{e}} = (p_{ij}) = \left(\underline{Q}^T\right)^{\hat{e}} = (q_{ji}), \tag{8.43}$$

위의 식에서 마지막 등호를 얻기 위해서는 식 (8.24)를 사용하였다. 위 식으로부터 결국 다음을 얻는다.

$$\left(\underline{Q}^{-1}\right)^{\hat{e}}=\begin{pmatrix}\frac{1}{\sqrt{2}} & \frac{1}{\sqrt{2}}\\ \frac{-1}{\sqrt{2}} & \frac{1}{\sqrt{2}}\end{pmatrix}. \tag{8.44}$$

위 식과 식 (8.37)로부터 두 행렬의 곱을 직접 계산하면 단위 행렬을 얻으므로, 위 식의 우변이 식 (8.37)로 주어진 행렬의 역행렬[1)], 즉 $\left(\underline{Q}^{\hat{e}}\right)^{-1}$임을 확인할 수 있다. 일반적으로 다음 관계가 성립함을 증명할 수 있으며,

$$\left(\underline{Q}^{-1}\right)^{\hat{e}}=\left(\underline{Q}^{\hat{e}}\right)^{-1}, \tag{8.45}$$

위에서 위 식의 예를 확인할 수 있다.

연습문제

1. 텐서 $\underline{A}$, $\underline{B}$가 n차원의 선형 벡터 공간 R_n 상에 정의되어 있으며, $\{\underline{e}\}$가 R_n의 기저이고, $\underline{A}^{\underline{e}}=(a_{ij})$, $\underline{B}^{\underline{e}}=(b_{ij})$, α는 임의의 실수라고 할 때, 다음을 보이시오.

   1) $(\alpha\underline{A})^{\underline{e}}=(\alpha a_{ij})$, 2) $(\underline{A}+\underline{B})^{\underline{e}}=(a_{ij}+b_{ij})$, 3) $(\underline{A}\underline{B})^{\underline{e}}=\left(\sum_{k=1}^{n}a_{ik}b_{kj}\right)$.

2. n-덩이 실수 유클리드 공간 A_n 상에 다음과 같이 정의된 연산자 $\underline{A}$가 선형임을 보이시오. 벡터 $\underline{x}$가 A_n에 속할 때, 연산자 $\underline{A}$는 다음과 같이 정의된다.

---

1) 역행렬은 다음 장에서 보다 자세히 다루며, 여기서는 두 행렬을 곱하여 단위 행렬이 되면 두 행렬은 서로의 역행렬이라고만 알아 두자.

$$\underline{A}\underline{x} = \begin{pmatrix} \sum_{j=1}^{n} a_{1j}x_j \\ \sum_{j=1}^{n} a_{2j}x_j \\ \cdots \\ \sum_{j=1}^{n} a_{nj}x_j \end{pmatrix}, \ \underline{x} = \begin{pmatrix} x_1 \\ x_2 \\ \cdots \\ x_n \end{pmatrix}.$$

3. 어떤 실수 유클리드 공간 R의 차원이 n 보다 크다고 할 때, $\{\hat{e}_1, \hat{e}_2, \cdots, \hat{e}_n\}$이 서로 직교하는 단위 벡터의 집합이라고 하고, 이들의 모든 선형 결합으로 구성되는 벡터 공간을 R_n이라고 한다. 다음과 같은 연산자 $\underline{P}$에 의해 정의되는 벡터 $\underline{x}_0$는 R에 속하는 벡터 $\underline{x}$의 R_n에 대한 **투영**(projection)이라고 부른다.

$$\underline{P}\underline{x} = \sum_{k=1}^{n} (\underline{x}, \hat{e}_k)\hat{e}_k = \underline{x}_0.$$

위의 연산자 $\underline{P}$는 텐서임을 보이시오.

4. 텐서 $\underline{A}$가 어떤 실수 유클리드 공간 R 상에 정의되어 있을 때, 그 정준 $|\underline{A}|$는 $|\underline{x}| = 1$인 모든 $\underline{x}$에 대해 다음과 같이 정의된다.

$$|\underline{A}| = \text{lub}|\underline{A}\underline{x}|$$

여기서 lub는 최소 상한치(least upper bound)이다. 예를 들어 2-덩이 실수 유클리드 공간 A_2 상에 다음과 같이 정의된 연산자 $\underline{A}$의 정준을 구하시오.

$$\underline{x} = \begin{pmatrix} \xi_1 \\ \xi_2 \end{pmatrix}, \ \underline{A}\underline{x} = \begin{pmatrix} \xi_1 + \xi_2 \\ \xi_2 \end{pmatrix}.$$

힌트: $\xi_1^2 + \xi_2^2 = 1$의 구속조건(constraint)을 만족하는 가운데, $(\xi_1 + \xi_2)^2 + \xi_2^2$의 최대값을 구하시오.

5. $\underline{A}$가 텐서이면 식 (8.16), $(\underline{A}\underline{x}, \underline{y}) = (\underline{x}, \underline{B}\underline{y})$을 만족하는 연산자 $\underline{B}$ 또한 텐서임을 보이시오.

6. 구간 $[a,b]$에서 두 번 연속 미분 가능한 모든 함수의 집합 C_2 상에 미분 연산자 L이 다음과 같이 정의되고,

$$L = p(t)\frac{d^2}{dt^2} + q(t)\frac{d}{dt} + r(t),$$

C_2에 속하는 두 함수 $f(t)$, $g(t)$에 대해 스칼라곱이 다음과 같이 정의될 때,

$$(f,g) = \int_a^b fg\,dt,$$

L이 텐서임을 보이고, 또 그 전치 텐서 L^T가 다음과 같음을 보이시오.

$$L^T = p(t)\frac{d^2}{dt^2} + (2p' - q)\frac{d}{dt} + (p'' - r + r).$$

여기서 p, q, r은 C_2에 속하는 함수이다.

7. 식 (8-37)은 다음 식에서 $\theta = \dfrac{\pi}{4}$로 취했을 때 얻어지며,

$$\underline{Q}^{\hat{e}} = \begin{pmatrix} \cos\theta - \sin\theta \\ \sin\theta \quad \cos\theta \end{pmatrix}$$

또 $\underline{Q}\underline{x}$는 입력 벡터 $\underline{x}$를 시계 반대 방향으로 $\dfrac{\pi}{4}$만큼 회전시킨 벡터임을 보이고, 일반적인 θ에 대해 $\underline{Q}$는 주어진 벡터를 시계 반대 방향으로 θ만큼 회전시키는 것을 기하학적으로 도시하시오.

9장

선형 방정식

9.1 선형 방정식의 해와 가우스 소거법

선형 방정식을 조직적으로 푸는 방법은 기본적으로는 중국의 한나라(BC 206-220) 때 사람들도 배웠을 방법이지만, 일반적으로는 가우스 소거법(1810)으로 알려져 있으며, 특히 컴퓨터를 사용하여 선형 연립 방정식, 즉 선형 방정식을 푸는 경우에 상당히 효율적인 방법이다.

이 절에서는 먼저 몇 개의 예제를 통해 가우스 소거법에 대해 고찰한다.

1) 다음과 같은 문제가 주어졌을 때,

$$\begin{aligned} \xi_1 + \xi_2 - \xi_3 &= 1, \\ 2\xi_1 - 2\xi_2 + \xi_3 &= 6, \\ \xi_1 + 3\xi_3 &= 0, \end{aligned} \tag{9.1}$$

이 식을 행렬을 사용하여 다시 쓰면 다음과 같다.

$$Ax = b. \tag{9.2}$$

단 여기서 A는 식 (9.1)의 계수로 이루어지는 행렬, 즉 계수 행렬로 다음과 같이 주어지는 $n \times n$의 정방 행렬이며$(n=3)$,

$$A = \begin{pmatrix} 1 & 1 & -1 \\ 2 & -2 & 1 \\ 1 & 0 & 3 \end{pmatrix} = (a_{ij}), \tag{9.3}$$

a_{ij}는 행렬 A의 **요소**(elements)라고 부르며, x와 b는 다음과 같은 $n \times 1$ 행렬이다 $(n=3)$.

$$x = \begin{pmatrix} \xi_1 \\ \xi_2 \\ \xi_3 \end{pmatrix},\ b = \begin{pmatrix} 1 \\ 6 \\ 0 \end{pmatrix}. \tag{9.4}$$

위 식의 x는 예를 들어 3-덩이 선형 벡터 공간에 속하는 벡터와 형태상으로 유사하고, 다른 책에서는 통상 열벡터로 부르지만, 여기서는 벡터 공간에 속하는 벡터와 구분하기 위하여 3×1 행렬로 간주한다.

식 (9.1) 또는 (9.2)를 푼다고 하는 것은 주어진 우변 b에 대해, 미지 변수 ξ_1, ξ_2, ξ_3, 또는 3×1 행렬 x를 구하는 것을 뜻한다. 이하에서는 가우스 소거법을 사용하여 이들을 구하는데, 어떤 견지에서 이 방법이 컴퓨터에 사용하기에 적절할 것인지에 유의하며 다음 연산을 관찰하기 바란다.

식 (9.1)의 두 번째 식과 세 번째 식에서 ξ_1을 소거하기 위해 먼저 모든 식의 ξ_1의 계수를 1로 만들면 다음을 얻는다.

$$\begin{aligned} \xi_1 + \xi_2 - \xi_3 &= 1, \\ \xi_1 - \xi_2 + \frac{1}{2}\xi_3 &= 3, \\ \xi_1 \qquad + 3\xi_3 &= 0. \end{aligned} \tag{9.5}$$

이제 위의 첫 번째 식으로부터 두 번째 식과 세 번째 식을 빼서 아래 두 식의 ξ_1을 소거하면 다음을 얻고,

$$
\begin{aligned}
\xi_1 + \xi_2 - \xi_3 &= 1, \\
2\xi_2 - \frac{3}{2}\xi_3 &= -2, \\
\xi_2 - 4\xi_3 &= 1,
\end{aligned}
\tag{9.6}
$$

다시 세 번째 식으로부터 ξ_2를 소거하기 위해 먼저 위의 두 번째 식 이하의 모든 식의 ξ_2의 계수를 1로 만들면 다음을 얻는다.

$$
\begin{aligned}
\xi_1 + \xi_2 - \xi_3 &= 1, \\
\xi_2 - \frac{3}{4}\xi_3 &= -1, \\
\xi_2 - 4\xi_3 &= 1.
\end{aligned}
\tag{9.7}
$$

이제 위의 두 번째 식으로부터 세 번째 식을 빼서, 마지막 식의 ξ_2를 소거하면 다음을 얻고,

$$
\begin{aligned}
\xi_1 + \xi_2 - \xi_3 &= 1, \\
\xi_2 - \frac{3}{4}\xi_3 &= -1, \\
\frac{13}{4}\xi_3 &= -2,
\end{aligned}
\tag{9.8}
$$

위의 세 번째 식으로부터 직접 계산에 의해 ξ_3를 다음과 같이 얻는다.

$$
\begin{aligned}
\xi_1 + \xi_2 - \xi_3 &= 1, \\
\xi_2 - \frac{3}{4}\xi_3 &= -1, \\
\xi_3 &= -\frac{8}{13}.
\end{aligned}
\tag{9.9}
$$

이미 얻어진 ξ_3의 값을 위의 두 번째 식에 대입하고 이항하여 다음과 같이 ξ_2를 얻고,

$$\begin{aligned} \xi_1+\xi_2-\xi_3 &= 1, \\ \xi_2 &= -\frac{19}{13}, \\ \xi_3 &= -\frac{8}{13}. \end{aligned} \tag{9.10}$$

마지막으로 이미 얻어진 ξ_2, ξ_3의 값을 위의 첫 번째 식에 대입하고 이항하여 다음과 같이 ξ_1을 얻는다.

$$\begin{aligned} \xi_1 &= \frac{24}{13}, \\ \xi_2 &= -\frac{19}{13}, \\ \xi_3 &= -\frac{8}{13}, \end{aligned} \tag{9.11}$$

위에서 식 (9.5)로부터 (9.9)까지의 과정은 **전진 소거**(forward elimination), 그 다음의 과정은 **후진 대입**(back substitution)으로 각각 알려져 있다. 전진 소거 과정을 통해 계수 행렬의 주대각선(main diagonal) 아래의 항이 모두 영이 되어, 상부 삼각 행렬(upper triangular matrix)이 되었음에 유의한다.

위에서 보인 전진 소거 과정 중에 주대각선 상의 계수가 영이 되면 위의 방법을 그대로 사용하기는 곤란하며, 미지 변수의 위치를 바꾸어 영이 아닌 계수가 주대각선 상에 오도록 식을 다시 정리하는 소위 피봇팅(pivoting)을 추가 적용하기도 한다.

식 (9.1)의 경우에는 가우스 소거법을 적용하여 유일한 해를 식 (9.11)에 보인 바와 같이 얻었다.

2) 다음과 같은 문제가 주어졌을 때, 위에서 보인 가우스 소거법을 사용하여 해를 구해 보자.

$$\begin{aligned} \xi_1 + 2\xi_2 &= 1, \\ \xi_1 + 2\xi_2 &= 0, \end{aligned} \tag{9.12}$$

먼저 전진 소거 과정을 수행하면 다음 결과를 얻는데,

$$\begin{aligned} \xi_1 + 2\xi_2 &= 1, \\ 0 &= 1, \end{aligned} \tag{9.13}$$

위 식의 마지막 식은 명백히 모순되는 결과이므로, 식 (9.12)로 주어진 문제의 해는 존재할 수 없다.

3) 한편 다음과 같은 문제가 주어진 경우,

$$\begin{aligned} \xi_1 - \xi_2 + 2\xi_3 + \xi_4 &= -1, \\ 2\xi_1 + \xi_2 + \xi_3 - \xi_4 &= 4, \\ \xi_1 + 2\xi_2 - \xi_3 - 2\xi_4 &= 5, \\ \xi_1 + \xi_3 &= 1, \end{aligned} \tag{9.14}$$

전진 소거 과정은 다음과 같이 수행할 수 있는데,

$$\begin{aligned} \xi_1 - \xi_2 + 2\xi_3 + \xi_4 &= -1, \\ \xi_1 + \frac{1}{2}\xi_2 + \frac{1}{2}\xi_3 - \frac{1}{2}\xi_4 &= 2, \\ \xi_1 + 2\xi_2 - \xi_3 - 2\xi_4 &= 5, \\ \xi_1 + \xi_3 &= 1, \end{aligned} \Rightarrow \begin{aligned} \xi_1 - \xi_2 + 2\xi_3 + \xi_4 &= -1, \\ -\frac{3}{2}\xi_2 + \frac{3}{2}\xi_3 + \frac{3}{2}\xi_4 &= -3, \\ -3\xi_2 + 3\xi_3 + 3\xi_4 &= -6, \\ -\xi_2 + \xi_3 + \xi_4 &= -2, \end{aligned} \Rightarrow$$

$$\begin{aligned} \xi_1 - \xi_2 + 2\xi_3 + \xi_4 &= -1, \\ \xi_2 - \xi_3 - \xi_4 &= 2, \\ \xi_2 - \xi_3 - \xi_4 &= 2, \\ \xi_2 - \xi_3 - \xi_4 &= 2, \end{aligned} \Rightarrow \begin{aligned} \xi_1 - \xi_2 + 2\xi_3 + \xi_4 &= -1, \\ \xi_2 - \xi_3 - \xi_4 &= 2, \\ 0 &= 0, \\ 0 &= 0, \end{aligned} \tag{9.15}$$

위의 마지막 식의 세 번째와 네 번째 식은 문제의 해를 구하는 데는 아무런 정보를 제공하지 않지만, 주어진 문제 식 (9.14)는 네 개의 미지 변수에 대해 실제로 유용한 정보를 가진 식은 두 개만 제공하며, 나머지 두 개의 식이 이들 유용한 식들과 모순되지 않음을 보여 주고 있다. 따라서 식 (9.14)는 무수히 많은 해를 가진다.

앞의 1)에서 지적한 바와 같이 2)의 경우처럼 주대각선 상에 영의 값을 가진 계수가 나타나면 결과적으로 영이 아닌 α에 대해, $\alpha = 0$를 얻거나, 또는 3)에서처럼 $0 = 0$과 같은 결과를 얻을 수 있다. 2)와 같은 경우에는 주어진 문제가 해를 가지지 않으며, 3)과 같은 경우에는 무수히 많은 해가 존재한다.

위에서 얻은 결과를 일반화하기 위해 **전치 행렬**(transpose matrix)과 $n \times 1$ 행렬의 직교성을 정의하기로 한다.

정의 9.1: 전치 행렬

행렬 $A = (a_{ij})$에 대해 $A^T = (a_{ji})$는 전치 행렬이라고 부른다.

정의 9.2: $n \times 1$ 행렬의 직교성

$n \times 1$ 행렬 $x = \begin{pmatrix} \xi_1 \\ \xi_2 \\ \cdots \\ \xi_n \end{pmatrix}$, $y = \begin{pmatrix} \eta_1 \\ \eta_2 \\ \cdots \\ \eta_n \end{pmatrix}$는 다음 식이 성립할 경우 직교한다고 한다.

$$\xi_1\eta_1 + \xi_2\eta_2 + \cdots + \xi_n\eta_n = 0. \tag{9.16}$$

선형 방정식의 해를 구하는 문제와 관련하여 다음 정리는 가우스 소거법을 사용하여 위에서 우리가 살펴 본 상황을 잘 기술하고 있다.

정리 9.1: Fredholm의 택일 정리(Fredholm's alternative theorem)

1) 주어진 선형 방정식 $Ax = b$의 해가 존재하기 위한 필요 충분 조건은 다음과 같다. 즉 $A^T z = 0$를 만족하는 모든 z와, 선형 방정식의 우변 b는 직교한다.
2) 위의 조건이 만족되어 해가 존재하는 경우, $Ax = 0$의 해가 무효해(trivial solution), 즉 $x = 0$밖에 없을 경우에만, $Ax = b$의 해는 유일하며, 만약 $Ax = 0$가 유효해(nontrivial solution)를 가지면 $Ax = b$의 해는 무수히 많다.

위의 정리 1)에서 만약 $A^T z = 0$를 만족하는 z가 $z = 0$의 무효해밖에 없을 경우, 선형 방정식의 우변 b가 어떻게 주어지더라도 b는 0과 직교하므로, 임의의 b에 대해 해가 존재함을 알 수 있다.

위의 정리 9.1을 위에서 고려한 식 (9.12)의 문제에 적용해 보자. 먼저 $A^T z = 0$는 다음과 같고,

$$\begin{aligned} \zeta_1 + \ \zeta_2 &= 0, \\ 2\zeta_1 + 2\zeta_2 &= 0, \end{aligned} \tag{9.17}$$

위 식의 해는 $\zeta_1 = -\zeta_2$로부터 임의의 실수 α에 대해 다음과 같이 얻는데,

$$z = \alpha \begin{pmatrix} -1 \\ 1 \end{pmatrix}, \tag{9.18}$$

$b = \begin{pmatrix} 1 \\ 0 \end{pmatrix}$는 위의 z와 직교하지 않으므로, 위의 정리 1)에 따르면 해가 존재하지 않으며, 이 결과는 위에서 얻은 결과와 일치한다.

만약 식 (9.12)의 우변 b가 $b = \begin{pmatrix} 1 \\ 1 \end{pmatrix}$로 주어진 경우에는, 직접 계산에 의해 b와 z가

직교함을 알 수 있으며, 또 식 (9.12)의 두 식이 동일하므로 해가 존재함을 쉽게 확인할 수 있다.

한편 식 (9.12)에 대해 $Ax=0$는 다음과 같고,

$$\begin{aligned} \xi_1+2\xi_2&=0, \\ \xi_1+2\xi_2&=0, \end{aligned} \tag{9.19}$$

따라서 $\xi_1=-2\xi_2$로부터 임의의 α에 대해 다음과 같이 유효해를 얻으며,

$$x=\alpha\begin{pmatrix}-2\\1\end{pmatrix}, \tag{9.20}$$

그러므로 위의 정리 2)에 따르면 $Ax=b=\begin{pmatrix}1\\1\end{pmatrix}$의 해는 존재할 뿐만 아니라, 무수히 많다고 할 수 있으며, 이 결과는 물론 두 식이 동일하므로 쉽게 확인할 수 있다.

9.2 라플라스 전개와 Cramer 해법

선형 방정식의 해와 관련하여 행렬값[1](determinant)의 개념을 처음 사용한 것은 라이프니쯔(1683)로 볼 수 있으며, 우리가 현재 사용하는 뜻으로 처음 determinant라는 명칭을 사용한 것은 코쉬(1812)였다. 그러나 행렬(matrix)에 대한 본격적인 연구는 Sylvester와 Cayley에 의해 이루어지기 시작하였으며, matrix라는 명칭도 Sylvester(1850)에 의해 처음 주어졌고, 역행렬(inverse matrix)은 Cayley(1853)에 의해 처음으로 정의되었다. 근대적인 의미에서 행렬론에 관한 연구의 기점은 Cayley(1858)의 'Memoir on the theory of matrices'로 볼 수 있다.

한편 라플라스(1772)는 일반적인 경우에 대해 행렬값을 처음으로 정의하였으며, 이하에서는 먼저 그의 전개(expansion) 방법에 대해 알아본다.

---

1) determinant는 어떤 행렬에 대응하는 하나의 실수이므로, 행렬값이라는 명칭이 훨씬 적합하다고 생각하며, 이미 행렬식이라는 이름이 널리 사용되고 있기는 하지만 여기서는 행렬값이라는 용어를 사용하기로 한다.

정의 9.3: 행렬값-라플라스의 전개

먼저 1×1 행렬의 행렬값은 그 요소의 값으로 한다. $n\neq 1$이 아닌 $n\times n$ 정방 행렬 $A=(a_{ij})$에 대해 행렬값 $\Delta=\det A$는 1부터 n까지의 임의의 정수 j에 대해 다음과 같이 정의한다.

$$\Delta \equiv \sum_{k=1}^{n} a_{jk}C_{jk} = \sum_{k=1}^{n} a_{kj}C_{kj}. \tag{9.21}$$

여기서 C_{jk}는 A의 여인수(cofactor)로 다음과 같고,

$$C_{jk} = (-1)^{j+k}M_{jk}, \tag{9.22}$$

소행렬값(minor) M_{jk}는 $A=(a_{ij})$로부터 j 번째 행과 k 번째 열을 제거하여 얻은 $(n-1)\times(n-1)$정방 행렬의 행렬값이다.

식 (9.21)의 첫 번째 $\sum$는 j 번째 행을, 그리고 두 번째 $\sum$는 j 번째 열을 이용하여 행렬값을 정의한 것으로 볼 수 있다.

2×2 정방 행렬의 행렬값을 구하는데 첫 번째 행을 이용하기로 하면 식 (9.21)로부터 다음을 얻는다.

$$\Delta = a_{11}C_{11} + a_{12}C_{12} = a_{11}a_{22} - a_{12}a_{21}. \tag{9.23}$$

또한 두 번째 행을 이용하면 다음을 얻으며,

$$\Delta = a_{21}C_{21} + a_{22}C_{22} = -a_{21}a_{12} + a_{22}a_{11}, \tag{9.24}$$

첫 번째 열과 두 번째 열을 이용하면 각각 다음을 얻으므로,

$$\Delta = a_{11}C_{11} + a_{21}C_{21} = a_{11}a_{22} - a_{21}a_{12}, \tag{9.25}$$

$$\Delta = a_{12}C_{12} + a_{22}C_{22} = -a_{12}a_{21} + a_{22}a_{11}. \tag{9.26}$$

결국 식 (9.21)에서 어떤 행, 어떤 열을 이용하여 행렬값을 얻어도 모두 같은 결과를 주는 것을 확인할 수 있다.

위의 정의 9.3을 이용하면 임의의 n에 대해 $n \times n$ 정방 행렬의 행렬값을 계산할 수 있으며, 또 다음과 같이 주어지는 행렬값의 성질들을 어렵지 않게 증명할 수 있다.

정리 9.2: 행렬값의 성질

$n \times n$ 정방 행렬 $A = (a_{ij})$에 대해 행렬값 $\Delta = \det A$은 다음 성질을 가진다.

1) 어떤 행의 요소가 모두 영이면 $\Delta = 0$이다.

2) 임의의 두 행의 요소를 서로 바꾸면, Δ의 부호가 바뀐다.

3) 임의의 행의 모든 요소에 임의의 실수 α를 곱하면 행렬값은 α배 만큼 변화한다.

4) 임의의 한 행에 어떤 실수를 곱하여 다른 행을 얻을 수 있으면, $\Delta = 0$이다.

5) 어떤 한 행에 어떤 실수를 곱하여 다른 행에 더하여도, Δ는 변하지 않는다.

위 1)-5)에서 행을 열로 바꾸어도 그대로 성립한다.

6) $\det A = \det A^T$. (9.27)

7) $\det(AB) = (\det A)(\det B)$. (9.28)

Cramer(1750)는 미지수가 n 개인 일반적인 경우, 선형 방정식의 해를 구하는 방법을 밝혔으며, 그 내용은 아래와 같은 정리로 기술할 수 있다.

정리 9.3: Cramer의 해법

선형 방정식 $Ax=b$의 해는, $x^T=(\xi_1,\xi_2,\cdots,\xi_n)$라고 하면 $j=1,2,\cdots,n$에 대해 다음과 같이 주어진다.

$$\xi_j=\frac{1}{\det A}\sum_{k=1}^{n}C_{kj}\beta_k. \tag{9.29}$$

여기서 $b^T=(\beta_1,\beta_2,\cdots,\beta_n)$이며, C_{kj}는 A의 여인수이다.

9.1절에서 풀었던 식 (9.1)을 위의 Cramer의 해법을 이용하여 다시 풀어 보자. 먼저 주어진 문제는 다음과 같으므로,

$$\begin{aligned}\xi_1 + \xi_2 - \xi_3 &= 1,\\ 2\xi_1 - 2\xi_2 + \xi_3 &= 6,\\ \xi_1 + 3\xi_3 &= 0,\end{aligned} \tag{9.1}$$

계수 행렬은 다음과 같으며,

$$A=\begin{pmatrix}1 & 1 & -1\\ 2 & -2 & 1\\ 1 & 0 & 3\end{pmatrix}=(a_{ij}), \tag{9.3}$$

따라서 여인수를 구하면 다음과 같다.

$$C_{11}=M_{11}=a_{22}a_{33}-a_{23}a_{32}=-6, \tag{9.30}$$

$$C_{12}=-M_{12}=-(a_{21}a_{33}-a_{13}a_{31})=-5, \tag{9.31}$$

$$C_{13}=M_{13}=a_{21}a_{32}-a_{22}a_{31}=2, \tag{9.32}$$

$$C_{21}=-M_{21}=-(a_{12}a_{33}-a_{13}a_{32})=-3, \tag{9.33}$$

$$C_{22}=M_{22}=a_{11}a_{33}-a_{13}a_{31}=4, \tag{9.34}$$

$$C_{23}=-M_{23}=-(a_{11}a_{32}-a_{12}a_{31})=1, \tag{9.35}$$

$$C_{31}=M_{31}=a_{12}a_{23}-a_{13}a_{22}=-1, \tag{9.36}$$

$$C_{32}=-M_{32}=-(a_{11}a_{23}-a_{13}a_{21})=-3, \tag{9.37}$$

$$C_{33}=M_{33}=a_{11}a_{22}-a_{12}a_{21}=-4. \tag{9.38}$$

그러므로 행렬값을 첫 번째 행을 이용하여 구하면 다음을 얻고,

$$\Delta=a_{11}C_{11}+a_{12}C_{12}+a_{13}C_{13}=-6-5-2=-13, \tag{9.39}$$

이를 식 (9.29)에 대입하여 다음을 얻는다.

$$\xi_1=-\frac{1}{13}(C_{11}\beta_1+C_{21}B_2+C_{31}\beta_3)=-\frac{1}{13}\{-6+6(-3)\}=\frac{24}{13}, \tag{9.40}$$

$$\xi_2 =-\frac{1}{13}\left(C_{12}\beta_1 + C_{22}B_2 + C_{32}\beta_3\right) =-\frac{1}{13}\{-5+4(6)\} =-\frac{19}{13}, \tag{9.41}$$

$$\xi_3 =-\frac{1}{13}\left(C_{13}\beta_1 + C_{23}B_2 + C_{33}\beta_3\right) =-\frac{1}{13}(2+6) =-\frac{8}{13}. \tag{9.42}$$

이는 가우스 소거법을 사용하여 얻은 결과, 식 (9.11)과 일치함을 확인할 수 있다.

9.3 역행렬과 역텐서, 기저 변환 공식

앞 절에서 고려한 정리 9.2, Cramer의 해법을 사용하면 역행렬(inverse matrix)을 정의할 수 있다. 식 (9.29)는 행렬을 사용하여 다시 쓰면 다음과 같고,

$$x = Lb = A^{-1}b, \tag{9.43}$$

여기서 $n\times n$ 정방 행렬 $A^{-1} = \left(l_{jk}\right)$의 요소, $l_{jk} = \dfrac{C_{kj}}{\Delta}$과 같이 쓸 수 있으므로 다음과 같은 정의를 얻는다.

정의 9.4: 역행렬

$n\times n$ 정방 행렬 $A = \left(a_{jk}\right)$의 역행렬인 $n\times n$ 정방 행렬 $A^{-1} = L = \left(l_{jk}\right)$의 요소 l_{jk}는 $j=1,2,\cdots,n,\ k=1,2,\cdots,n$에 대해 다음과 같이 정의된다.

$$l_{jk} = \frac{C_{kj}}{\Delta}. \tag{9.44}$$

여기서 C_{kj}는 A의 여인수이며, Δ는 A의 행렬값이다.

다음과 같이 식 (9.3)으로 주어진 정방 행렬 A의 역행렬 A^{-1}을 구해보자.

$$A = \begin{pmatrix} 1 & 1 & -1 \\ 2 & -2 & 1 \\ 1 & 0 & 3 \end{pmatrix} = (a_{ij}), \tag{9.3}$$

앞 절에서 구한 여인수와 행렬값, 식 (9.30)-(9.39)를 이용하여 다음을 얻는다.

$$A^{-1} = -\frac{1}{13}\begin{pmatrix} -6 & -3 & -1 \\ -5 & 4 & -3 \\ 2 & 1 & -4 \end{pmatrix} = \frac{1}{13}\begin{pmatrix} 6 & 3 & 1 \\ 5 & -4 & 3 \\ -2 & -1 & 4 \end{pmatrix}, \tag{9.45}$$

이를 이용하여 식 (9.1)로 주어진 문제의 해를 구하면 다음을 얻는다.

$$x = A^{-1}b = \frac{1}{13}\begin{pmatrix} 6 & 3 & 1 \\ 5 & -4 & 3 \\ -2 & -1 & 4 \end{pmatrix}\begin{pmatrix} 1 \\ 6 \\ 0 \end{pmatrix} = \frac{1}{13}\begin{pmatrix} 24 \\ -19 \\ -8 \end{pmatrix}. \tag{9.46}$$

이 결과 역시 가우스 소거법을 사용하여 얻은 결과, 식 (9.11)과 일치함을 확인할 수 있다.

식 (9.44)의 정의에 따라 $\Delta = 0$인 경우에는 역행렬 A^{-1}는 존재하지 않으며, 또 Cramer의 해법을 적용할 수 없고, 정방 행렬 A는 특이(singular)하다고 한다. 행렬값, 역행렬과 관련된 사항을 다음과 같은 정리로 간추려 둔다.

정리 9.4: 행렬값, 역행렬의 성질

$n \times n$ 정방 행렬 A에 대해 다음이 성립한다.

1) 선형 방정식 $Ax = 0$가 해를 가지기 위해서는 $\det A = 0$이어만 한다.

2) $A^{-1}A = AA^{-1} = 1$, 여기서 1은 $n \times n$ 단위 행렬이다. (9.47)

3) $\det A^{-1} = \dfrac{1}{\det A}$. (9.48)

4) $(AB)^{-1} = B^{-1}A^{-1}$. (9.49)

5) $(A^T)^{-1} = (A^{-1})^T$. (9.50)

식 (9.12)의 계수 행렬에 대해 $Ax = 0$를 고려하면, 다음을 얻으므로,

$$\det A = 2 - 2 = 0, \tag{9.51}$$

앞에서 본 바와 같이 $Ax = 0$는 해를 가지며, 이는 위의 성질 1)과 합치한다.

식 (9.45)에서 얻은 역행렬 A^{-1}와 A를 식 (9.47)에 대입하고 직접 계산하면 다음을 얻는다.

$$A^{-1}A = \frac{1}{13}\begin{pmatrix} 6 & 3 & 1 \\ 5 & -4 & 3 \\ -2 & -1 & 4 \end{pmatrix}\begin{pmatrix} 1 & 1 & -1 \\ 2 & -2 & 1 \\ 1 & 0 & 3 \end{pmatrix} = \begin{pmatrix} 1 & 0 & 0 \\ 0 & 1 & 0 \\ 0 & 0 & 1 \end{pmatrix} = 1. \tag{9.52}$$

위에서 고려한 역행렬 A^{-1}의 행렬값을 첫 번째 행을 이용, 전개하여 구하면 다음을 얻으므로,

$$\det A^{-1} = \frac{6}{13^3}(-13) - \frac{3}{13^3}(26) + \frac{1}{13^3}(-13) = -\frac{1}{13}, \tag{9.53}$$

위의 성질 3)과 합치한다.

이하에서는 다시 실수 유클리드 공간 R_n 상에 정의된 비특이 텐서 $\underline{A}$를 생각하고, 그 역텐서인 $\underline{A}^{-1}$를 기저 $\{\underline{e}\}$를 사용하여 표현해 보자. $\underline{A}\underline{x} = \underline{b}$를 기저 $\{\underline{e}\}$를 사용하여 쓰면 다음과 같고,

$$\underline{A}^{\underline{e}}\underline{x}^{\underline{e}} = \underline{b}^{\underline{e}}, \tag{9.54}$$

여기서 $\underline{A}^{\underline{e}}$는 $n \times n$ 정방 행렬이며, $\underline{x}^{\underline{e}}$, $\underline{b}^{\underline{e}}$는 각각 기저 $\{\underline{e}\}$를 사용하여 나타낸 벡터 $\underline{x}$, $\underline{b}$의 표현으로, 그 성분을 $n \times 1$ 행렬로 나타낸 것이다. 따라서 $\underline{A}^{\underline{e}} = A$, $\underline{x}^{\underline{e}} = x$, $\underline{b}^{\underline{e}} = b$로 놓으면, 식 (9.54)는 형태 상 식 (9.2)의 $Ax = b$와 전적으로 동일하다.

한편, $\underline{A}$의 역텐서가 존재하므로 $\underline{A}^{-1}\underline{b} = \underline{x}$를 기저 $\{\underline{e}\}$를 사용하여 쓰면 다음과 같은데,

$$\left(\underline{A}^{-1}\right)^{\underline{e}} \underline{b}^{\underline{e}} = \underline{x}^{\underline{e}}, \tag{9.55}$$

여기서 $\left(\underline{A}^{-1}\right)^{\underline{e}}$ 또한 $n \times n$ 정방 행렬이므로, $\left(\underline{A}^{-1}\right)^{\underline{e}} = L$로 놓으면, 식 (9.55)는 형태 상 식 (9.43)의 $Lb = x$와 전적으로 동일하다. 따라서 $\left(\underline{A}^{-1}\right)^{\underline{e}} = L \;= A^{-1} = \left(\underline{A}^{\underline{e}}\right)^{-1}$이 성립하므로, 다음 정리를 얻는다.

정리 9.5: 역텐서

n차원 실수 유클리드 공간 R_n 상에 정의된 비특이 텐서 $\underline{A}$의 역텐서인 $\underline{A}^{-1}$를 기저 $\{\underline{e}\}$를 사용하여 표현하면 다음과 같다.

$$\left(\underline{A}^{-1}\right)^{\underline{e}} = \left(\underline{A}^{\underline{e}}\right)^{-1}. \tag{9.56}$$

위 정리에 따르면 $\left(\underline{A}^{-1}\right)^{\underline{e}}$는 $\underline{A}^{\underline{e}} = A$의 역행렬, 즉 $\left(\underline{A}^{\underline{e}}\right)^{-1}$임을 알 수 있다.

한편 행렬값이 영이면 식 (9.44)로부터 역행렬이 존재하지 않으므로, 텐서의 표현으로 얻어진 행렬의 행렬값이 영이면 역텐서가 존재할 수 없음을 알 수 있다. 이로부터 다음과 같은 정리를 얻는다.

정리 9.6: 특이 텐서

n차원 실수 유클리드 공간 R_n 상에 정의된 텐서 $\underline{A}$를 임의의 기저 $\{\underline{e}\}$를 사용하여 나타낸 행렬 $\underline{A}^e$의 행렬값이 영이면, $\underline{A}$는 **특이 텐서**(singular tensor)로 그 역텐서는 존재하지 않는다.

이제, n차원 실수 유클리드 공간 R_n에 속하는 벡터와 또 그 공간 상에 정의된 텐서의 표현이 기저를 변경하면 어떻게 달라지는지에 대해 알아보기로 한다. 먼저 첫 번째 기저 $\{\underline{e}\}$를 사용하여 두 번째 기저 $\{\underline{d}\}$에 속하는 $\underline{d}_j$를 다음과 같이 나타낼 수 있다고 하면,

$$\underline{d}_j = r_{1j}\underline{e}_1 + r_{2j}\underline{e}_2 + \cdots + r_{nj}\underline{e}_n = \sum_{i=1}^{n} r_{ij}\underline{e}_i,\ j = 1,2,\cdots,n, \tag{9.57}$$

명백히 n^2 개의 실수 r_{ij}가 존재한다. 한편 행렬 (r_{ij})는 어떤 텐서 $\underline{R}$을 기저 $\{\underline{e}\}$를 사용하여 나타낸 것으로 볼 수 있고, 또 텐서 $\underline{R}$을 기저 $\{\underline{e}\}$를 사용하여 나타내면 다음이 성립할 때,

$$\underline{R}\underline{e}_j = r_{1j}\underline{e}_1 + r_{2j}\underline{e}_2 + \cdots + r_{nj}\underline{e}_n,\ j = 1,2,\cdots,n, \tag{9.58}$$

식 (8.9)로부터 r_{ij}는 $\underline{R}$의 성분이므로, 식 (9.57)은 다음과 같이 쓸 수 있다.

$$\underline{R}\underline{e}_j = \underline{d}_j,\ j = 1,2,\cdots,n. \tag{9.59}$$

이제 벡터 $\underline{x}$에 대해 다음을 생각하면,

$$\underline{x} = \sum_{i=1}^{n} \xi_i \underline{e}_i = \sum_{j=1}^{n} \eta_j \underline{d}_j = \sum_{j=1}^{n} \eta_j \sum_{k=1}^{n} r_{kj}\underline{e}_k = \sum_{k=1}^{n}\left(\sum_{j=1}^{n} \eta_j r_{kj}\right)\underline{e}_k, \tag{9.60}$$

이 식으로부터 다음과 같은 **벡터에 대한 기저 변환 공식**을 얻는다.

$$\xi_i = \sum_{j=1}^{n} r_{ij}\eta_j,\ j = 1,2,\cdots,n. \tag{9.61}$$

이 식은 행렬로 표현하면 다음과 같이 쓸 수 있다.

$$\underline{x}^{\underline{e}} = \underline{R}^{\underline{e}}\underline{x}^{\underline{d}}. \tag{9.62}$$

이 식을 이용하여 두 번째 기저에 대한 성분을 알면 첫 번째 기저에 대한 성분을 구할 수 있다.

다음으로 텐서 $\underline{A}$에 대해 다음을 얻는데,

$$\underline{A}\underline{d}_j = \sum_{k=1}^{n} a_{kj}\underline{d}_k = \sum_{k=1}^{n} a_{kj}\sum_{i=1}^{n} r_{ik}\underline{e}_i, \tag{9.63}$$

여기서 두 번째 등호는 식 (9.57)을 사용하여 얻는다.

또 식 (9.57)을 먼저 사용하면 다음 결과를 얻는데,

$$\underline{A}\underline{d}_j = \underline{A}\sum_{k=1}^{n} r_{kj}\underline{e}_k = \sum_{k=1}^{n} r_{kj}\underline{A}\underline{e}_k = \sum_{k=1}^{n} r_{kj}\sum_{i=1}^{n} a_{ik}\underline{e}_i, \tag{9.64}$$

여기서 마지막 등호는 식 (8.9)를 사용하여 얻는다.

위의 식 (9.63)과 (9.64)로부터 다음과 같은 **텐서에 대한 기저 변환 공식**을 얻는다.

$$\sum_{k=1}^{n} r_{ik}a_{kj} = \sum_{k=1}^{n} a_{ik}r_{kj}\ \ i = 1,2,\cdots,n,\ j = 1,2,\cdots,n. \tag{9.65}$$

이 식은 행렬로 표현하면 다음과 같이 쓸 수 있으며,

$$\underline{R}^{\underline{e}}\underline{A}^{\underline{d}} = \underline{A}^{\underline{e}}\underline{R}^{\underline{e}}, \tag{9.66}$$

식 (9.59)에서 얻은 텐서 $\underline{R}$은 비특이 텐서임을 보일 수 있으며, 따라서 그 역텐서 $\underline{R}^{-1}$가 존재하고, 또 정리 9.5에 의해 $\left(\underline{R}^{\underline{e}}\right)^{-1}$이 존재하므로, 결국 다음을 얻는다.

$$\underline{A}^{\underline{d}} = \left(\underline{R}^{\underline{e}}\right)^{-1}\underline{A}^{\underline{e}}\underline{R}^{\underline{e}}. \tag{9.67}$$

행렬에 관한 대수를 다루는 경우, 위의 식은 통상 상사 변환(similarity transform)으로 알려져 있는 식이지만, 여기서는 동일한 텐서를 상이한 기저를 사용하여 나타낼 때, 두 표현 사이의 변환 공식으로 얻어짐에 유의한다.

$\left(\underline{R}^{\underline{e}}\right)^{-1}$를 아는 경우, 위의 식 (.9.62)로부터 다음 관계를 얻는다.

$$\underline{x}^{\underline{d}} = \left(\underline{R}^{\underline{e}}\right)^{-1}\underline{x}^{\underline{e}}. \tag{9.68}$$

위 식을 이용하여 첫 번째 기저에 대한 벡터의 성분 $\underline{x}^{\underline{e}}$를 알 경우, 두 번째 기저에 대한 벡터의 성분 $\underline{x}^{\underline{d}}$를 구할 수 있다.

위에서 얻은 기저 변환 공식(change of basis formula), 식 (9.62), (9.67)을 아래에 정리의 형태로 기술해 둔다.

정리 9.7: 기저 변환 공식

n차원 실수 유클리드 공간 R_n에 속하는 벡터 $\underline{x}$를 두 개의 기저 $\{\underline{e}\}$, $\{\underline{d}\}$를 사용하여 나타낼 때, 그 표현은 다음 식에 따라 변환되며,

$$\underline{x}^{\underline{e}} = \underline{R}^{\underline{e}}\underline{x}^{\underline{d}}, \tag{9.62}$$

여기서 $\underline{R}^{\underline{e}}$는 식 (9.59)를 만족하도록 R_n 상에 정의된 텐서 $\underline{R}$을 기저 $\{\underline{e}\}$를 사용하여 나타낸 표현이다.

또한 R_n 상에 정의된 텐서 $\underline{A}$를 두 개의 기저 $\{\underline{e}\}$, $\{\underline{d}\}$를 사용하여 나타낼 때, 그 표현은 다음 식에 따라 변환된다.

$$\underline{A}^{\underline{d}} = \left(\underline{R}^{\underline{e}}\right)^{-1} \underline{A}^{\underline{e}} \underline{R}^{\underline{e}}, \tag{9.67}$$

행렬에 대한 연산을 공부하였으므로, 식 (8.39) 아래에서 언급한 내용을 A_n에 대해 일반화하고 그와 관련된 연산에 대해 알아보기로 한다. 먼저 스칼라곱은 식 (7.39)로 정의하고,

$$\left(\underline{x}, \underline{y}\right) = \xi_1\eta_1 + \xi_2\eta_2 + \cdots + \xi_n\eta_n = \sum_{j=1}^{n} \xi_j\eta_j, \tag{7.39}$$

직교 정규 기저로 식 (7.40)으로 주어지는 자연 기저를 사용한다.

그러면 A_n에 속하는 임의의 벡터 $\underline{x} = \sum_{i=1}^{n} \xi_i \hat{e}_i$와, A_n 상에 정의된 임의의 텐서 $\underline{A}$에 대해 다음 식이 성립한다.

$$\underline{A}\underline{x} = \sum_{i=1}^{n}\left(\sum_{j=1}^{n} a_{ij}\xi_j\right)\hat{e}_i \,. \tag{9.69}$$

여기서 $\left(a_{ij}\right) = \underline{A}^{\hat{e}}$인 $n \times n$ 정방 행렬이다. 위 식에서 $\underline{A}\underline{x}$의 $\hat{e}_i$ 성분은 $\sum_{j=1}^{n} a_{ij}\xi_j$로 주어진다. $\underline{y} = \underline{A}\underline{x}$는 n-덩이 벡터이고, 행렬 $\left(a_{ij}\right)$와 $\left(\xi_j\right)$의 곱은 $n \times 1$행렬이므로 $\left(\underline{A}\underline{x}\right)^{\hat{e}}$를 다음과 같이 쓸 수 있다.

$$\left(\underline{A}\underline{x}\right)^{\hat{e}} = Ax. \tag{9.70}$$

다시 말하면 $\underline{y} = \underline{A}\underline{x}$의 자연 기저에 대한 표현은 행렬 (a_{ij})와 (ξ_j)의 곱으로 주어진다. 식 (9.70)으로 주어지는 텐서의 표현과 행렬의 관계는 연산 시, 매우 유용하게 쓰인다.

연습문제

1. 다음과 같은 선형 연립 방정식에 가우스 소거법을 사용하여 해를 구하시오.

$$\begin{aligned} x_1 + x_2 + x_3 + x_4 &= 2 \\ 2x_1 + x_2 + 2x_3 + x_4 &= 3 \\ x_1 - x_2 + 3x_3 - x_4 &= 0 \\ 2x_1 - 3x_2 + 4x_3 - 2x_4 &= 1 \end{aligned}$$

2. 위의 문제를 4×4 행렬 A를 사용하여 $Ax = b$로 나타냈을 때, 행렬 A의 역행렬 A^{-1}를 구하여 x를 얻고, 위에서 가우스 소거법에 의해 구한 해와 비교하시오.

3. 9.3절에서 논의하였던 다음 결과들을 증명하시오.

   1) $A^{-1}A = AA^{-1} = 1$, 여기서 1은 $n\times n$ 단위 행렬이다.

   2) $\det A^{-1} = \dfrac{1}{\det A}$.

   3) $(AB)^{-1} = B^{-1}A^{-1}$.

   4) $(A^T)^{-1} = (A^{-1})^T$.

4. 선형 연립 방정식과 관련된 행렬 A를 다음과 같은 하부 삼각 행렬(lower triangular matrix) L과 주대각선의 요소가 모두 1인 상부 삼각 행렬 U의 곱으로 바꾸어 썼다고 가정한다.

$$A = LU,\ \text{여기서}\ L = \begin{pmatrix} l_{11} & & 0 \\ l_{21}\ l_{22} & & \\ & \cdots & \\ l_{n1}\ l_{n2} \cdots l_{nn} \end{pmatrix},\ U = \begin{pmatrix} 1\ u_{12} \cdots u_{1n} \\ 1 & u_{2n} \\ \cdots & \\ 0 & \cdots\ 1 \end{pmatrix}$$

그러면 $Ax = b$의 문제는 $LUx = b$로 바꾸어 쓸 수 있으므로, 만약 $Ux = y$라고 하면 $Ly = b$를 얻으며, 이 문제로부터 y를 구하면 $Ux = y$로부터 x를 구할 수 있다. $Ly = b$와 $Ux = y$의 두 문제는 모두 대입에 의해 해를 구할 수 있으므로 쉽게 해를 구할 수 있다. 이와 같이 $A = LU$로 바꾸어 쓰는 것을 ***LU*-분해**(LU-decomposition)라고 한다. 한편 L과 U의 요소에 대해서는 $A = LU$이므로 다음을 얻는데

$$a_{11} = l_{11},\ a_{12} = l_{11}u_{12},\ \cdots,\ a_{1n} = l_{11}u_{1n},$$

$$a_{21} = l_{21},\ a_{22} = l_{21}u_{12} + l_{22},\ \cdots,\ a_{2n} = l_{21}u_{1n} + l_{22}u_{2n},$$

$$\cdots$$

$$a_{n1} = l_{n1},\ a_{n2} = l_{n1}u_{12} + l_{n2},\ \cdots,\ a_{nn} = l_{n1}u_{1n} + l_{n2}u_{2n} + \cdots + l_{nn},$$

이들 식에 주어진 a_{ij}를 대입하면 l_{ij}와 u_{ij}를 차례로 구할 수 있다.

{문제 1}에서 생각했던 A에 대해 LU-분해를 사용하여 해를 구하시오.

5. $\underline{x}^{\underline{e}}$, $\underline{A}^{\underline{e}}$가 다음과 같을 때, 기저변환공식을 사용하여 $\underline{x}^{\underline{e}'}$, $\underline{A}^{\underline{e}'}$을 구하시오.

$$\underline{x}^{\underline{e}} = \begin{pmatrix} 1 \\ 1 \end{pmatrix},\quad \underline{A}^{\underline{e}} = \begin{pmatrix} 2 & 1 \\ 1 & 2 \end{pmatrix}$$

단 새로운 기저는 다음과 같다.

$$\underline{e}_1' = \frac{1}{\sqrt{2}}\underline{e}_1 + \frac{1}{\sqrt{2}}\underline{e}_2,\ \underline{e}_2' = -\frac{1}{\sqrt{2}}\underline{e}_1 + \frac{1}{\sqrt{2}}\underline{e}_2.$$

6. 차원이 n인 실수 유클리드 공간 상에 정의된 직교 텐서의 행렬값의 절대값은 1임을 보이시오.

10장

고유값과 고유벡터

10.1 1차원 불변 아공간; 고유값과 고유벡터

고유벡터를 이해하기 위해서는 먼저 1차원 불변 아공간(one-dimensional invariant subspace)의 개념을 이해해야 하며, 따라서 아래에서 먼저 아공간(subspace)을 정의한다.

정의 10.1: 아공간

선형 벡터 공간 R의 부분 집합(subset) R_s가 역시 선형 벡터 공간이면, R_s는 R의 아공간이라고 한다[1].

이제 아공간의 개념을 이용하여 1차원 불변 아공간을 아래와 같이 정의한다.

정의 10.2: 1차원 불변 아공간, 고유값, 고유벡터

선형 벡터 공간 R 상에 정의된 텐서 $\underline{A}$에 대해 1차원 아공간 R_1에 속하는 모든 벡터 $\underline{x}$에 대해 다음 식이 성립하는 스칼라, 즉 실수 λ가 존재하면,

---

1) 일반적으로는 linear manifold(선형 매니폴드)라는 용어를 쓰지만 유한 차원의 선형 벡터 공간을 다룰 때는 아공간이 전통적인 이유로 많이 쓰이고 있다.

$$\underline{A}\underline{x} = \lambda \underline{x}, \tag{10.1}$$

R_1은 텐서 $\underline{A}$의 1차원 불변 아공간이라고 한다. 여기서 실수 λ는 고유값(eigenvalue), R_1에 속하는 임의의 벡터 $\underline{x}$는 고유벡터(eigenvector)라고 한다.

위의 고유벡터에 대한 정의로부터 만약 $\underline{x}$가 고유벡터라고 하면 임의의 실수 α에 대해 $\alpha\underline{x}$ 또한 고유벡터임을 알 수 있으며, 따라서 고유벡터는 숫자곱의 한도 내에서만 유일하게 결정된다[그림 10.1 참조].

또한 식 (10.1)은 다음과 같이 바꾸어 쓸 수 있으므로,

$$(\underline{A} - \lambda \underline{1})\underline{x} = \underline{0}, \tag{10.2}$$

만약 $\underline{A}$가 n차원 실수 유클리드 공간 R_n 상에 정의된 텐서이면, 위의 식 (10.2)는 정리 9.4의 1)에 의해 다음 식이 성립할 때만 해를 가진다.

$$\det\left(\underline{A}^e - \lambda \underline{1}\right) = 0. \tag{10.3}$$

여기서 $\{\underline{e}\}$는 R_n의 기저이며, $\underline{A}^e$는 $\{\underline{e}\}$를 사용할 때 얻는 $\underline{A}$의 표현이다.

그림 10.1 1차원 불변 아공간과 고유벡터

식 (10.3) 좌변은 λ에 대한 n차 다항식인데, 이 다항식은 특성 다항식(characteristic polynomial) $F_{\underline{e}}(\lambda)$, 식 (10.3)은 **특성 방정식**(characteristic equation)이라고 각각 부르며, 이들 사항을 정리하여 아래와 같은 정리를 얻는다.

정리 10.1: 특성 방정식

n차원 실수 유클리드 공간 R_n 상에 정의된 텐서 $\underline{A}$가 1차원 불변 아공간을 가지기 위한 필요 충분 조건은 다음과 같이 주어지는 특성 방정식을 만족하는 실수 λ가 존재해야 한다는 것이다.

$$F_{\underline{e}}(\lambda) = \det\left(\underline{A}^{\underline{e}} - \lambda \underline{1}\right) = 0 \tag{10.3}$$ [2]

여기서 $\{\underline{e}\}$는 R_n의 기저이다.

예를 들어 2차원 실수 유클리드 공간 A_2 상에 정의된 텐서 $\underline{A}$를 자연 기저 $\{\hat{e}\}$를 사용하여 나타내면 다음을 얻는다고 할 때,

$$\underline{A}^{\underline{e}} = A = \begin{pmatrix} 2 & 1 \\ 1 & 2 \end{pmatrix}, \tag{10.4}$$

고유값과 고유벡터를 구해 보자.

먼저 식 (10.3)으로부터 다음을 얻으며,

$$\det\left(\underline{A}^{\underline{e}} - \lambda \underline{1}\right) = \det\begin{pmatrix} 2-\lambda & 1 \\ 1 & 2-\lambda \end{pmatrix} = (2-\lambda)^2 - 1 = (1-\lambda)(3-\lambda) = 0, \tag{10.5}$$

따라서 고유값은 $\lambda_1 = 1$, $\lambda_2 = 3$을 얻는다.

2) 아래 정리 10.4로부터 $F_{\underline{e}}(\lambda)$는 기저에 대해 독립이므로, $F(\lambda)$로 쓸 수 있음을 지적해 둔다.

$\lambda_1 = 1$에 상응하는 고유벡터를 얻기 위해 식 (10.2)에 주어진 값들을 대입하고 식 (9.70)을 이용하면 다음을 얻으므로,

$$\left(\underline{A}^e - \lambda \underline{1}\right)\underline{x} = \begin{pmatrix} 1 & 1 \\ 1 & 1 \end{pmatrix}\begin{pmatrix} \xi_1 \\ \xi_2 \end{pmatrix} = \underline{0}, \tag{10.6}$$

고유벡터 $\underline{d}_1$은 다음과 같이 얻는다.

$$\underline{d}_1 = \begin{pmatrix} 1 \\ -1 \end{pmatrix}. \tag{10.7}$$

비슷한 방법으로 $\lambda_2 = 3$에 상응하는 고유벡터 $\underline{d}_2$는 다음과 같이 얻는다.

$$\underline{d}_2 = \begin{pmatrix} 1 \\ 1 \end{pmatrix}. \tag{10.8}$$

위의 식 (10.6)에서 고유벡터를 구할 때, ξ_1, ξ_2에 대한 두 개의 식이 동일한 식이므로, ξ_1, ξ_2의 값을 각각 정할 수 있는 것이 아니고, 둘 사이의 관계식만 구할 수 있어, 결국 식 (10.7)과 같이 ξ_1, ξ_2, 둘 중의 하나의 값을 1과 같이 다루기 편리한 숫자로 택하였음에 유의한다. 물론 이들의 크기가 1이 되도록 할 수 있으므로, 경우에 따라서는 고유벡터를 모두 단위 벡터로 취할 수 있다.

한편 A_2에 속하는 두 벡터 $\underline{x} = \begin{pmatrix} \xi_1 \\ \xi_2 \end{pmatrix}$, $\underline{y} = \begin{pmatrix} \eta_1 \\ \eta_2 \end{pmatrix}$에 대해 스칼라곱이 다음과 같이 정의되었다고 하면,

$$\left(\underline{x}, \underline{y}\right) = \xi_1\eta_1 + \xi_2\eta_2, \tag{10.9}$$

위에서 얻은 두 개의 고유벡터 $\underline{d}_1$, $\underline{d}_2$는 직교함에 유의하며, 이는 식 (10.4)로 주어진 텐서가 대칭 텐서인 점에 기인한다는 점을 지적해 둔다.

고유값과 고유벡터와 관련하여 대칭 텐서는 특별한 성질을 가지며, 다음 절에서는 이에 대해 고찰한다.

10.2 대칭 텐서와 주기저 정리

대칭 텐서의 고유값과 고유벡터에 대해 다음과 같은 정리를 얻는다.

> **정리 10.2: 대칭 텐서의 고유값과 고유벡터**
>
> 실수 유클리드 공간 R_E 상에 정의된 대칭 텐서 $\underline{A}$의 고유값은 모두 실수이며, 서로 다른 값을 가지는 고유값에 상응하는 고유벡터는 서로 직교한다.

위 정리의 첫 부분은 조금 길어 생략하고, 두 번째 부분은 아래에서 증명하기로 한다. 두 개의 서로 다른 고유값을 λ_j, λ_k, 그리고 그에 상응하는 고유벡터를 각각 $\underline{d}_j$, $\underline{d}_k$라고 하면, 먼저 다음을 얻을 수 있으며,

$$\left(\underline{d}_j, \underline{A}\,\underline{d}_k\right) = \left(\underline{d}_j, \lambda_k \underline{d}_k\right) = \lambda_k\left(\underline{d}_j, \underline{d}_k\right), \tag{10.10}$$

한편, 텐서 $\underline{A}$가 대칭임을 이용하면 다음을 얻으므로,

$$\left(\underline{d}_j, \underline{A}\,\underline{d}_k\right) = \left(\underline{A}\,\underline{d}_j, \underline{d}_k\right) = \left(\lambda_j \underline{d}_j, \underline{d}_k\right) = \lambda_j\left(\underline{d}_j, \underline{d}_k\right), \tag{10.11}$$

위의 식 (10.10), (10.11)로부터 다음을 얻는다.

$$0 = \left(\lambda_k - \lambda_j\right)\left(\underline{d}_j, \underline{d}_k\right), \tag{10.12}$$

위 식에서, 가정에 의해 $\lambda_j \neq \lambda_k$이므로, 결국 $\underline{d}_j$와 $\underline{d}_k$는 직교함을 알 수 있다.

예를 들어 3차원 실수 유클리드 공간 A_3 상에 정의된 대칭 텐서 $\underline{A}$를 자연 기저 $\{\hat{e}\}$를 사용하여 나타내면 다음을 얻는다고 할 때,

$$\underline{A}^{\underline{e}} = A = \begin{pmatrix} 2 & 0 & 0 \\ 0 & 1 & 1 \\ 0 & 1 & 1 \end{pmatrix}, \tag{10.13}$$

고유값과 고유벡터를 구해 보자. A_3에 대한 스칼라곱은 식 (7.18)과 같이 정의된다고 하자. 먼저 식 (10.3)으로부터 다음을 얻으며,

$$\det\left(\underline{A}^{\hat{e}} - \lambda \underline{1}\right) = \det\begin{pmatrix} 2-\lambda & 0 & 0 \\ 0 & 1-\lambda & 1 \\ 0 & 1 & 1-\lambda \end{pmatrix} = (2-\lambda) - \left\{(1-\lambda)^2 - 1\right\}$$
$$= -\lambda(2-\lambda)^2 = 0, \tag{10.14}$$

따라서 고유값은 $\lambda_1 = 0,\ \lambda_2 = \lambda_3 = 2$를 얻는다.

$\lambda_1 = 0$에 상응하는 고유벡터를 얻기 위해 식 (10.2)에 주어진 값들을 대입하고 식 (9.70)을 이용하면 다음을 얻으므로,

$$\left(\underline{A}^{\underline{e}} - \lambda \underline{1}\right)\underline{x} = \begin{pmatrix} 2 & 0 & 0 \\ 0 & 1 & 1 \\ 0 & 1 & 1 \end{pmatrix}\begin{pmatrix} \xi_1 \\ \xi_2 \\ \xi_3 \end{pmatrix} = \underline{0}, \tag{10.15}$$

고유벡터 $\underline{d}_1$은 다음과 같이 얻는다.

$$\underline{d}_1 = \begin{pmatrix} 0 \\ 1 \\ -1 \end{pmatrix}. \tag{10.16}$$

$\lambda_2 = \lambda_3 = 2$에 상응하는 고유벡터 $\underline{d}_2$, $\underline{d}_3$를 얻기 위해 위에서와 같은 방법으로 진행하면, 다음과 같은 하나의 식으로부터 이들을 얻어야 하는데,

$$-\xi_2 + \xi_3 = 0, \tag{10.17}$$

먼저 $\underline{d}_2$는 다음과 같이 취할 수 있다.

$$\underline{d}_2 = \begin{pmatrix} 0 \\ 1 \\ 1 \end{pmatrix}, \tag{10.18}$$

$\underline{d}_3$는 식 (10.17)을 만족하면서 또 $\underline{d}_2$와 직교하도록 다음과 같이 취해 줄 수 있다.

$$\underline{d}_3 = \begin{pmatrix} 1 \\ 0 \\ 0 \end{pmatrix}, \tag{10.19}$$

위에서 $\underline{d}_2$, $\underline{d}_3$는 $\underline{d}_1$과 직교함을 확인할 수 있으므로, 식 (10.16), (10.18), (10.19)에서 구한 세 개의 고유벡터는 모두 서로 직교한다.

$\lambda_2 = \lambda_3 = 2$에 상응하는 두 개의 고유벡터 $\underline{d}_2$, $\underline{d}_3$가 직교하도록 결정하는 방법은 무수히 많지만, 어떻게 정하든지 그들은 $\underline{d}_1$과 직교함에 유의한다.

다음으로는 텐서 이론에 관한 정리 중 그 응용 범위가 가장 넓은 대칭 텐서에 대한 **주기저 정리**(principal basis theorem)를 소개한다.

정리 10.3: 주기저 정리

n차원 실수 유클리드 공간 R_n 상에 정의된 대칭 텐서 $\underline{A}$는 n 개의 서로 직교하는 고유벡터를 가지며, 이들을 정규화하여 직교 정규 기저로 사용할 수 있고, 이 기저는 **주기저**(principal basis)라고 불린다.

위의 정리는 차원이 유한한 실수 유클리드 공간에 적용되는 것임에 다시 한 번 유의한다. 차원이 무한한 경우에는 별도의 정리가 필요하며, 예를 들어 미분 방정식과 관련하여서는 다음 절에서 고려할 정리 10.6, Sturm-Liouville 정리를 사용할 수 있다.

예를 들어 식 (10.13)에서 생각했던 문제에 대해 세 개의 고유벡터를 식 (10.16), (10.18), (10.19)과 같이 얻었는데, 이들을 정규화하면 각각 다음을 얻으므로,

$$\hat{d}_1 = \begin{pmatrix} 0 \\ \dfrac{1}{\sqrt{2}} \\ -\dfrac{1}{\sqrt{2}} \end{pmatrix},\ \hat{d}_2 = \begin{pmatrix} 0 \\ \dfrac{1}{\sqrt{2}} \\ \dfrac{1}{\sqrt{2}} \end{pmatrix},\ \hat{d}_3 = \begin{pmatrix} 1 \\ 0 \\ 0 \end{pmatrix}, \tag{10.20}$$

이들 세 개의 고유벡터는 R_3에 대해 $\underline{A}$와 관련된 주기저를 이룬다.

또한 위의 주기저 정리에 기인하여 다음과 같은 부속 정리(corollary)를 얻는다.

부속 정리 10.3: 대칭 텐서의 표현

n차원 실수 유클리드 공간 R_n 상에 정의된 대칭 텐서 $\underline{A}$를 주기저를 사용하여 나타내면 주대각선(main diagonal) 상에 고유값이 위치하는 대각 행렬(diagonal matrix)로 나타낼 수 있다.

n차원 실수 유클리드 공간 R_n 상에 정의된 임의의 텐서를 일반적으로 대각 행렬로 나타내는 것은 불가능하지만, 주어진 텐서가 대칭 텐서이면 주기저를 사용하여 항상 대각 행렬로 나타낼 수 있음을 다시 한 번 강조한다.

위의 부속 정리에 따르면 주기저 $\{\hat{d}\}$로 나타낸 대칭 텐서의 표현은 고유값이 주대각선 상에 위치한 대각 행렬이므로 그 행렬값은 다음과 같이 n 개의 고유값의 곱으로 주어진다.

$$\det \underline{A}^{\hat{d}} = \lambda_1 \lambda_2 \cdots \lambda_n. \tag{10.21}$$

예를 들어 식 (10.13)에서 생각했던 문제에 대해 주기저 $\{\hat{d}\}$를 식 (10.20)과 같이 얻었는데, 이 기저를 사용하여 $\underline{A}$를 나타내기 위해 다음을 생각하면,

$$\underline{A}\hat{d}_1 = \lambda_1 \hat{d}_1,\ \underline{A}\hat{d}_2 = \lambda_2 \hat{d}_2,\ \underline{A}\hat{d}_3 = \lambda_3 \hat{d}_3, \tag{10.22}$$

$\underline{A}^{\hat{d}}$는 식 (8.9)로부터 다음과 같이 대각 행렬이 됨을 알 수 있다.

$$\underline{A}^{\hat{d}} = \begin{pmatrix} \lambda_1 & 0 & 0 \\ 0 & \lambda_2 & 0 \\ 0 & 0 & \lambda_3 \end{pmatrix} = \begin{pmatrix} 0 & 0 & 0 \\ 0 & 2 & 0 \\ 0 & 0 & 2 \end{pmatrix}. \tag{10.23}$$

위의 결과에서 하나의 의문을 제기할 수 있는데, 위 식으로부터 첫 번째 행의 요소가 모두 영이므로 정리 9.2 1)에 의해, $\det \underline{A}^{\hat{d}} = 0$을 얻는다. 그런데 행렬값이 영이면 정리 9.6에 의해 그 텐서는 특이 텐서이며, 이와 같은 성질은 기저에 따라 결정되는 것이 아니므로, 행렬값 역시 기저에 따라 변화하지 않는 값이 아닌가 하는 의문이다.

위와 같은 사항에 대해 기저 변환 공식을 적용하여 행렬값 및 특성 다항식에 대한 보다 일반적인 다음 정리를 얻는다.

정리 10.4: 행렬값과 특성 다항식의 기저 독립성

n차원 실수 유클리드 공간 R_n 상에 정의된 텐서 $\underline{A}$를 임의의 기저 $\{\underline{e}\}$를 사용하여 나타낸 행렬 $\underline{A}^{\underline{e}}$의 행렬값은 기저에 대해 독립이며, 특성 다항식 $F(\lambda)$ 또한 기저에 대해 독립이다.

선형 대수 전반을 통해 가장 중요한 정리로는 **극형 분해 정리**(polar decomposition theorem)를 들 수 있는데, 아래에 그 내용을 간략히 기술하며, 보다 자세한 내용은 [참고문헌 1]을 참조하기 바란다.

정리 10.5: 극형 분해 정리

n차원 실수 유클리드 공간 R_n 상에 정의된 임의의 텐서 $\underline{A}$는 $\underline{U}$, $\underline{V}$가 대칭 텐서, $\underline{Q}$, $\underline{R}$이 직교 텐서일 때, 다음과 같이 분해할 수 있다.

$$\underline{A} = \underline{Q}\underline{U} = \underline{V}\underline{R}, \tag{10.24}$$

여기서 $\underline{U}$, $\underline{V}$는 $\underline{A}$가 주어지면 유일하게 결정되며, $\underline{Q}$, $\underline{R}$은 $\underline{A}$가 비특이 텐서이면 유일하게 결정되고, $\underline{A}$가 특이 텐서이면 유일하지 않다.

10.3 Sturm-Liouville 이론

예를 들어 다음과 같은 미분 연산자를 생각한다.

$$\underline{A} = \frac{d^2}{dx^2}. \tag{10.25}$$

여기서 $\underline{A}$는 구간 $(0,l)$에서 두 번 연속 미분할 수 있는 모든 함수의 집합, $C_2(0,l)$ 상에 정의된 연산자이다. 또한 구하고자 하는 미지 함수 $y(x)$는 다음과 같은 경계 조건(boundary conditions)을 만족한다고 하자.

$$y(0) = y(l) = 0. \tag{10.26}$$

그러면 위와 같은 연산자 $\underline{A}$에 대한 고유값 문제(eigenvalue problem) $\underline{A}\underline{y} = -\lambda \underline{y}$는 다음과 같다. 여기서 λ 앞의 $-$ 부호는 $\lambda > 0$이 되도록 미리 고려하여 취한 것이다.

$$\frac{d^2y}{dx^2} = -\lambda y, \tag{10.27}$$

이 미분 방정식의 일반해는 다음과 같으므로,

$$y(x) = \alpha\cos\sqrt{\lambda}\,x + \beta\sin\sqrt{\lambda}\,x, \tag{10.28}$$

경계 조건 $y(0) = 0$으로부터 $\alpha = 0$을 얻고, 또 나머지 경계 조건으로부터 $\sin\sqrt{\lambda}\,l = 0$을 얻으므로, 결국 다음을 얻는다.

$$\lambda_n = \left(\frac{n\pi}{l}\right)^2,\ n = 1,2,\cdots, \tag{10.29}$$

이 식은 위의 식 (10.27)에서 고려한 고유값 문제의 해를 주며, 또한 이들에 상응하는 고유벡터 $\underline{d}_n$은 다음과 같이 얻는다.

$$\underline{d}_n = \sin\frac{n\pi x}{l},\ n = 1,2,\cdots. \tag{10.30}$$

위 식으로 주어지는 고유벡터는 무수히 많으며, $C_2(0,l)$를 선형 벡터 공간으로 간주할 때, 이 고유벡터들을 공간 $C_2(0,l)$의 기저로 사용할 수 있겠는가 하는 질문을 할 수 있다.

한편, 미분 방정식의 관점에서는, 식 (10.27)의 미분 방정식은 식 (10.26)으로 주어진 경계 조건과 더불어 경계치 문제(boundary value problem)를 구성하며, 초기치 문제(initial value problem)가 아닌 점에 유의한다.

위에서 얻은 고유벡터는 $\underline{f} = f(x)$가 $C_2(0,l)$에 속하는 임의의 벡터 또는 함수라고 할 때, 다음과 같은 비제차 문제(inhomogeneous problem)의 해를 구하는데 사용할 수 있다.

$$\underline{A}\underline{y} = \underline{f}. \tag{10.31}$$

먼저 위에서 구한 고유벡터를 기저 $\{\underline{d}\}$로 사용할 수 있다고 가정하고, $\underline{f}$를 이 기저를 사용하여 나타내면 다음을 얻고,

$$\underline{f} = \sum_{n=1}^{\infty} \alpha_n \underline{d}_n, \tag{10.32}$$

또 구하고자 하는 함수를 다음과 같이 가정하면,

$$\underline{y} = \sum_{n=1}^{\infty} \eta_n \underline{d}_n, \tag{10.33}$$

식 (10.32), (10.33)을 식 (10.31)에 대입하고 $\underline{A}\underline{d}_n = \lambda_n \underline{d}_n$을 이용하면 다음을 얻는다.

$$\underline{A}\underline{y} = \underline{A}\sum_{n=1}^{\infty} \eta_n \underline{d}_n = \sum_{n=1}^{\infty} \eta_n \underline{A}\underline{d}_n = \sum_{n=1}^{\infty} \eta_n \lambda_n \underline{d}_n = \sum_{n=1}^{\infty} \alpha_n \underline{d}_n. \tag{10.34}$$

따라서 마지막 등식으로부터 다음과 같은 해(?)를 얻는다.

$$\underline{y} = \sum_{n=1}^{\infty} \frac{\alpha_n}{\lambda_n} \underline{d}_n = \sum_{n=1}^{\infty} \frac{\alpha_n}{\lambda_n} \sin\frac{n\pi x}{l}. \tag{10.35}$$

위의 식 (10.32)는 이미 푸리에 급수에 관한 정리 5.6에서 밝힌 바와 같이, 구간 $(0,l)$에서 주어진 함수 $f(x)$를 $(-l,0)$ 구간에 대해 $f(x) = -f(-x)$, 즉 기함수로 확장한 함수의 푸리에 싸인 급수이므로, 사실상 고유값 문제 $\underline{A}\underline{y} = \lambda\underline{y}$의 해로 위에서 얻어진 고유벡터들을 기저로 삼아 $C_2(0,l)$에 속하는 임의의 함수를 나타내는 데는 아무런 문제가 없음을 이미 배운 바 있다.

한편 선형 벡터 공간 $C_2(0,l)$에 속하는 벡터 $\underline{y} = y(x)$, $\underline{z} = z(x)$에 대해 스칼라곱을 다음과 같이 정의하면,

$$(\underline{y}, \underline{z}) = \int_0^l y(x)z(x)dx, \tag{10.36}$$

위에서 구한 $i \neq j$인 고유벡터 $\underline{d}_i$, $\underline{d}_j$에 대해 다음을 얻으므로,

$$\left(\underline{d}_i, \underline{d}_j\right) = \int_0^l \sin\frac{i\pi x}{l}\sin\frac{j\pi x}{l}dx = 0, \tag{10.37}$$

고유벡터는 서로 직교함을 알 수 있다.

위에서 구한 $\underline{A}$의 고유값이 모두 실수였고, 또 고유벡터가 모두 서로 직교하므로 정리 10.2에 따르면 $\underline{A}$가 대칭 텐서일 가능성도 있는데, 다음 관계로부터 $\underline{A}$가 대칭 텐서임을 확인할 수 있다.

$$\begin{aligned}(\underline{A}\underline{y}, \underline{z}) &= \int_0^l \frac{d^2y}{dx^2}z(x)dx = \frac{dy}{dx}z\bigg|_0^l - \int_0^l \frac{dy}{dx}\frac{dz}{dx}dx \\ &= -y\frac{dz}{dx}\bigg|_0^l + \int_0^l y(x)\frac{d^2z}{dx^2}dx = (\underline{y}, \underline{A}\underline{z}),\end{aligned} \tag{10.38}$$

따라서 위에서 고려한 연산자 $\underline{A}$는 실수 유클리드 공간 $C_2(0,l)$ 상에 정의된 대칭 텐서로 간주할 수 있으며, 위에서 얻었던 직교 기저는 정규화 과정을 거치면 $C_2(0,l)$에 대해 주기저로 사용할 수 있는데, 식 (10.35)가 비제차 문제인 식 (10.31)의 해인 점은 다음과 같은 Sturm-Liouville 정리(Sturm-Liouville theorem)에 의해 보장된다.

정리 10.6: Sturm-Liouville 정리

구간 (a,b)에서 두 번 연속 미분 가능한 모든 함수의 집합, $C_2(a,b)$ 상에 정의된 다음과 같은 미분 연산자 $\underline{A}$를 생생각하자.

$$\underline{A} = \frac{1}{w(x)}\left[\frac{d}{dx}\left\{p(x)\frac{d}{dx}\right\} + r(x)\right]. \tag{10.39}$$

여기서 a, b는 유한하고, $p(x)$와 $w(x)$는 주어진 구간에서 정칙이고 영보다 크다고 가정한다.

또한 구하고자 하는 미지 함수 $y(x)$는 다음과 같은 경계 조건을 만족한다고 하자.

$$\alpha y(a) + \beta\frac{dy}{dx}(a) = 0,\ \gamma y(b) + \delta\frac{dy}{dx}(b) = 0. \tag{10.40}$$

그리고 $C_2(a,b)$에 속하는 벡터 또는 함수에 대해 스칼라곱을 다음과 같이 정의하면,

$$(\underline{y}, \underline{z}) = \int_0^l w(x)y(x)z(x)dx, \tag{10.41}$$

$\underline{A}$는 실수 유클리드 공간 $C_2(a,b)$ 상에 정의된 대칭 텐서이다.

$\underline{A}$에 대한 고유값 문제는 경계 조건인 식 (10.40)과 더불어 다음 식으로 주어지는데,

$$(py')' + ry + \lambda wy = 0, \tag{10.42}$$

이 식으로부터 얻어지는 고유벡터는 $L_2(a,b)$의 기저로 사용될 수 있으며, 서로 직교하므로, 정규화 과정을 거쳐 주기저로 사용될 수 있다.

위의 식 (10.39)와 같은 형태로 주어지는 문제는 Sturm-Liouville 문제라고 부른다. 또한 위에서 보인 바와 같이 고유벡터를 주기저로 사용하여 비제차 문제, 또는 경계치

문제의 해를 급수 전개로 얻는 방법은 통상 **고유 함수 전개법**(eigenfunction expansion method)이라고 부른다.

위의 식 (10.25)에서 생각한 문제는 식 (10.39)에 다음 값을 대입하여 얻을 수 있으므로,

$$w(x)=1,\ p(x)=1,\ r(x)=0,\ a=0,\ b=l, \tag{10.43}$$

명백히 Sturm-Liouville 문제이며, 위의 정리에 의해 $L_2(0,l)$에 속하는 어떤 함수도 식 (10.30)에서 얻은 고유벡터 또는 고유 함수를 사용하여 급수로 나타낼 수 있으며, 이와 같은 급수 전개를 고유 함수 전개(eigenfunction expansion)라고 한다.

예를 들어 식 (10.31)에서 $f(x)=100$으로 주어진 경우 다음과 같이 고유 함수 전개를 얻는다.

먼저 식 (10.32)에 보인 것과 같은 급수의 계수를 구하면 다음을 얻고,

$$\begin{aligned}\alpha_n=\frac{(\underline{f},\underline{e}_n)}{(\underline{e}_n,\underline{e}_n)}&=\frac{100\int_0^l \sin\frac{n\pi x}{l}dx}{\int_0^l \sin^2\frac{n\pi x}{l}dx}=-100\frac{l}{n\pi}\frac{\cos\frac{n\pi x}{l}\Big|_0^l}{\frac{l}{2}}\\&=\frac{200}{n\pi}(1-\cos n\pi)=\begin{cases}\frac{400}{n\pi}, & n=1,3,\cdots,\\ 0, & n=2,4,\cdots,\end{cases}\end{aligned} \tag{10.44}$$

따라서 $f(x)$의 푸리에 싸인 급수를 아래와 같이 얻으며,

$$f(x)=\frac{400}{\pi}\sum_{n=1}^{\infty}\frac{1}{2n-1}\sin\frac{(2n-1)\pi x}{l}, \tag{10.45}$$

이 급수의 부분합을 그림 10.2에 보였다. 물론 식 (10.35)로부터 식 (10.31)의 해를 다음과 같이 얻는다.

$$y=\sum_{n=1}^{\infty}\frac{\alpha_n}{\lambda_n}\sin\frac{n\pi x}{l}=\frac{400}{\pi}\sum_{n=1}^{\infty}\frac{\frac{1}{2n-1}}{\left\{\frac{(2n-1)\pi}{l}\right\}^2}\sin\frac{(2n-1)\pi x}{l}$$

$$=\frac{400l^2}{\pi^3}\sum_{n=1}^{\infty}\frac{1}{(2n-1)^3}\sin\frac{(2n-1)\pi x}{l}. \qquad (10.46)$$

만약 식 (10.25)에서와 동일한 연산자를 고려하는데, $\underline{A}$가 구간 $(-l,l)$에서 두 번 연속 미분할 수 있는 모든 함수의 집합, $C_2(-l,l)$ 상에 정의된 것으로 간주하여, 다음과 같은 경계 조건을 만족한다고 하자.

$$y(-l)=y(l),\ y'(-l)=y'(l). \qquad (10.47)$$

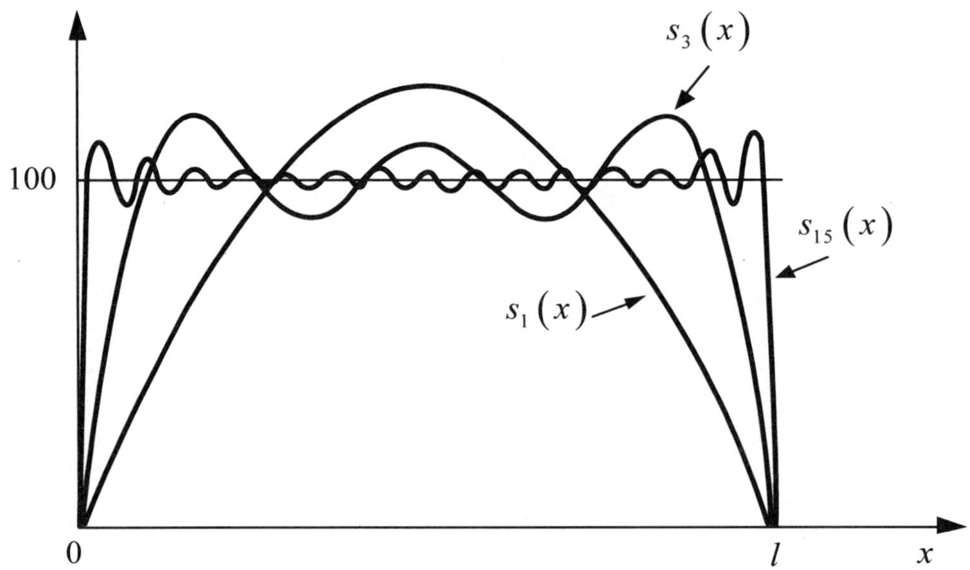

그림 10.2 $f(x)=100$의 푸리에 싸인 급수

위와 같은 문제에 대한 고유값 문제는 식 (10.27)과 같으므로, 그 일반해는 식 (10.28)과 동일한 형태로 얻지만, 이제는 위의 식 (10.47)로 주어지는 경계 조건, 즉 주기 경계 조건(periodic boundary condition)을 만족시켜야 하므로, 식 (10.28)을 식 (10.47)에 대입하여 다음을 얻는다.

$$\beta \sin \sqrt{\lambda} l = 0, \ \alpha \sqrt{\lambda} \sin \sqrt{\lambda} l = 0. \tag{10.48}$$

따라서 식 (10.29)와 같이 고유값을 취하면, 이번에는 고유벡터를 다음과 같이 얻는다.

$$\underline{d}_n = \sin \frac{n\pi}{l} x, \ \underline{c}_n = \cos \frac{n\pi}{l} x, \ n = 0, 1, 2, \cdots. \tag{10.49}$$

위와 같은 고유벡터 또는 고유 함수를 기저로 취하면 $L_2(-l, l)$에 속하는 어떤 함수도 나타낼 수 있으며, 이와 같은 사실은 정리 5.6으로 푸리에 급수와 관련하여 이미 배운 것과 합치하는 내용이다.

10.4 R_n 상의 대칭 텐서와 주기저

우리가 평소에 접하여 살고 있는 공간을 통상 유클리드 공간이라고 하는데 이는 선형 대수의 관점에서는 3차원 실수 유클리드 공간 R_3을 뜻한다.

보다 일반적으로 R_n 상에 정의되어 있는 대칭 텐서 $\underline{A}$는 앞에서 논의한 정리 10.3 주기저 정리와 부속 정리에 따라 하나의 주기저 $\{\hat{d}\}$를 잡아 $\underline{A}$를 나타내면 다음이 성립함을 알고 있다.

$$\underline{A}\hat{d}_j = \lambda_j \hat{d}_j, \ j = 1, 2, \cdots, n. \tag{10.50}$$

따라서 R_n에 속한 어떤 벡터 $\underline{x} = \xi_1 \hat{d}_1 + \xi_2 \hat{d}_2 + \cdots + \xi_n \hat{d}_n$에 대해서도 다음을 얻는다.

$$\underline{A}\underline{x} = \lambda_1 \xi_1 \hat{d}_1 + \lambda_2 \xi_2 \hat{d}_2 + \cdots + \lambda_n \xi_n \hat{d}_n. \tag{10.51}$$

또한 $\underline{A}^{\hat{d}}$는 다음과 같이 주대각선 상에 고유값이 위치하는 대각 행렬임을 알고 있다.

$$\underline{A}^{\hat{d}} = \begin{pmatrix} \lambda_1 & 0 & \cdots & 0 \\ 0 & \lambda_2 & \cdots & 0 \\ & & \cdots & \\ 0 & \cdots & 0 & \lambda_n \end{pmatrix}. \tag{10.52}$$

이하에서는 공학 전반에 걸쳐 나타나는 대칭 텐서의 응용에 관한 4개의 예제를 살펴보기로 한다.

1) $n=2$인 경우의 **정규 모드**(normal modes)에 관한 예로 다음 문제를 생각한다. 그림 10.3에 보인 바와 같은 자유도가 2인 진동계에 대한 무차원화된 운동 방정식은 다음과 같이 쓸 수 있다.

$$\begin{pmatrix} \ddot{x}_1 \\ \ddot{x}_2 \end{pmatrix} + \begin{pmatrix} 2 & -1 \\ -1 & 2 \end{pmatrix} \begin{pmatrix} x_1 \\ x_2 \end{pmatrix} = \begin{pmatrix} 0 \\ 0 \end{pmatrix}. \tag{10.53}$$

이 계의 정규 모드를 구하기 위해서는 다음을 생각한다.

먼저 이 식을 행렬을 이용하여 쓰면 다음과 같고,

$$\ddot{x} + Ax = 0, \;\; A = \begin{pmatrix} 2 & -1 \\ -1 & 2 \end{pmatrix}, \;\; x = \begin{pmatrix} x_1 \\ x_2 \end{pmatrix}, \tag{10.54}$$

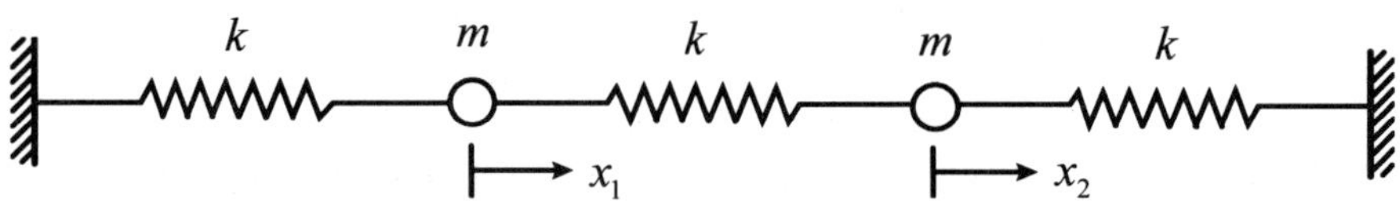

그림 10.3 2-자유도 진동계

여기서 A는 어떤 대칭 텐서 $\underline{A}$의 직교 정규 기저 $\{\hat{e}\}$, 예를 들어 자연 기저에 대한 표현 $\underline{A}^{\hat{e}}$로 볼 수 있다.

$\underline{A}$의 고유값을 구하기 위해 특성 방정식을 생각하면 다음을 얻고,

$$F(\lambda)=(2-\lambda)^2-1=(1-\lambda)(3-\lambda)=0, \tag{10.55}$$

이 식으로부터 $\lambda_1=1,\ \lambda_2=3$을 얻는다.

이에 상응하는 정규화된 고유벡터 $\hat{d}_1,\ \hat{d}_2$는 고유값을 다음 식에 대입하여,

$$\left(\underline{A}^{\hat{e}}-\lambda\underline{1}\right)\underline{x}=\underline{0}, \tag{10.56}$$

각각 다음과 같이 얻는다.

$$\hat{d}_1=\frac{1}{\sqrt{2}}\begin{pmatrix}1\\1\end{pmatrix},\ \hat{d}_2=\frac{1}{\sqrt{2}}\begin{pmatrix}-1\\1\end{pmatrix}. \tag{10.57}$$

위에서 구한 고유벡터의 성분을 각각 첫 번째, 두 번째 열에 가지는 행렬, 즉 **모달 행렬**(modal matrix)이라고 불리는 행렬을 다음과 같이 얻으며,

$$\underline{R}^{\hat{e}}=\begin{pmatrix}\frac{1}{\sqrt{2}} & \frac{-1}{\sqrt{2}}\\ \frac{1}{\sqrt{2}} & \frac{1}{\sqrt{2}}\end{pmatrix}, \tag{10.58}$$

$\det\underline{R}^{\hat{e}}=1$이므로, 이 행렬의 역행렬 $\left(\underline{R}^{\hat{e}}\right)^{-1}=\left(\underline{R}^{\hat{e}}\right)^T$를 다음과 같이 얻는다.

$$\left(\underline{R}^{\hat{e}}\right)^{-1}=\begin{pmatrix}\frac{1}{\sqrt{2}} & \frac{1}{\sqrt{2}}\\ \frac{-1}{\sqrt{2}} & \frac{1}{\sqrt{2}}\end{pmatrix}. \tag{10.59}$$

여기서 $\left(\underline{R}^{\hat{e}}\right)^{-1}\underline{A}^{\hat{e}}\underline{R}^{\hat{e}}$인 행렬을 고려하면 다음과 같이 대각 행렬을 얻는다.

$$\begin{aligned}\left(\underline{R}^{\hat{e}}\right)^{-1}\underline{A}^{\hat{e}}\underline{R}^{\hat{e}} &= \begin{pmatrix} \frac{1}{\sqrt{2}} & \frac{1}{\sqrt{2}} \\ \frac{-1}{\sqrt{2}} & \frac{1}{\sqrt{2}} \end{pmatrix}\begin{pmatrix} 2 & -1 \\ -1 & 2 \end{pmatrix}\begin{pmatrix} \frac{1}{\sqrt{2}} & \frac{-1}{\sqrt{2}} \\ \frac{1}{\sqrt{2}} & \frac{1}{\sqrt{2}} \end{pmatrix} \\ &= \begin{pmatrix} \frac{1}{\sqrt{2}} & \frac{1}{\sqrt{2}} \\ \frac{-1}{\sqrt{2}} & \frac{1}{\sqrt{2}} \end{pmatrix}\begin{pmatrix} \frac{1}{\sqrt{2}} & \frac{-3}{\sqrt{2}} \\ \frac{1}{\sqrt{2}} & \frac{3}{\sqrt{2}} \end{pmatrix} = \begin{pmatrix} 1 & 0 \\ 0 & 3 \end{pmatrix},\end{aligned} \tag{10.60}$$

원래 식 (10.58)에서 구한 모달 행렬은 식 (9.66)에서 고려한 기저 변환 공식에 사용하는 행렬로 식 (9.58) 또는 (9.59)로 정의된 행렬이다. 다시 말하면 $\underline{R}$은 기저 $\{\hat{e}\}$를 $\underline{A}$의 주기저 $\{\hat{d}\}$로 변환하는데 필요한 텐서이며, 따라서 식 (10.60)에 보인 바와 같이 $\underline{A}^{\hat{d}} = \left(\underline{R}^{\hat{e}}\right)^{-1}\underline{A}^{\hat{e}}\underline{R}^{\hat{e}}$로 고유값이 주대각선 상에 오는 대각 행렬을 얻었다.

주어진 문제 식 (10.53), 또는 식 (10.54)를 푸는데, 위에서 구한 주기저를 사용하기로 하면, 벡터의 성분에 대한 기저 변환 공식, 식 (9.62)로부터 다음을 얻으므로,

$$\underline{x}^{\hat{e}} = \underline{R}^{\hat{e}}\underline{x}^{\hat{d}}, \tag{10.61}$$

식 (10.54)에서 $x = \underline{x}^{\hat{e}}$, $A = \underline{A}^{\hat{e}}$로 간주하면 다음을 얻고,

$$\underline{R}^{\hat{e}}\ddot{\underline{x}}^{\hat{d}} + \underline{A}^{\hat{e}}\underline{R}^{\hat{e}}\underline{x}^{\hat{d}} = \underline{0}, \tag{10.62}$$

이 식에 앞에서 $\left(\underline{R}^{\hat{e}}\right)^{-1}$을 곱해주고 텐서에 대한 기저 변환 공식, 식 (9.67)을 사용하여 다음 결과를 얻는다.

$$\ddot{\underline{x}}^{\hat{d}} + \underline{A}^{\hat{d}}\underline{x}^{\hat{d}} = \underline{0} \text{ 또는 } \ddot{y} + \Lambda y = 0, \tag{10.63}$$

여기서 $y = \underline{x}^{\hat{d}} = \begin{pmatrix} y_1 \\ y_2 \end{pmatrix}$, $\Lambda = \underline{A}^{\hat{d}}$이다.

식 (10.63)은 식 (10.53) 또는 (10.54)와는 달리 y_1과 y_2가 비연성(uncoupled) 운동 방정식이므로, 다음과 같이 매우 쉽게 해를 구할 수 있다.

$$y_1(t) = \alpha_1 e^{i\sqrt{\lambda_1}t},\ y_2(t) = \alpha_2 e^{i\sqrt{\lambda_2}t}. \tag{10.64}$$

이와 같이 얻어지는 해를 **정규 모드**라고 하며, 위 식의 α_1, α_2는 원래는 복소수인데, 초기 조건을 만족하도록 결정되어야 한다. 그러나 여기서는 실수 유클리드 공간을 생각하고 있으므로, 위상각(phase angle)을 도입하여 다음과 같이 정규 모드의 형태를 가정한다.

$$y_1(t) = \alpha_1 \sin\left(\sqrt{\lambda_1}\,t + \phi_1\right),\ y_2(t) = \alpha_2 \sin\left(\sqrt{\lambda_2}\,t + \phi_2\right). \tag{10.65}$$

여기서 α_1, α_2, ϕ_1, ϕ_2는 초기 변위 조건을 만족하도록 결정되는 실수이다.

이제 정규 모드의 형태로 얻어진 해를 원래의 좌표계인 $x_1(t)$, $x_2(t)$로 바꾸어 주어야 한다. 식 (9.62)로 주어진 기저 변환 공식에 따르면 다음을 얻는데,

$$\underline{x}^{\underline{e}} = \underline{R}^{\underline{e}}\underline{x}^{\underline{d}}, \tag{10.66}$$

이 식을 행렬로 바꾸어 쓰면 $x = Ry$를 얻고, 이를 다시 쓰면 다음과 같으며,

$$\begin{pmatrix} x_1 \\ x_2 \end{pmatrix} = \begin{pmatrix} \dfrac{1}{\sqrt{2}} & \dfrac{-1}{\sqrt{2}} \\ \dfrac{1}{\sqrt{2}} & \dfrac{1}{\sqrt{2}} \end{pmatrix} \begin{pmatrix} y_1 \\ y_2 \end{pmatrix}, \tag{10.67}$$

이 식을 성분 별로 나누어 쓰면 다음을 얻는다.

$$x_1(t) = \frac{1}{\sqrt{2}}(y_1 - y_2),\ x_2(t) = \frac{1}{\sqrt{2}}(y_1 + y_2). \tag{10.68}$$

위 식에서 고유값 λ_1에 상응하는 모드, 즉 진동수가 1인 모드는 x_1과 x_2의 운동이 같고, λ_2에 상응하는 모드, 즉 진동수가 $\sqrt{3}$인 모드는 x_1과 x_2의 운동의 부호가 반대인 점에 유의한다. 이와 같은 사항은 위에서 얻은 해를 다음과 같이 벡터의 형태로 쓰면 보다 이해하기 쉽다. $\underline{x}^e$와 $\underline{x}^{\hat{d}}$를 사용하여 벡터 $\underline{x}$를 나타내면 다음과 같은데,

$$\underline{x} = x_1\underline{e}_1 + x_2\underline{e}_2 = y_1\hat{d}_1 + y_2\hat{d}_2, \tag{10.69}$$

식 (10.57)에서 구한 바와 같이 $\hat{d}_1 = \frac{1}{\sqrt{2}}\begin{pmatrix}1\\1\end{pmatrix},\ \hat{d}_2 = \frac{1}{\sqrt{2}}\begin{pmatrix}-1\\1\end{pmatrix}$이므로, 위에서 본 바와 같은 양식으로 각 모드에 대한 운동의 크기가 결정됨을 알 수 있다.

따라서 이들 주기저에 속하는 벡터의 성분이 행렬의 각 열에 위치한 행렬 R을 모달 행렬이라고 부르는 것도 이해할 수 있으며, 모달 행렬의 각 열은 운동의 각 모드에 대한 질점의 운동의 크기에 대한 상대적인 비(ratio)를 주고 있다는 점을 다시 한 번 강조한다.

고유값의 크기가 가장 작은 경우에 해당하는 운동 모드를 기본 모드(fundamental mode)라고 하는데, 위의 해에 따르면 기본 모드는 두 질점이 같은 방향으로 같은 크기만큼 움직이고, 또 고유값의 크기가 다음으로 작은 경우, 즉 제2 모드(second mode)는 두 질점이 반대 방향으로 같은 크기만큼 움직인다는 점에 유의한다.

2) $n=3$인 경우, 강체 또는 질점계의 **질량 관성 모멘트**(mass moment of inertia) 또는 줄여서 관성 모멘트 $\underline{I}$에 관한 예로 다음 문제를 생각한다. 관성 모멘트 $\underline{I}$는 R_3 상에 정의된 대칭 텐서인데, 동역학에서 강체의 회전에 대한 질량 관성을 나타내는 물리량이며, 보다 자세한 사항은 [참고문헌 6]으로 미루기로 한다.

대칭 텐서이므로 주기저를 사용하여 나타내면 대각 행렬을 얻으며, 이 주기저에 속하는 고유벡터의 방향은 통상 주축(principal axes) 방향이라고 불리고, 고유값은 주축에 대한 관성 모멘트, 즉 **주관성 모멘트**(principal moment of inertia)라고 불린다.

자연 기저 $\{\hat{e}\}$를 사용하여 얻은 $\underline{I}$가 다음과 같이 주어졌을 경우,

$$\underline{I}^{\hat{e}} = I = \begin{pmatrix} 2 & -1 & 0 \\ -1 & 2 & 0 \\ 0 & 0 & 4 \end{pmatrix}, \tag{10.70}$$

주축과 주관성 모멘트를 구하기 위해서는, 즉 고유벡터와 고유값을 얻기 위해서는 다음과 같은 특성 방정식을 풀어야 하며,

$$\begin{aligned} \det\left(\underline{I}^{\hat{e}} - \lambda \underline{1}\right) &= \det\begin{pmatrix} 2-\lambda & -1 & 0 \\ -1 & 2-\lambda & 0 \\ 0 & 0 & 4-\lambda \end{pmatrix} = \{(2-\lambda)^2 - 1\}(4-\lambda) \\ &= (1-\lambda)(3-\lambda)(4-\lambda) = 0, \end{aligned} \tag{10.71}$$

따라서 고유값은 $\lambda_1 = 1,\ \lambda_2 = 3,\ \lambda_3 = 4$를 얻는다.

이에 상응하는 정규화된 고유벡터 $\hat{d}_1,\ \hat{d}_2,\ \hat{d}_3$는 고유값을 다음 식에 대입하여,

$$\left(\underline{I}^{\hat{e}} - \lambda \underline{1}\right)\underline{x} = \underline{0}, \tag{10.72}$$

각각 다음과 같이 얻는다.

$$\hat{d}_1 = \frac{1}{\sqrt{2}}\begin{pmatrix} 1 \\ 1 \\ 0 \end{pmatrix},\ \hat{d}_2 = \frac{1}{\sqrt{2}}\begin{pmatrix} -1 \\ 1 \\ 0 \end{pmatrix}, \quad \hat{d}_3 = \begin{pmatrix} 0 \\ 0 \\ 1 \end{pmatrix}. \tag{10.73}$$

이들의 방향을 (x', y', z')으로 그림 10.4에 보였다.

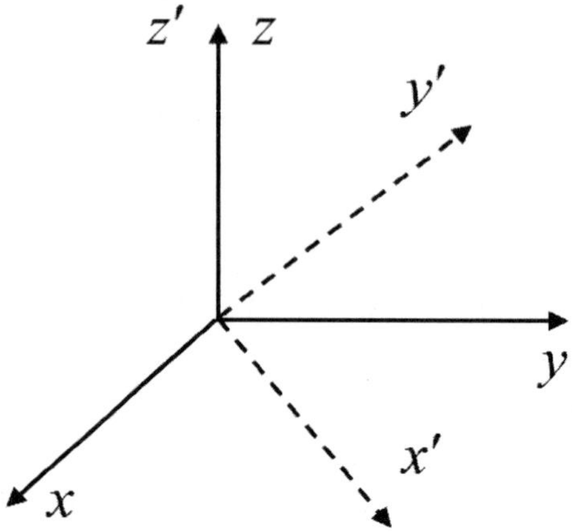

그림 10.4 관성 모멘트의 주축

물론 주축 방향으로 축을 취하여 주관성 모멘트를 얻으며, 이들은 이미 구한 고유값에 해당한다.

주어진 $\underline{I}^{\hat{e}}$로부터 대각 행렬을 얻기 위해 기저 변환 행렬 $\underline{R}^{\hat{e}}$와 그 역행렬 $\left(\underline{R}^{\hat{e}}\right)^{-1}$을 구하면 다음과 같으며,

$$\underline{R}^{\hat{e}} = \begin{pmatrix} \frac{1}{\sqrt{2}} & \frac{-1}{\sqrt{2}} & 0 \\ \frac{1}{\sqrt{2}} & \frac{1}{\sqrt{2}} & 0 \\ 0 & 0 & 1 \end{pmatrix}, \ \left(\underline{R}^{\hat{e}}\right)^{-1} = \begin{pmatrix} \frac{1}{\sqrt{2}} & \frac{1}{\sqrt{2}} & 0 \\ \frac{-1}{\sqrt{2}} & \frac{1}{\sqrt{2}} & 0 \\ 0 & 0 & 1 \end{pmatrix}, \tag{10.74}$$

여기서 기저 변환 공식을 사용하여 다음과 같이 대각 행렬을 얻음을 확인할 수 있다.

$$\left(\underline{R}^{\hat{e}}\right)^{-1} \underline{A}^{\hat{e}} \underline{R}^{\hat{e}} = \begin{pmatrix} \frac{1}{\sqrt{2}} & \frac{1}{\sqrt{2}} & 0 \\ \frac{-1}{\sqrt{2}} & \frac{1}{\sqrt{2}} & 0 \\ 0 & 0 & 1 \end{pmatrix} \begin{pmatrix} 2 & -1 & 0 \\ -1 & 2 & 0 \\ 0 & 0 & 4 \end{pmatrix} \begin{pmatrix} \frac{1}{\sqrt{2}} & \frac{-1}{\sqrt{2}} & 0 \\ \frac{1}{\sqrt{2}} & \frac{1}{\sqrt{2}} & 0 \\ 0 & 0 & 1 \end{pmatrix}.$$

$$=\begin{pmatrix} \frac{1}{\sqrt{2}} & \frac{1}{\sqrt{2}} & 0 \\ \frac{-1}{\sqrt{2}} & \frac{1}{\sqrt{2}} & 0 \\ 0 & 0 & 1 \end{pmatrix}\begin{pmatrix} \frac{1}{\sqrt{2}} & \frac{-3}{\sqrt{2}} & 0 \\ \frac{1}{\sqrt{2}} & \frac{3}{\sqrt{2}} & 0 \\ 0 & 0 & 4 \end{pmatrix}=\begin{pmatrix} 1 & 0 & 0 \\ 0 & 3 & 0 \\ 0 & 0 & 4 \end{pmatrix}. \tag{10.75}$$

3) $n=3$인 경우, 다음과 같이 정의되는 **2차 방형**(quadratic form)에 대해 생각하자.

정의 10.3: 2차 방형

n차원 실수 유클리드 공간 R_n 상에 정의된 대칭 텐서 $\underline{A}$에 대해 2차 방형 $f(\underline{x})$는 다음과 같은 스칼라곱으로 정의된다.

$$f(\underline{x})=(\underline{A}\underline{x},\underline{x}). \tag{10.76}$$

여기서 $\underline{x}$는 R_n에 속한 임의의 벡터이다.

위의 정의에서 $n=3$으로 취하고, $\underline{A}$에 대한 주기저를 사용하여 벡터와 텐서를 나타낸다고 하면, 식 (10.51)에 의해 다음을 얻는다.

$$\begin{aligned} f(\underline{x}) &= (\underline{A}\underline{x},\underline{x}) = \left(\lambda_1\xi_1\hat{d}_1+\lambda_2\xi_2\hat{d}_2+\lambda_3\xi_3\hat{d}_3,\ \xi_1\hat{d}_1+\xi_2\hat{d}_2+\xi_3\hat{d}_3\right) \\ &= \lambda_1\xi_1^2+\lambda_2\xi_2^2+\lambda_3\xi_3^2. \end{aligned} \tag{10.77}$$

예를 들어 2차 방형이 다음과 같은 형태로 주어졌을 때,

$$f(\underline{x})=4\xi_1^2+2\xi_1\xi_2+4\xi_1\xi_3, \tag{10.78}$$

이를 위의 식 (10.77)과 같은 형태, 즉 **주축형**(principal form)으로 바꿔 쓰기 위해서는 먼저 위 식과 관련된 대칭 텐서 $\underline{A}$를 알아야 한다.

A_3 상에 정의된 임의의 대칭 텐서 $\underline{A}$를 자연 기저 $\{\hat{e}\}$를 사용하여 나타내면 (a_{ij})를 얻는데, 이를 위의 식 (10.76)에 대입하면 다음을 얻으므로,

$$f(\underline{x}) = (\underline{A}\underline{x}, \underline{x}) = a_{11}\xi_1^2 + a_{22}\xi_2^2 + a_{33}\xi_3^2 + 2(a_{12}\xi_1\xi_2 + a_{23}\xi_2\xi_3 + a_{31}\xi_3\xi_1), \quad (10.79)$$

이 식과 위의 식 (10.78)을 비교하여 다음과 같이 $\underline{A}^{\hat{e}}$를 얻는다.

$$\underline{A}^{\hat{e}} = A = \begin{pmatrix} 4 & 1 & 2 \\ 1 & 0 & 0 \\ 2 & 0 & 0 \end{pmatrix}. \quad (10.80)$$

고유값과 고유벡터를 얻기 위해 다음과 같은 특성 방정식을 풀어야 하며,

$$\begin{aligned} \det\left(\underline{A}^{\hat{e}} - \lambda\underline{1}\right) &= \det\begin{pmatrix} 4-\lambda & 1 & 2 \\ 1 & -\lambda & 0 \\ 2 & 0 & -\lambda \end{pmatrix} = (4-\lambda)\lambda^2 + \lambda + 4\lambda \\ &= \lambda(4\lambda - \lambda^2 + 5) = \lambda(1+\lambda)(5-\lambda) = 0, \end{aligned} \quad (10.81)$$

따라서 고유값은 $\lambda_1 = -1,\ \lambda_2 = 0,\ \lambda_3 = 5$를 얻는다.

이에 상응하는 정규화된 고유벡터 $\hat{d}_1,\ \hat{d}_2,\ \hat{d}_3$는 고유값을 $\left(\underline{A}^{\hat{e}} - \lambda\underline{1}\right)\underline{x} = \underline{0}$에 대입하여, 각각 다음과 같이 얻는다.

$$\hat{d}_1 = \frac{1}{\sqrt{6}}\begin{pmatrix} 1 \\ -1 \\ -2 \end{pmatrix},\ \hat{d}_2 = \frac{1}{\sqrt{5}}\begin{pmatrix} 0 \\ 2 \\ -1 \end{pmatrix},\ \hat{d}_3 = \frac{1}{\sqrt{30}}\begin{pmatrix} 5 \\ 1 \\ 2 \end{pmatrix}. \quad (10.82)$$

이들 고유벡터로 이루어진 주기저를 사용하여 2차 방형을 나타내면 다음과 같은 주축형을 얻는다.

$$f(\underline{x}) = -\eta_1^2 + 5\eta_3^2. \tag{10.83}$$

여기서 $\underline{x} = \eta_1\hat{d}_1 + \eta_2\hat{d}_2 + \eta_3\hat{d}_3$이다.

4) $n=3$인 경우, 다음과 같이 정의되는 **Rayleigh의 비**(Rayleigh's quotient)에 대해 생각하자.

정의 10.4: Rayleigh의 비

n차원 실수 유클리드 공간 R_n 상에 정의된 대칭 텐서 $\underline{A}$에 대해 Rayleigh의 비 $R(\underline{x})$는 다음과 같이 스칼라곱을 이용하여 정의된다.

$$R(\underline{x}) = \frac{(\underline{A}\underline{x}, \underline{x})}{(\underline{x}, \underline{x})} = \frac{f(\underline{x})}{(\underline{x}, \underline{x})}. \tag{10.84}$$

여기서 $\underline{x}$는 R_n에 속한 임의의 벡터이다.

위의 정의에서 $n=3$으로 취하고, $\underline{A}$에 대한 주기저를 사용하여 벡터와 텐서를 나타낸다고 하면, 식 (10.77)에 의해 다음을 얻는다.

$$R(\underline{x}) = \frac{f(\underline{x})}{(\underline{x}, \underline{x})} = \frac{\lambda_1\xi_1^2 + \lambda_2\xi_2^2 + \lambda_3\xi_3^2}{\xi_1^2 + \xi_2^2 + \xi_3^2}. \tag{10.85}$$

진동공학에서는 위의 식 (10.85)를 고유값의 최대 또는 최소를 구하는데 종종 사용한다. 만약 식 (10.85)에서 $\lambda_1 \le \lambda_2 \le \lambda_3$, $(\underline{x}, \underline{x}) = 1$이라고 하면, 위의 식을 다음과 같이 바꾸어 쓸 수 있으며,

$$R(\underline{x}) = \lambda_3\left(\frac{\lambda_1}{\lambda_3}\xi_1^2 + \frac{\lambda_2}{\lambda_3}\xi_2^2 + \xi_3^2\right) = \lambda_3\left(\rho_1\xi_1^2 + \rho_2\xi_2^2 + \xi_3^2\right), \tag{10.86}$$

여기서 $\rho_i = \dfrac{\lambda_i}{\lambda_3}$, $\rho_1 \le \rho_2 \le 1$임을 고려하면 결국 다음을 얻는다.

$$R(\underline{x}) \le \lambda_3. \tag{10.87}$$

따라서 크기가 1인 임의의 벡터를 사용하여 Rayleigh의 비를 구하면, 어떤 경우에도 고유값의 최대보다 클 수 없다. 위에서 크기가 1인 임의의 벡터에 대한 Rayleigh의 비는 2차 방형과 동일함에 유의한다.

예를 들어 식 (10.13)에서 고려한 대칭 텐서 $\underline{A}$에 대해 고유값을 $\lambda_1 = 0$, $\lambda_2 = \lambda_3 = 2$로 얻은 바 있다. 예를 들어 $\underline{x} = \dfrac{1}{\sqrt{3}}\hat{e}_1 + \dfrac{1}{\sqrt{3}}\hat{e}_2 + \dfrac{1}{\sqrt{3}}\hat{e}_3$를 택해 2차 방형 또는 Rayleigh의 비를 구하면 다음을 얻는다.

$$R(\underline{x}) = 2\xi_1^2 + \xi_2^2 + \xi_3^2 + 2\xi_2\xi_3 = 2 = \lambda_3. \tag{10.88}$$

위의 경우에는 우리가 택한 벡터 $\underline{x}$가 식 (10.20)에서 얻었던 $\lambda_2 = \lambda_3 = 2$에 상응하는 고유벡터 $\hat{d}_2$와 $\hat{d}_3$의 선형 결합으로 주어지므로 단번에 고유값의 최대를 얻었으나, 그렇지 않은 경우에도 몇 번의 시도로 상당히 정확한 최대값을 구할 수 있다.

고유값의 최대를 구하는 경우, 아래에 보인 바와 같은 **n승법**(power method)을 사용할 수 있다. $\left(\underline{A}^n\underline{x}, \underline{x}\right)$를 고려하면, 주기저를 사용하는 경우 다음을 얻으므로,

$$\left(\underline{A}^n\underline{x}, \underline{x}\right) = \lambda_1^n\xi_1^2 + \lambda_2^n\xi_2^2 + \lambda_3^n\xi_3^2 = \lambda_3^n\left\{\left(\frac{\lambda_1}{\lambda_3}\right)^n\xi_1^2 + \left(\frac{\lambda_2}{\lambda_3}\right)^n\xi_2^2 + \xi_3^2\right\}, \tag{10.89}$$

$n\rightarrow\infty$일 경우 결국 다음을 얻는다.

$$\lim_{n\to\infty}\frac{\left(\underline{A}^{n}\underline{x},\underline{x}\right)}{\left(\underline{A}^{n-1}\underline{x},\underline{x}\right)}=\frac{\lambda_3^n\xi_3^2}{\lambda_3^{n-1}\xi_3^2}=\lambda_3. \tag{10.90}$$

이 방법을 위의 예 식 (10.13)에서 고려한 대칭 텐서 $\underline{A}$에 대해 적용해 보면, $\underline{x}=\underline{e}_1+2\underline{e}_2+3\underline{e}_3$을 대입하여 다음을 얻는다.

$$\underline{A}^{e}\underline{x}^{e}=Ax=\begin{pmatrix}2\\5\\5\end{pmatrix},\ A^2x=\begin{pmatrix}4\\10\\10\end{pmatrix}. \tag{10.91}$$

따라서 위의 결과로부터 다음을 얻는다.

$$\frac{\left(\underline{A}^2\underline{x},\underline{x}\right)}{\left(\underline{A}\underline{x},\underline{x}\right)}=\frac{54}{27}=2=\lambda_3. \tag{10.92}$$

위에서는 $n\to\infty$인 경우를 생각할 필요도 없이, $n=2$까지 고려하여 원하는 결과를 얻었으며, 위의 n승법이 매우 효율적임을 보여주고 있다.

수학자들의 소개

- Rayleigh(1842-1919, UK): 불활성 기체 아르곤의 발견자이며, 음파 및 전자파를 아우르는 파동 이론에 기여.

연습문제

1. 3차원 실수 유클리드 공간 A_3 상에 정의된 대칭 텐서 $\underline{A}$를 자연 기저 $\{\hat{e}\}$를 사용하여 나타내면 다음을 얻는다고 할 때,

$$\underline{A}^{\underline{e}} = A = \begin{pmatrix} 2 & 1 & 0 \\ 1 & 2 & 0 \\ 0 & 0 & 3 \end{pmatrix},$$

고유값과 고유벡터를 구하고, 주기저를 구하시오. 단 A_3에 대한 스칼라곱은 식 (7.18)과 같이 정의된다고 한다.

2. 3차원 실수 유클리드 공간 A_3를 생각하고, 자연 기저를 취한다. $\alpha = \dfrac{1}{\sqrt{2}}$라고 할 때, $\underline{A}^{\underline{e}}$가 다음과 같은 텐서가 있다.

$$\underline{A}^{\underline{e}} = \begin{pmatrix} \frac{1}{2} & -\frac{1}{2} & -\alpha \\ 1-\alpha & 1+\alpha & -1 \\ \frac{1}{2}+\alpha & -\frac{1}{2}+\alpha & \alpha \end{pmatrix}$$

1) 우극형분해를 구하시오.

2) 1)에서 구한 대칭텐서의 고유값과 고유벡터를 구하시오.

3) 1)에서 구한 직교텐서의 성질에 대해 설명하시오.

4) 1)에서 구한 우극형분해의 기하학적 의미에 대해 설명하시오.

3. 10.3절에서 논의한 Sturm-Liouville 정리와 관련하여 스칼라곱을 식 (10.41)과 같이 정의한다.

   1) 식 (10.39)로 주어진 미분 연산자가 대칭 텐서임을 보이시오.

   2) $p(a)=p(b)$이면, 경계 조건인 식 (10.40)이 다음과 같은 주기 경계 조건으로 대체될 수 있음을 보이시오.

$$y(a)=y(b),\ y'(a)=y'(b)$$

   3) $\underline{B}=a(x)\frac{d^2}{dx^2}+b(x)\frac{d}{dx}+c(x)$가 대칭 텐서가 아닌 경우에도, 다음과 같은 함수, $f(x)=\exp\left(\int\frac{b-a'}{a}dx\right)$를 곱하여 얻는 $f(x)\underline{B}\equiv\underline{A}$는 대칭 텐서임을 보이시오.

   4) 위의 결과를 이용하여 다음 문제를 식 (10.42)와 같은 고유값 문제로 변환하시오.

$$\underline{B}y=\left(x\frac{d^2}{dx^2}-\frac{d}{dx}+1\right)y,\ x\in[1,2],$$
$$y(1)+2y'(1)=0,\ y(2)=0.$$

4. 어떤 3-자유도의 진동계에 대한 무차원화된 운동 방정식을 다음과 같이 쓸 수 있다.

$$\begin{pmatrix}\ddot{x}_1\\\ddot{x}_2\\\ddot{x}_3\end{pmatrix}+\begin{pmatrix}2&-1&0\\-1&2&-1\\0&-1&2\end{pmatrix}\begin{pmatrix}x_1\\x_2\\x_3\end{pmatrix}=\begin{pmatrix}0\\0\\0\end{pmatrix}.$$

이 계의 고유진동수, 모달 행렬, 정규 모드를 구하고, 일반해를 구하시오.

5. 다음 2차 방형을 주축형으로 바꾸어 쓰시오.

   1) $f(\underline{x}) = \xi_1^2 - 8\xi_1\xi_2 + 4\xi_1\xi_3,$

   2) $f(\underline{x}) = \xi_3^2 + 2\xi_1\xi_3 + 2\xi_2\xi_3.$

6. 위의 {문제 4}에 대해 n승법을 사용하여 최대 고유값을 구하시오.

7. n차원 실수 유클리드 공간 상에 정의된 대칭 텐서 $\underline{A}$는 그 자신의 특성 방정식을 만족한다는 Cayley-Hamilton 정리(Cayley-Hamilton theorem)를 증명하시오. 또 $n=3$인 경우에 대해 이 정리를 적용하여, 위의 {문제 4}에서 얻는 행렬 A에 대해 A^3을 단위 행렬 I와 A, A^2의 함수로 나타내시오.

제3부
상미분 방정식

미적분이 17세기 말 뉴턴과 라이프니쯔에 의해 창안된 이래, 특히 뉴턴의 운동 법칙이 2계 상미분 방정식의 형태를 가지는 것에 기인하여, 미분 방정식은 물리학 전반에 걸쳐 많은 문제를 푸는데 관련되어 왔다.

미분 방정식 이론의 기본이 되는 1계 미분 방정식에 대한 논의를 먼저 11장에서 진행한다. 역사적으로 보면 개별적인 여러 가지 형태를 가진 미분 방정식의 해를 구하는 방법들이 18세기까지 활발히 다루어졌으며, 19세기부터는 미분 방정식의 해를 구하는 방법보다는 해가 존재하는지, 유일한지에 대한 논의가 보다 활발히 이루어졌다. 여기서도 그와 같은 순서에 따라 먼저 개별적인 미분 방정식의 해법에 대해 먼저 고찰하고, Picard의 존재 및 유일 정리에 대해 고려하기로 하며, 현대적인 관점에서 위의 정리를 재해석한 Banach의 고정점 정리(fixed point theorem)에 대해 생각하기로 한다.

12장에서는 2계 이상의 고계 비선형 미분 방정식을 다루는데, 고계 미분 방정식은 벡터 함수에 대한 1계 미분 방정식으로 치환하여 다룰 수 있으므로, 해의 존재, 유일 정리에 대해서는 1계 미분 방정식에 대한 논의와 큰 차이점이 없다. 또한 비선형 미분 방정식의 해를 구하는데 사용하는 전형적인 방법들을 다루었다.

13장에서는 먼저 상수 계수를 가지는 선형 고계 미분 방정식에 대한 정리를 다루었는데, $y = e^{\lambda x}$를 가정하여 미분 방정식을 대수 방정식으로 바꾸는 방법은 역사적으로는 1748년 Euler의 공식이 알려지고 나서야, 1753년 Euler에 의해 발표되었다. 다음으로 제차 및 비제차 선형 미분 방정식의 해에 대한 정리, 예제들을 폭넓게 다루었다.

14장에서는 미분 방정식의 해를 구하는 방법으로 가장 오래 되었고 또 가장 일반적인 방법이며 다양한 특수 함수를 구하는데 사용되는 Frobenius의 급수 해법에 대해 배우고, 베셀 방정식에 대해 생각해 봄으로써 그 적용 예를 보인다. 마지막으로 비제차 미분 방정식을 푸는데 대표적으로 사용되는 그린 함수에 대해 고찰한다.

수학자들의 소개

- Picard(1856-1941, France): 해석학, 함수론, 미분 방정식 및 대수 기하학에 기여.
- Banach(1892-1945, Poland): 현대적인 의미의 함수 해석학의 창시자이며, 위상 벡터 공간, 측도 이론(measure theory), 적분 및 직교 급수(orthogonal series)에 주요한 기여.
- Frobenius(1849-1917, Germany): 선형 미분 방정식의 급수해, 타원 함수, 군 이론(group theory)에 기여.

11장

1계 미분 방정식

11.1 전형적인 1계 미분 방정식

1계 미분 방정식의 가장 일반적인 형태에 대해 그 일반해(general solution)를 먼저 정의한다.

정의 11.1: 일반해

다음과 같은 1계 미분 방정식이 주어졌을 때,

$$f(x,y,y')=0, \tag{11.1}$$

$y=\phi(x)$가 다음을 만족하면 이는 위 미분 방정식의 해이다.

$$f(x,\phi(x),\phi'(x))=0. \tag{11.2}$$

보다 일반적으로 만약 임의의 실수 C에 대해 $y=\phi(x,C)$가 다음 식을 만족하면 $y=\phi(x,C)$는 주어진 미분 방정식의 일반해이다.

$$f(x,\phi(x,C),\phi'(x,C))=0. \tag{11.3}$$

주어진 미분 방정식의 모든 해는 C의 값을 적절히 취함으로써 결정된다.

이 절에서는 다음과 같은 형태의 1계 미분 방정식을 생각하기로 하는데,

$$y' = f(x,y), \tag{11.4}$$

그 해법이 잘 알려진 다음과 같은 네 가지 경우에 대해 고찰한다.

1) **분리형**(separable form)
식 (11.4)의 우변이 다음과 같은 경우,

$$f(x,y) = g(x)h(y), \tag{11.5}$$

식 (11.4)는 다음과 같이 바꾸어 쓸 수 있으므로,

$$\frac{dy}{h(y)} = g(x)\,dx, \tag{11.6}$$

이 식을 적분하여 다음과 같이 해를 얻는다.

$$\int^y \frac{dy}{h(y)} = \int^x g(x)\,dx. \tag{11.7}$$

예를 들어 다음과 같은 미분 방정식이 주어진 경우,

$$y' = -3x^2 e^y, \tag{11.8}$$

$g(x) = -3x^2$, $h(y) = e^y$를 식 (11.7)에 대입하여 다음을 얻고,

$$\int^y e^{-y} dy = -3\int^x x^2\,dx. \tag{11.9}$$

이를 적분하여 다음 결과를 얻으며,

$$e^{-y} = x^3 + C, \tag{11.10}$$

이 식으로부터 다음과 같은 일반해를 얻는다.

$$y = -\ln(x^3 + C). \tag{11.11}$$

2) **0계 동차 방정식**[1](homogeneous equation of degree zero)
보다 일반적으로 n계 동차 함수를 먼저 정의한다.

정의 11.2: n계 동차 방정식

임의의 실수 λ에 대해 다음과 같은 관계를 만족할 때, F는 n계 동차 함수라고 한다.

$$F(\lambda x_1, \lambda x_2, \cdots, \lambda x_n) = \lambda^n F(x_1, x_2, \cdots, x_n). \tag{11.12}$$

따라서 식 (11.4)의 우변이 0계 동차 함수이면 다음 식이 만족되므로,

$$f(\lambda x, \lambda y) = f(x, y), \tag{11.13}$$

$\lambda = \dfrac{1}{x}$을 대입하면 다음을 얻는다.

$$f(x,y) = f\left(1, \frac{y}{x}\right). \tag{11.14}$$

1) 수학에서 homogeneous는 두 가지 뜻으로 쓰인다. 하나는 위에서와 같이 동차의 뜻이고, 또 하나는 방정식의 우변이 영인 경우로 이때는 제차로 번역한다.

종속 변수로 y 대신 $u=\dfrac{y}{x}$를 취하기로 하고, 다음을 고려하여,

$$u'=\frac{y'}{x}-\frac{y}{x^2}=\frac{y'-u}{x}, \tag{11.15}$$

식 (11.4)를 다시 쓰면 다음을 얻는다.

$$xu'+u=f(1,u)=F(u). \tag{11.16}$$

이 식은 분리형이므로 다음을 얻고,

$$\frac{du}{F(u)-u}=\frac{dx}{x}, \tag{11.17}$$

이 식을 적분하여 다음을 얻으며,

$$\int^u \frac{du}{F(u)-u}=\int^x \frac{dx}{x}, \tag{11.18}$$

이 식으로부터 일반해를 얻을 수 있다.

예를 들어 다음과 같은 미분 방정식이 주어진 경우,

$$y'=\frac{y}{x}+3\sqrt{\frac{x}{y}}, \tag{11.19}$$

이 식의 우변에 x 대신 λx, y 대신 λy를 대입하여도 식의 형태에 변화가 없으므로, 0계 동차임을 확인할 수 있으며, $F(u)$를 다음과 같이 얻는다.

$$F=u+\frac{3}{\sqrt{u}}. \tag{11.20}$$

이를 식 (11.18)에 대입하여 다음을 얻고,

$$\frac{1}{3}\int^{u}\sqrt{u}\,du=\int^{x}\frac{dx}{x},\qquad(11.21)$$

이 식을 적분하면 다음을 얻으며,

$$\frac{2}{9}u^{\frac{3}{2}}=\ln x+c,\qquad(11.22)$$

이 식을 u에 대해 정리하여 다음 결과를 얻으므로,

$$u=\left(\frac{9}{2}\ln x+C\right)^{\frac{2}{3}}=\frac{y}{x},\qquad(11.23)$$

다음과 같이 일반해를 얻는다.

$$y=x\left(\frac{9}{2}\ln x+C\right)^{\frac{2}{3}}.\qquad(11.24)$$

3) **완전 미분**(exact differential)

주어진 미분 방정식을 생각하는 것이 아니고, 역으로 만약 다음과 같이 주어진 방정식에서 출발하면,

$$\phi(x,y)=C,\qquad(11.25)$$

이 식을 미분하여 다음을 얻는다.

$$\frac{\partial\phi}{\partial x}dx+\frac{\partial\phi}{\partial y}dy=0.\qquad(11.26)$$

한편, 다음과 같은 형태의 미분 방정식이 주어진 경우,

$$y' = -\frac{P(x,y)}{Q(x,y)} = f(x,y), \tag{11.27}$$

이 식은 다음과 같이 바꾸어 쓸 수 있는데,

$$P(x,y)dx + Q(x,y)dy = 0, \tag{11.28}$$

만약 다음 식이 만족되면

$$\frac{\partial P}{\partial y} = \frac{\partial Q}{\partial x}. \tag{11.29}$$

식 (11.28)은 식 (11.26)과 같은 식으로 볼 수 있다. 이와 같은 경우, 식 (11.27)은 완전 미분형이라고 부르며, 그 해는 다음 식으로 주어진다.

$$\phi(x,y) = \int^x P(x,y)dx + h_1(y) = \int^y Q(x,y)dy + h_2(x) = C. \tag{11.30}$$

물론 여기서 $h_1(y)$와 $h_2(x)$는 적절히 결정되어야 한다.

예를 들어 다음과 같은 미분 방정식이 주어진 경우,

$$y' = -\frac{\sin y}{2y + x\cos y}, \tag{11.31}$$

$P(x,y) = \sin y$, $Q(x,y) = 2y + x\cos y$이므로, 식 (11.29)를 만족하는지 확인하면 다음 결과를 얻는다.

$$\frac{\partial P}{\partial y} = \cos y = \frac{\partial Q}{\partial x}, \tag{11.32}$$

따라서 주어진 자료를 식 (11.30)에 대입하여 다음을 얻고,

$$\phi(x,y) = \int^{x} \sin y\, dx + h_1(y) = \int^{y} (2y + x\cos y)dy + h_2(x), \quad (11.33)$$

이 식을 적분하여 다음 결과를 얻으므로,

$$\phi(x,y) = x\sin y + h_1(y) = y^2 + x\sin y + h_2(x), \quad (11.34)$$

$h_1(y) = y^2$, $h_2(x) = 0$를 취하여 다음과 같이 일반해를 얻는다.

$$\phi(x,y) = x\sin y + y^2 = C. \quad (11.35)$$

4) **적분 인자**(integrating factors)

이 방법은 3)과 관련하여 식 (11.28)과 같이 주어진 미분 방정식이 완전 미분형이 아니더라도,

$$P(x,y)dx + Q(x,y)dy = 0, \quad (11.28)$$

이 식에 적분 인자라고 불리는 x 또는 y만의 함수 μ를 곱한 방정식은 완전 미분형이 되는 경우를 상정한 것이다.

만약 적분 인자 $\mu = \mu(x)$로 가정하면 다음을 얻으며,

$$\frac{\partial(\mu P)}{\partial y} = \mu\frac{\partial P}{\partial y} = \frac{\partial(\mu Q)}{\partial x} = \mu' Q + \mu\frac{\partial Q}{\partial x}, \quad (11.36)$$

이 식을 정리하여 다음을 얻는데,

$$\mu' = \frac{\mu}{Q}\left(\frac{\partial P}{\partial y} - \frac{\partial Q}{\partial x}\right), \quad (11.37)$$

이 식은 분리형이므로 다음을 얻는다.

$$\frac{d\mu}{\mu} = \left(\frac{\partial P}{\partial y} - \frac{\partial Q}{\partial x}\right)\frac{dx}{Q} = h(x)dx, \tag{11.38}$$

여기서 좌변은 x만의 함수이므로, 우변도 x만의 함수가 되어야 하며, 따라서 $h(x,y)$가 아닌 $h(x)$로 쓴 점에 유의한다.

식 (11.38)을 적분하여 다음을 얻으므로,

$$\ln\mu = \int^{x} h(x)dx = H(x), \tag{11.39}$$

결국 다음 결과를 얻는다.

$$\mu(x) = \exp[H(x)] = \exp\left[\int^{x} hdx\right]. \tag{11.40}$$

한편, 만약 적분 인자 $\mu = \mu(y)$로 가정하면 다음을 얻으며,

$$\frac{\partial(\mu P)}{\partial y} = \mu' P + \mu\frac{\partial P}{\partial y} = \frac{\partial(\mu Q)}{\partial x} = \mu\frac{\partial Q}{\partial x}, \tag{11.41}$$

이 식을 정리하여 다음을 얻는데,

$$\mu' = \frac{\mu}{P}\left(\frac{\partial Q}{\partial x} - \frac{\partial P}{\partial y}\right), \tag{11.42}$$

이 식은 분리형이므로 다음을 얻는다.

$$\frac{d\mu}{\mu} = \left(\frac{\partial Q}{\partial x} - \frac{\partial P}{\partial y}\right)\frac{dy}{P} = h(y)dy, \tag{11.43}$$

이 식을 적분하여 다음을 얻으므로,

$$\ln\mu = \int^{y} h(y)dy = H(y), \tag{11.44}$$

결국 다음을 얻는다.

$$\mu(y) = \exp[H(y)] = \exp\left[\int^{y} hdy\right]. \tag{11.45}$$

어떤 경우라 하더라도 적분 인자 μ를 얻으면, 식 (11.30)으로부터 일반해를 다음과 같이 얻는다.

$$\phi(x,y) = \int^{x} \mu P(x,y)dx + h_1(y) = \int^{y} \mu Q(x,y)dy + h_2(x) = C. \tag{11.46}$$

그러므로 이 방법이 적용될 수 있기 위해서는 식 (11.38)로부터 얻는 다음 조건과,

$$\frac{1}{Q}\left(\frac{\partial P}{\partial y} - \frac{\partial Q}{\partial x}\right) = h(x), \tag{11.47}$$

또는 식 (11.43)으로부터 얻는 다음 조건이 만족되어야 함에 유의한다.

$$\frac{1}{P}\left(\frac{\partial Q}{\partial x} - \frac{\partial P}{\partial y}\right) = h(y). \tag{11.48}$$

예를 들어 다음과 같은 일반적인 형태의 1계 선형 미분 방정식이 주어졌다고 하고 그 일반해를 적분 인자를 사용하여 구해 보자.

$$y' + M(x)y = N(x), \tag{11.49}$$

이 식을 바꾸어 쓰면 다음을 얻으므로,

$$(My - N)dx + dy = 0, \tag{11.50}$$

$P(x,y) = My - N$, $Q(x,y) = 1$임을 알 수 있으며, 식 (11.47)로부터 $h = M(x)$를 얻으므로 적분 인자 $\mu = \mu(x)$임을 알 수 있고, 식 (11.46)으로부터 다음을 얻는다.

$$\phi(x,y) = \int^x \mu(My - N)dx + h_1(y) = \mu y + h_2(x). \tag{11.51}$$

그런데 식 (11.37)로부터 $\mu' = \mu M$이므로 이를 이용하여 위 식의 적분 항을 다시 쓰면 다음 결과를 얻는다.

$$\phi(x,y) = \mu y - \int^x \mu N dx + h_1(y) = \mu y + h_2(x). \tag{11.52}$$

따라서 $h_1(y) = 0$, $h_2(x) = -\int^x \mu N dx$로 취하여 다음을 얻고,

$$\phi(x,y) = \mu y - \int^x \mu N dx = C, \tag{11.53}$$

이 식으로부터 일반해를 다음과 같이 얻는다.

$$\begin{aligned} y &= \frac{1}{\mu(x)} \int^x \mu(\xi) N(\xi)\, d\xi \\ &= \exp\left[-\int^x M dx\right] \int^x N(\xi) \exp\left[\int^\xi M(\eta) d\eta\right] d\xi. \end{aligned} \tag{11.54}$$

위에서 상수 C는 적분에 포함되었다.

위에서 고려한 경우들 이외에도 수많은 1계 미분 방정식들의 해가 알려져 있으며, 이에 대해서는 상미분 방정식에 대한 문헌, 예를 들면 [참고문헌 7]을 참조하기 바란다.

한편, 미분 방정식은 정의 11.1에서 고려한 일반해 외에도 다음과 같이 정의되는 특이해(singular solution)를 가질 수 있다.

정의 11.3: 특이해

다음과 같은 1계 미분 방정식이 주어졌을 때,

$$f(x,y,y')=0, \tag{11.1}$$

$\phi(x,y,C)=0$가 위 식을 만족한다고 하자.
만약 다음 두 식에서 C를 소거하여 $\psi(x,y)=0$를 얻을 수 있다면,

$$\phi(x,y,C)=0,\ \frac{\partial\phi}{\partial C}=0, \tag{11.55}$$

$\psi(x,y)=0$는 주어진 문제의 특이해라고 부른다.

위의 정의를 기하학적으로 생각하기 위해 그림 11.1을 생각하자. 위에서 $\phi(x,y,C)=0$는 그림에 보인 바와 같은 1-매개변수 곡선군(one-parameter family)으로 볼 수 있는데, $\psi(x,y)=0$는 그 곡선군의 포락선(envelope)에 상응하며, 포락선 상의 모든 점은 주어진 미분 방정식을 만족하므로 포락선도 당연히 미분 방정식을 만족해야 함을 이해할 수 있다.

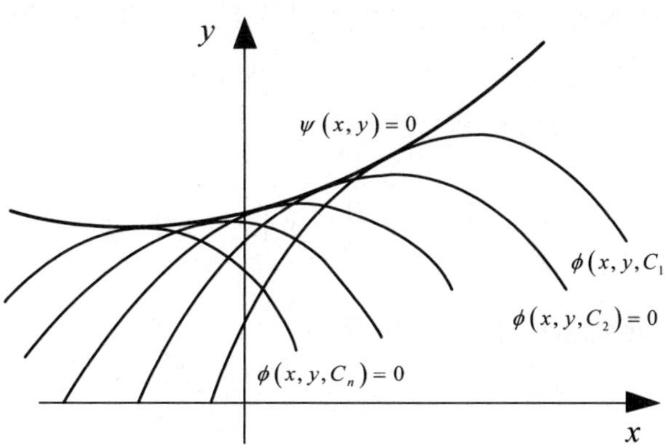

그림 11.1 1-매개변수 곡선군과 포락선

11.2 해의 존재와 유일성

이 절에서는 식 (11.4)와 같은 1계 미분 방정식과 더불어 초기 조건이 주어진 다음과 같은 문제를 생각한다.

$$y' = f(x,y);\ y(a) = b. \tag{11.56}$$

먼저 위의 식을 한 번 적분하면 다음을 얻는다.

$$y(x) = b + \int_a^x f(\xi, y(\xi))d\xi, \tag{11.57}$$

위 식은 $y(x)$에 대한 적분 방정식인데, 적분 방정식의 해가 되기 위해 필요하지 않지만, $y(x)$가 한 번 연속 미분 가능한 것으로 가정하면, 이 식과 식 (11.56)은 등가이다. 따라서 식 (11.56)의 해를 구하는 대신 이 식의 해를 구하는 것도 가능함에 유의한다.

식 (11.56)으로 주어진 문제가 해를 가지는지에 대해 논의하려면 먼저 함수 $f(x,y)$에 대한 어느 정도의 제한이 필요하며, 이를 위해 다음과 같은 정의를 도입한다.

정의 11.4: Lipschitz 조건

폐구간 I 상에 정의된 함수 $f(y)$를 생각한다. I에 속하는 임의의 y_1, y_2에 대해, 만약 다음을 만족하는 상수 C가 존재하면 함수 $f(y)$는 **Lipschitz 조건**(Lipschitz condition)을 만족한다고 한다.

$$|f(y_2) - f(y_1)| \le C|y_2 - y_1| \tag{11.58}$$

여기서 C는 Lipschitz 상수라고 부른다.

이제 식 (11.56)에 보인 문제의 해에 대해 다음과 같은 매우 중요한 정리를 소개한다.

정리 11.1: Picard의 존재 및 유일성 정리

다음과 같이 1계 미분 방정식이 주어졌을 경우,

$$y' = f(x,y);\ y(a) = b, \tag{11.56}$$

위의 문제가 그림 11.2에 보인 영역 D_1에서 유일한 해를 가질 조건은 다음과 같다.

1) $f(x,y)$는 폐영역 D에서 x, y 두 변수에 대해 연속이고, y에 대해서는 Lipschitz 조건을 만족한다.
2) 폐영역 D에서 $|f(x,y)| \le M$일 때, 영역 D_1을 결정하는 h, k는 다음과 같이 결정된다.

$$Mh < k. \tag{11.59}$$

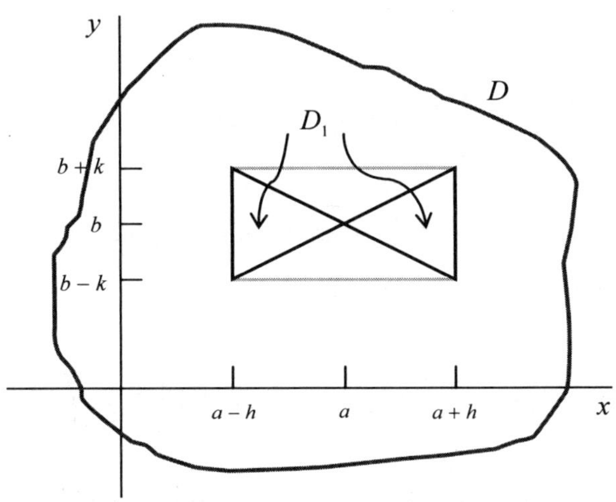

그림 11.2 유일해의 존재 영역

이 정리에 대한 증명은 여러 측면에서 중요한 내용을 포함하고 있으므로 이하에서 소개하기로 한다. 증명은 두 단계로 나누어 이루어지는데, 첫 단계에서는 식 (11.56)의 해가 영역 D_1 내에 존재하는 것을 증명하고, 둘째 단계에서 그 해가 유일함을 보이기로 한다.

먼저 식 (11.56)과 등가인 적분 방정식, 식 (11.57)을 고려하는데, 이 식을 반복자(iterator)로 간주하여 축차 반복법(successive iteration)을 사용하기로 한다. 식 (11.57)로부터 다음과 같은 반복자를 얻는데,

$$y_j(x) = b + \int_a^x f(\xi, y_{j-1}(\xi))d\xi, \qquad j = 1, 2, \cdots, \tag{11.60}$$

여기서 $y_0 = b$로 취한다. 위의 반복자로부터 $j \to \infty$일 때, $y_j \to y$임을 보이기 위하여 다음과 같은 급수를 고려하는데,

$$s(x) = y_0 + [y_1(x) - y_0] + [y_2(x) - y_1(x)] + \cdots, \tag{11.61}$$

이 급수가 $y(x)$로 균일하게 수렴하는 것을 보이면 첫 단계의 준비 작업이 완료된 것으로 볼 수 있다.

식 (11.61)과 관련하여 $|f(x,y)| \le M$을 이용하여 다음을 얻는데,

$$|y_1(x) - y_0| = \left| \int_a^x f(\xi, y_0)d\xi \right| < M|x-a| \le Mh, \tag{11.62}$$

위 식에서 얻은 $|y_1(x) - y_0| < M|x-a|$와, $f(x,y)$가 y에 대해 Lipschitz 조건을 만족하는 것을 이용하여 다음을 얻는다.

$$\begin{aligned} |y_2(x) - y_1(x)| &= \left| \int_a^x \{f(\xi, y_1) - f(\xi, y_0)\}d\xi \right| \le C\int_a^x |y_1(\xi) - y_0|d\xi \\ &\le C\int_a^x M|\xi - a|d\xi = \frac{CM}{2}|x-a|^2 \le \frac{CMh^2}{2}, \end{aligned} \tag{11.63}$$

여기서 C는 Lipschitz 상수이다.

계속하여 비슷한 방법으로 다음을 얻고,

$$|y_3(x)-y_2(x)| = \left|\int_a^x \{f(\xi, y_2)-f(\xi, y_1)\}d\xi\right| \le C\int_a^x |y_2(\xi)-y_1(\xi)|d\xi$$
$$\le C\int_a^x \frac{CM}{2}|\xi-a|^2 d\xi = \frac{C^2M}{3!}|x-a|^3 \le \frac{C^2Mh^3}{3!}, \quad (11.64)$$

일반항에 대해서는 다음을 얻으므로,

$$|y_j(x)-y_{j-1}(x)| = \left|\int_a^x \{f(\xi, y_{j-1})-f(\xi, y_{j-2})\}d\xi\right| \le C\int_a^x |y_{(j-1}(\xi)-y_{j-2}(\xi)|d\xi$$
$$\le C\int_a^x \frac{C^{j-2}M}{(j-1)!}|\xi-a|^{j-1}d\xi = \frac{C^{j-1}M}{j!}|x-a|^j \le \frac{C^{j-1}Mh^j}{j!}, \quad (11.65)$$

결국 위의 식 (11.61)에서 고려한 급수에 대해 다음을 얻는다.

$$|s(x)| \le b + Mh + \frac{CMh^2}{2} + \cdots + \frac{C^{j-1}Mh^j}{j!} + \cdots$$
$$= b + \frac{M}{C}\left(Ch + \frac{C^2h^2}{2!} + \cdots + \frac{C^jh^j}{j!} + \cdots\right) = b + \frac{M}{C}(e^{Ch}-1). \quad (11.66)$$

위 식의 우변은 x의 값에 상관없이 유계(bounded)이므로, 정리 2.9, Weierstrass-M 검사에 의해 s 즉 y_j는 절대, 균일 수렴하며, 각 y_j는 연속이므로, 정리 2.10에 의해 그 극한 함수인 y 또한 연속이다.

이제 위의 극한 함수 $y(x)$가 주어진 미분 방정식을 만족하고, 또 영역 D_1 내에 존재하는 것을 보이기 위해 다음을 생각하자. y_j가 y로 균일 수렴하므로, 임의로 주어진 $\epsilon > 0$에 대해, 충분히 큰 J보다 더 큰 모든 j에 대해 다음이 성립하므로,

$$|y_j - y| \le \frac{\epsilon}{C}, \tag{11.67}$$

결국 다음을 얻으며,

$$|f(x,y_j) - f(x,y)| \le C|y_j - y| \le \epsilon, \tag{11.68}$$

따라서 $f(x,y_j)$도 $f(x,y)$로 균일 수렴한다.

그러므로 $f(x,y_j)$의 균일 수렴을 이용하여 다음을 얻으며,

$$y(x) = \lim_{j\to\infty} y_j(x) = b + \lim_{j\to\infty}\int_a^x f(\xi, y_{j-1})d\xi$$

$$= b + \int_a^x \lim_{j\to\infty} f(\xi, y_{j-1})d\xi = b + \int_a^x f(\xi, y)d\xi, \tag{11.69}$$

정리 1.1, 적분의 기본 정리로부터 극한 함수 y는 주어진 미분 방정식 $y' = f(x,y)$을 만족하는 해이다.

한편 영역 D에서 $|f(x,y)| \le M$임을 이용하여 다음을 얻으므로,

$$|y(x) - b| = \left|\int_a^x f(\xi, y(\xi))d\xi\right| \le M|x-a| < \frac{k}{h}|x-a|, \tag{11.70}$$

결국 위에서 극한 함수로 얻은 해 $y(x)$는 영역 D_1 내에 존재해야만 한다.

이제 두 번째 단계로, 위에서 구한 해가 유일함을 증명하기 위해서는 모순법(method of contradiction)을 사용한다. 만약 또 다른 해를 $Y(x)$라고 하면, $|x-a| \le h$에 대해 다음이 성립하는데,

$$|Y(x) - y(x)| \le 2k, \tag{11.71}$$

이 식을 이용하여 다음을 얻고,

$$|Y(x)-y(x)| = \left|\int_a^x [f(\xi, Y(\xi))-f(\xi, y(\xi))]\,d\xi\right|$$

$$\leq C\left|\int_a^x |Y(\xi)-y(\xi)|\,d\xi\right| \leq 2kC|x-a|, \qquad (11.72)$$

또 이를 반복하여 다음을 얻으며,

$$|Y(x)-y(x)| \leq C\left|\int_a^x |Y(\xi)-y(\xi)|\,d\xi\right| \leq \frac{2kC^2}{2!}|x-a|^2, \qquad (11.73)$$

n 번 반복하여 다음을 얻는다.

$$|Y(x)-y(x)| \leq C\left|\int_a^x |Y(\xi)-y(\xi)|\,d\xi\right|$$

$$\leq \frac{2kC^n}{n!}|x-a|^n \leq \frac{2k(Ch)^n}{n!}. \qquad (11.74)$$

$n \to \infty$일 때, 위 식의 우변은 영으로 수렴하며, 따라서 $Y(x)$는 $y(x)$와 같을 수밖에 없고, 그러므로 해는 유일함을 얻는다.

위의 증명에서는 미분 방정식의 해가 존재함을 보이기 위해 적분 방정식을 반복자로 사용하였는데, 이와 같은 방법은 실제로 수치해를 구할 때도 자주 사용되는 방법이며, 또한 다음 장에서 알게 될 바와 같이 고계의 미분 방정식은 고차원의 벡터 함수에 대한 1계 미분 방정식으로 바꿀 수 있으므로, 고계의 미분 방정식의 해에 대한 존재 및 유일성 정리도 기본적으로는 위의 증명과 동일하다.

유일성에 대한 증명은 모순법을 사용하였는데, 이와 같은 방법은 수학 전반에 걸쳐 유일성을 증명할 때 사용됨에 유의한다. 또한 위에서 증명의 거의 모든 단계에 Lipschitz 조건이 반복적으로 사용된 점에 주목하기 바란다.

11.3 Picard 정리의 일반화

위의 Picard 정리는 함수 공간과 관련하여 보다 더 강력한 정리를 제공하는 실마리가 된다. 먼저 선형 벡터 공간으로 간주한 함수 공간에 대해 두 함수 사이의 거리(distance) 또는 측도(metric)가 정의된 함수 공간, 즉 측도 공간(metric space)을 고려한다. 측도 공간은 다음과 같은 성질을 만족해야 한다.

정의 11.5: 측도 공간(metric space)

정의 2.3에서 생각한 거리 $d(\cdot\,,\cdot)$가 정의된 선형 벡터 공간은 측도 공간이라고 하고, 통상 M으로 표기한다.

거리의 정의, 정의 2.3과 스칼라곱의 정의, 정의 7.7을 비교하여 유사점과 상이점에 대해 잘 음미하기 바란다. 이제 위의 개념들을 이용하여 축약 사상(contraction mapping)을 정의한다.

정의 11.6: 축약 사상

사상 L의 입력과 출력이 닫힌(closed) 측도 함수 공간 M에 속한다고 할 때, M에 속하는 임의의 두 함수 u, v에 대해 다음 식이 성립하면 L은 축약 사상이다.

$$d(Lu, Lv) \leq \alpha\, d(u,v). \tag{11.75}$$

여기서 $\alpha \in [0,1)$인 실수이며, 통상 Lipschitz 상수라고 불린다.

이제 함수 공간의 해석에서 매우 중요한 Banach의 고정점 정리(fixed point theorem)를 소개한다.

정리 11.2: Banach의 고정점 정리

L이 축약 사상이면 다음을 만족하는 함수로 측도 공간 M에 속하는 함수는 오직 하나뿐이다.

$$Lu = u. \tag{11.76}$$

위 식을 만족하는 u는 L의 고정점이라고 한다.

또한 측도 공간 M에 속하는 임의의 함수 u_0에 대해 $u_j = Lu_{j-1}$, $j = 1,2,\cdots$라고 하면 다음이 성립한다.

$$\lim_{j\to\infty} u_j = u. \tag{11.77}$$

이 정리의 증명 또한 매우 시사하는 바가 많으므로 아래에서 보이기로 한다. 이 정리의 증명 과정과 Picard 정리의 증명 과정 사이의 구조적 유사성에 유의하기 바란다.

먼저 위 정리의 후반부를 증명하기 위해 수열 u_j가 코쉬 수열임을 보인다. 수열에 속하는 함수들 사이의 거리에 대해 L이 축약 사상인 점을 이용하여 다음을 보일 수 있다.

$$\begin{aligned} d(u_j, u_{j+1}) &= d(Lu_{j-1}, Lu_j) \le \alpha d(u_{j-1}, u_j) \\ &\le \alpha^2 d(u_{j-2}, u_{j-1}) \le \cdots \le \alpha^j d(u_0, u_1), \end{aligned} \tag{11.78}$$

따라서 임의로 주어진 $\epsilon > 0$에 대해 J가 충분히 크면 다음이 만족됨을 알 수 있다.

$$\alpha^J < \frac{\epsilon(1-\alpha)}{d(u_0, u_1)}. \tag{11.79}$$

이와 같은 J에 대해 $J < j < i$이면, 거리에 대한 삼각형 부등식, 식 (2.7)과, 식

(11.78)의 결과, 그리고 등비 급수의 합에 대한 공식을 이용하여 다음을 보일 수 있으므로,

$$d(u_j,u_i) \leq d(u_j,u_{j+1}) + d(u_{j+1},u_{j+2}) + \cdots + d(u_{i-1},u_i)$$
$$\leq \alpha^j d(u_0,u_1)(1+\alpha+\cdots+\alpha^{i-j-1}) \leq \frac{\alpha^j d(u_0,u_1)}{1-\alpha}, \tag{11.80}$$

위 식에 식 (11.79)를 이용하고, $\alpha^j < \alpha^J$이므로, 결국 다음을 얻는다.

$$d(u_j,u_i) \leq \frac{\alpha^j d(u_0,u_1)}{1-\alpha} \leq \frac{\epsilon(1-\alpha)}{d(u_0,u_1)} \frac{d(u_0,u_1)}{1-\alpha} = \epsilon. \tag{11.81}$$

다시 말하면 수열 u_j가 코쉬 수열임을 보였고, 따라서 정리 2.1, 코쉬 수렴 정리에 의해 수열 u_j는 수렴한다. 수열 u_j의 극한점을 v라고 하면, L이 축약 사상인 점을 이용하여, $j \to \infty$일 때 다음을 얻으므로,

$$0 \leq d(u_{j+1},Lv) = d(Lu_j,Lv) \leq \alpha d(u_j,v) \to 0, \tag{11.82}$$

결국 다음을 얻으며,

$$v = \lim_{j\to\infty} u_{j+1} = Lv. \tag{11.83}$$

그러므로 $v=u$를 얻는다.

다음으로 위에서 구한 u가 식 (11.76)을 만족하는 유일한 함수인 것을 보이기 위해서는 역시 모순법을 사용한다.

또 다른 함수 w가 식 (11.76)을 만족한다면, 고정점의 성질과 L이 축약 사상인 점을 이용하여 다음을 얻는다.

$$0 \leq d(w,v) = d(Lw,Lv) \leq \alpha d(w,v) = 0. \tag{11.84}$$

여기서 마지막 등호는 $\alpha \in [0,1)$인 사실로부터 얻으며, 결국 $w=v$임을 얻고, 따라서 고정점 u는 유일하다.

위의 고정점 정리를 사용하여 Picard 정리를 얻기 위해서는 식 (11.57)의 우변을 다음과 같이 사상 L의 y에 대한 출력, Ly로 정의하고,

$$Ly = b + \int_a^x f(\xi, y)d\xi, \tag{11.85}$$

L이 축약 사상인 점을 보이면, 식 (11.57)은 $Ly=y$이므로 결국 y는 L의 고정점이 되어 주어진 미분 방정식, 식 (11.56)의 유일한 해가 됨을 고정점 정리에 의해 얻는다.

예를 들어, 한 번 연속 미분 가능한 함수들의 집합으로 이루어진 C_1을 생각하고, 이에 속하는 두 함수 사이의 거리를 D에 속하는 모든 x에 대해 $|u-v|$의 최대값, 즉 다음과 같이 정의하자.

$$d(u,v) = \max_x |u-v|, \tag{11.86}$$

물론 위의 정의가 정의 2.3, 거리의 정의를 만족하는지 쉽게 보일 수 있다. 그러면 $f(x,y)$가 y에 대해 Lipschitz 조건을 만족하는 것을 이용하여 다음 결과를 얻으며,

$$\begin{aligned} d(Lu, Lv) &= \max_x \left| \int_a^x \{f(\xi,u) - f(\xi,v)\} d\xi \right| \\ &\le C \max_x \int_a^x |u-v| d\xi \le Ch \max_x |u-v| = Chd(u,v), \end{aligned} \tag{11.87}$$

명백히 주어진 C에 대해 $h < \dfrac{1}{C}$로 취할 수 있으므로, $\alpha = Ch \in [0,1)$을 얻고, 따라서 L은 $|x-a| < h$인 구간에서 축약 사상임을 알 수 있다. Lipschitz 조건이 L이 축약 사상임을 증명하는데 역시 결정적인 역할을 하는 것에 유의한다.

수학자들의 소개

- Lipschitz(1832-1903, Germany): 1계 미분 방정식과 대수적 수론에 기여.

연습문제

1. 다음과 같은 분리형의 미분 방정식의 일반해를 구하시오.

1) $y' = e^{x+2y}$, 2) $y' = \dfrac{ky}{x}$, 3) $y' = \dfrac{ky\ln x}{x}$, 4) $y' = (y^2 - y)e^x$.

2. 다음과 같은 0계 동차 방정식인 미분 방정식의 일반해를 구하시오.

1) $y' = \dfrac{2y - x}{y - 2x}$, 2) $y' = -2 + \dfrac{y}{x}$, 3) $y' = \dfrac{xy + 2y^2}{x^2}$,

4) $y' = -\dfrac{y^2}{x^2 + xy + y^2}$.

3. 다음과 같은 완전 미분형의 미분 방정식의 일반해를 구하시오.

1) $(\sin y - x)dy - (e^x + y)dx = 0$, 2) $(y - 2x)dy - (2y - x)dx = 0$,

3) $e^y dx + (xe^y - 1)dy = 0$, 4) $(x + 2y)dx + (y + 2x)dy = 0$.

4. 다음 미분 방정식에 대한 적분 인자를 얻고(필요하면) 일반해를 구하시오.

1) $dx + (x - e^{-y})dy = 0$, 2) $3ydx + dy = 0$,

3) $xdy + (y + e^x)dx = 0$, 4) $(x^2 - y^2)dy = 2xydx$.

5. 다음과 같은 1계 선형 미분 방정식의 일반해를 구하시오.

   1) $y'\tan x - 2y = 4$, 2) $y' - 2xy = 1$,

   3) $xy' + y = x\sin 2x$, 4) $y' + 4y = x$.

6. 다음 미분 방정식은 Jakob Bernoulli(1645-1705, Switzerland)를 따라 베르누이 방정식(Bernoulli equation)이라고 부른다.

$$y' + M(x)y = N(x)y^{\alpha}.$$

   여기서 α는 실수인 상수이다.

   1) $\alpha = 0$ 또 $\alpha = 1$인 경우에 대한 일반해를 구하시오.

   2) $\alpha \neq 0,\ 1$일 때, $v = y^{1-\alpha}$의 치환에 의해 위의 식이 선형 미분 방정식으로 바뀌는 것을 보이시오.

   3) 위의 방법을 사용하여 $y' = y - y^6$의 일반해를 구하시오.

   4) 같은 방법으로 $x^2y' - xy = 2y^2$의 일반해를 구하시오.

7. 다음 미분 방정식은 d'Alembert-Lagrange 방정식(d'Alembert-Lagrange equation)이라고 부른다.

$$y = xf(p) + g(p),$$

   여기서 $p = y'$이다.

   1) 위의 식을 x에 대해 한 번 미분하여 다음과 같은 $x(p)$에 대한 1계 선형 미분 방정식을 얻으시오.

$$\frac{dx}{dp} - \frac{f'(p)}{p - f(p)} x = \frac{g'(p)}{p - f(p)},$$

단 여기서 $f(p) \neq p$이다.

2) 만약 p_0가 $f(p)$의 고정점이면, 즉 $f(p_0) = p_0$이면, d'Alembert-Lagrange 방정식은 $y = xp_0 + g(p_0)$의 선형해(linear solution)를 가짐을 보이시오.

3) $(y')^4 + xy' = y - x$의 일반해를 구하시오.

8. d'Alembert-Lagrange 방정식의 특별한 경우, $f(p) = p$인 다음 방정식은 Clairaut 방정식(Clairaut equation)으로 부른다.

$$y = xp + g(p).$$

1) 위의 식을 x에 대해 한 번 미분하여, Clairaut 방정식에 대한 해를 구하시오.

2) $y = xp + p^2$의 해를 모두 구하고, 그 해들을 xy-평면에 스케치 하시오. 초기 조건 $y(0) = -1$을 만족하는 해를 구하시오.

3) $y - xp = -e^p$의 해를 모두 구하시오.

9. 다음 미분 방정식은 Riccati 방정식(Riccati equation)이라고 부른다.

$$y' = a_1(x) + a_2(x)y + a_3(x)y^2.$$

1) 만약 $y = Y(x)$가 위 방정식을 만족한다면, $v(x) = \dfrac{1}{y - Y}$가 만족하는 1계 선형 미분 방정식을 구하시오.

2) $y' = 1+(y-x)^2$의 일반해를 구하시오. 단 $y = x$가 이 방정식의 해임을 이용하시오.

3) $y' = 1-y^2$의 일반해를 구하시오. 단 $y = 1$이 이 방정식의 해임을 이용하시오.

10. 11.2절에서 논의한 바와 같이, 주어진 미분 방정식과 등가인 적분 방정식을 반복자로 사용하면 주어진 미분 방정식에 대한 근사해를 구할 수 있다. 이와 같은 방법을 **Picard 반복법**(Picard iteration method)이라고 부르는데, 다음 방정식들에 대해 3번의 반복을 통해 근사해를 구하고 그들과 엄밀해(exact solution)를 비교하시오.

1) $y' = 1+y,\ y(0) = 0,$

2) $y' = 2y,\ y(0) = 1,$

3) $y' = y^2,\ y(0) = 1,$

4) $y' = \sin x,\ y(0) = 2.$

12장

고계 비선형 미분 방정식

12.1 비선형 방정식의 해

예를 들어 다음과 같이 비선형 2계 미분 방정식과 더불어 초기 조건이 주어졌다고 하자.

$$\ddot{x} + k\sin x = F_0 \sin\omega t;\ x(0) = 3,\ \dot{x}(0) = 1. \tag{12.1}$$

만약 다음과 같은 정의를 도입하면,

$$x_1 = x,\ x_2 = \dot{x}, \tag{12.2}$$

식 (12.1)은 다음과 같이 바꾸어 쓸 수 있다.

$$\dot{x}_1 = x_2;\ x_1(0) = 3, \tag{12.3}$$

$$\dot{x}_2 = -k\sin x_1 + F_0 \sin\omega t;\ x_2(0) = 1, \tag{12.4}$$

이제 다음과 같이 벡터 $\underline{x}$, $\underline{f}$, $\underline{c}$를 정의하면,

$$\underline{x} = \begin{pmatrix} x_1 \\ x_2 \end{pmatrix},\ \underline{f} = \begin{pmatrix} x_2 \\ -k\sin x_1 + F_0 \sin\omega t \end{pmatrix},\ \underline{c} = \begin{pmatrix} 3 \\ 1 \end{pmatrix}, \tag{12.5}$$

위의 식 (12.3), (12.4)는 다음과 같이 쓸 수 있다.

$$\dot{\underline{x}} = \underline{f}(\underline{x},t);\ \underline{x}(0) = \underline{c}. \tag{12.6}$$

위 식에서 만약 $\underline{f}$가 t의 양함수(explicit function)가 아니면, 위의 문제는 자립적(autonomous)이라고 한다. 위의 문제에서 만약 $x_3 = t$로 놓으면, 식 (12.6) 대신에 다음과 같은 자립적인 문제를 얻는다.

$$\dot{\underline{x}} = \underline{f}(\underline{x}) \Leftrightarrow \begin{pmatrix} \dot{x}_1 \\ \dot{x}_2 \\ \dot{x}_3 \end{pmatrix} = \begin{pmatrix} x_2 \\ -k\sin x_1 + F_0 \sin \omega x_3 \\ 1 \end{pmatrix};\ \begin{pmatrix} \dot{x}_1(0) \\ \dot{x}_2(0) \\ \dot{x}_3(0) \end{pmatrix} = \begin{pmatrix} 3 \\ 1 \\ 0 \end{pmatrix}, \tag{12.7}$$

위 식에 보인 바와 같은 자립적 미분 방정식에 대해 해의 존재 및 유일성에 대한 정리를 소개하기 위해 선형 벡터 공간에 대해 벡터의 정준, 또는 크기(norm)를 먼저 정의한다({문제 7-1} 참조). 벡터의 크기는 다음과 같은 성질을 가져야 한다.

정의 12.1: 벡터의 크기와 정준 벡터 공간(normed vector space)

선형 벡터 공간 R에 속한 벡터 $\underline{x}$의 크기 $\|\cdot\|$는 임의의 스칼라 α, R에 속한 임의의 벡터 $\underline{y}$에 대해 다음을 만족해야 한다.

1) $\|\underline{x}\| \geq 0$, $\|\underline{x}\| = 0 \Leftrightarrow \underline{x} = \underline{0}$, 양정성,
2) $\|\alpha \underline{x}\| = |\alpha| \|\underline{x}\|$, 숫자곱에 대한 분배성,
3) $\|\underline{x} + \underline{y}\| \leq \|\underline{x}\| + \|\underline{y}\|$, 삼각형 부등식.

크기가 정의된 선형 벡터 공간은 정준(定準) 벡터 공간이라고 하며 통상 V로 표기한다.

정의 2.3에서 거리를 정의하였는데, 크기가 정의된 정준 벡터 공간에 대해 두 벡터 $\underline{x}$, $\underline{y}$ 사이의 거리를 다음과 같이 두 벡터의 차의 크기로 정의하자.

$$d(\underline{x},\underline{y}) = \| \underline{x}-\underline{y} \| , \tag{12.8}$$

그러면, 이 정의가 거리가 만족해야 하는 세 조건, 대칭성, 양정성, 삼각형 부등식을 모두 만족하는 것을 쉽게 보일 수 있으므로, 위와 같이 거리가 정의된 정준 벡터 공간 V는 측도 공간임을 알 수 있으며, V에 대해서는 정의 2.5에서 생각한 근방 $N(x_0,R)$의 개념을 그대로 사용할 수 있다.

한편, 정의 7.7에서 스칼라곱을 정의하고, 정의 7.9에서 벡터의 길이(length)를 정의하였는데, 식 (7.19)로 정의된 벡터의 길이는 위의 정의 12.1에서 정의한 벡터의 크기(norm)가 만족해야 하는 성질을 모두 만족하는 것을 쉽게 보일 수 있다. 그러므로 실수 유클리드 공간은 정준 벡터 공간이며, 정준 벡터 공간은 실수 유클리드 공간과 많은 성질을 공유한다. 단 정준 벡터 공간에서는 스칼라곱을 정의하지 않고, 벡터의 크기만을 정의하므로, 두 벡터 사이의 각도, 나아가 직교성 등에 대해서는 논의할 여지가 없어 유클리드 공간에 대해서 와는 매우 다른 기하학적 논의를 진행해야 한다.

이하에서는 거리가 식 (12.8)처럼 정의된 n차원 정준 벡터 공간 V_n에 대해 고려하며, 벡터 $\underline{x}$의 크기 $\| \underline{x} \|$는 예를 들어 다음과 같이 정의한다[1].

$$\| \underline{x} \| = \sum_{j=1}^{n} |x_j| . \tag{12.9}$$

위의 정의가 정의 12.1의 세 가지 성질을 만족하는 것을 쉽게 보일 수 있다.

주어진 고계 미분 방정식을 식 (12.7)과 같이 자립적 n차원 벡터 1계 미분 방정식으로 바꾸어 썼다고 가정하면, 11장의 정리 11.1, Picard 정리(Picard theorem)와 매우 유사한 다음 정리를 증명할 수 있다.

---

1) 이 크기는 택시-정준(taxicab norm)으로 알려져 있으며, 예를 들어, $n=2$인 경우, 사각형 블록으로 나누어진 대도시에서 택시가 가야하는 거리와 위의 정의가 개념적으로 유사한 것에 기인하여 이와 같이 불린다.

정리 12.1: 고계 미분 방정식에 대한 Picard 정리

거리가 정의된 n차원 정준 벡터 공간 V_n에 속하는 벡터 함수 $\underline{x}(t)$에 대해 다음과 같은 자립적 미분 방정식이 주어졌을 때,

$$\dot{\underline{x}} = \underline{f}(\underline{x});\ \underline{x}(0) = \underline{c}, \tag{12.10}$$

위 식을 만족하는 유일한 $\underline{x}(t)$가 $t \in (0,h)$, $N(\underline{c},k)$ 안에 존재하기 위한 조건은 다음과 같다.

1) $\underline{f}(\underline{x})$는 $N(\underline{c},k)$에서 연속이고, 다음과 같은 Lipschitz 조건을 만족한다.

$$\| \underline{f}(\underline{y}) - \underline{f}(\underline{x}) \| \le C \| \underline{y} - \underline{x} \|, \tag{12.11}$$

여기서 $\underline{x}$, $\underline{y}$는 $N(\underline{c},k)$에 속하는 임의의 벡터이고, C는 Lipschitz 상수이다.
2) $N(\underline{c},k)$에서 $\| \underline{f}(\underline{x}) \| < M$일 때, 다음 식으로 h, k가 결정된다.

$$Mh < k. \tag{12.12}$$

위의 해는 다음과 같은 적분 방정식을 반복자로 하여 얻어지는데,

$$\underline{x}_j(t) = \underline{c} + \int_0^t \underline{f}\left[\underline{x}_{j-1}(\tau)\right] d\tau,\ j = 1, 2, \cdots, \tag{12.13}$$

여기서 $\underline{x}_0(t) = \underline{c}$로 취하고, 결국 해는 다음 식으로 주어진다.

$$\underline{x}(t) = \lim_{j \to \infty} \underline{x}_j(t). \tag{12.14}$$

사실 정리 11.2, Banach의 고정점 정리를 위에서 생각하는 n차원 정준 벡터 공간 V_n에 적합하게 용어와 정의만 바꾸면 그대로 성립하므로, 위의 정리를 따로 증명할 이유는 없을 것이다.

다음으로 Picard **반복법**을 적용하여 식 (12.7)에 주어진 문제의 근사해를 구해 보기로 한다. $\underline{x}_0(t) = \underline{c}$를 식 (12.13)에 대입하여 다음을 얻는데,

$$\underline{x}_1(t) = \underline{c} + \int_0^t \underline{f}\left[\underline{x}_0(\tau)\right] d\tau = \begin{pmatrix} 3 \\ 1 \\ 0 \end{pmatrix} + \int_0^t \begin{pmatrix} 1 \\ -k\sin 3 \\ 1 \end{pmatrix} d\tau, \tag{12.15}$$

벡터 $\underline{x}$의 성분 x_2와 반복의 횟수를 나타내는 $\underline{x}_2$의 혼동을 피하기 위해 $y(t) = x_2(t)$라고 하고, 성분 별로 위 식을 쓰면 다음을 얻는다.

$$x(t) = 3 + t,\ y(t) = 1 - (k\sin 3)t,\ t = t. \tag{12.16}$$

이 결과를 식 (12.13)에 다시 대입하여 다음 결과를 얻으며,

$$\underline{x}_2(t) = \underline{c} + \int_0^t \underline{f}\left[\underline{x}_1(\tau)\right] d\tau = \begin{pmatrix} 3 \\ 1 \\ 0 \end{pmatrix} + \int_0^t \begin{pmatrix} 1 - (k\sin 3)\tau \\ -k\sin(3+\tau) + F_0 \sin\omega\tau \\ 1 \end{pmatrix} d\tau, \tag{12.17}$$

성분 별로 위 식을 다시 쓰면 다음을 얻는다.

$$x(t) = 3 + t - (k\sin 3)\frac{t^2}{2}, \tag{12.18}$$

$$y(t) = 1 + k\{\cos(3+t) - \cos 3\} - \frac{F_0}{\omega}(\cos\omega t - 1),\ t = t. \tag{12.19}$$

한 번만 더 반복하면, 위 결과를 식 (12.13)에 대입하여 다음을 얻고,

$$\underline{x}_3(t) = \underline{c} + \int_0^t \underline{f}\left[\underline{x}_2(\tau)\right] d\tau,$$

$$= \begin{pmatrix} 3 \\ 1 \\ 0 \end{pmatrix} + \int_0^t \begin{pmatrix} 1 + k\{\cos(3+\tau) - \cos 3\} - \dfrac{F_0}{\omega}(\cos\omega\tau - 1) \\ -k\sin\left\{3 + \tau - (k\sin 3)\dfrac{\tau^2}{2}\right\} + F_0 \sin\omega\tau \\ 1 \end{pmatrix} d\tau, \qquad (12.20)$$

$x(t)$만 따로 다시 쓰면 다음을 얻는다.

$$x(t) = 3 + t + k\{\sin(3+t) - \sin 3 - (\cos 3)t\} + \frac{F_0}{\omega}\left(t - \frac{\sin\omega t}{\omega}\right). \qquad (12.21)$$

이 결과는 만약 $k=0$이면, 엄밀해(exact solution)와 동일함에 유의한다.

위 식 우변의 중괄호 안의 양은 첫 번째 항을 $t=0$에 대해 테일러 전개하여 정리하면 다음을 얻으므로,

$$\sin(3+t) - \sin 3 - (\cos 3)t = (\sin 3)\frac{t^2}{2} + (\cos 3)\frac{t^3}{3!} - \cdots, \qquad (12.22)$$

식 (12.18)의 $x(t)$와 비교하여 $O(t^3)$의 보정이 도입된 점에 유의한다.

12.2 대표적인 비선형 방정식의 해

그림 12.1에 단진자(simple pendulum)를 보였다. 단진자의 운동은 질점의 위치가 수직선으로부터 반 시계 방향으로 잰 각도 θ가 알려지면 유일하게 결정되므로, 1-자유도계이다.

질점의 질량을 m, 진자의 길이를 l, 중력 가속도를 g라고 하고, 극 좌표계를 사용하여 질점의 원주 방향 운동 방정식을 구하면 [참고문헌 6]에 보인 바와 같이 다음을 얻는데,

$$ml\ddot{\theta}+mg\sin\theta=0, \tag{12.23}$$

이 식을 ml로 나누어 주고, $\omega_n^2=\dfrac{g}{l}$로 정의하면, 다음을 얻는다.

$$\ddot{\theta}+\omega_n^2\sin\theta=0. \tag{12.24}$$

이 방정식은 명백히 비선형 2계 미분 방정식인데, $\theta \ll 1$인 경우에는 $\sin\theta \simeq \theta$의 근사를 도입하여 선형 미분 방정식으로 다룰 수 있다. 1638년 발표된 유명한 갈릴레오(Galileo)의 진자의 **등시성**(isochronism)은 바로 이와 같은 근사에 근거하고 있다. 즉 질점의 초기 위치 θ_0에 관계없이 단진자의 주기는 l이 정해 지면, 항상 일정하다는 결론을 얻을 수 있다.

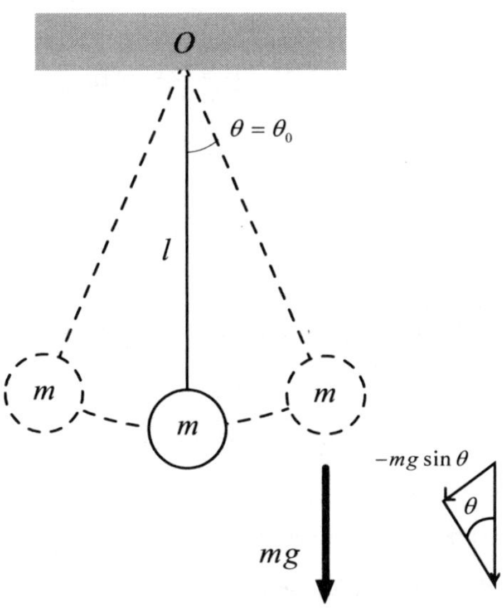

그림 12.1 단진자

위의 방정식, 식 (12.24)는 비선형 미분 방정식의 해법에 대단히 큰 영향을 준 문제이며, 역학 문제의 해결에 있어 에너지의 개념과 그 개념의 활용을 크게 촉진한 바 있는데, 역학과 관련된 부분은 [참고문헌 6]으로 미루기로 하고, 여기서는 주로 수학적인 견지에서 다루기로 한다.

식 (12.24)를 풀기 위해, 먼저 식의 양변에 $\dot{\theta}$을 곱하면 다음을 얻는데,

$$\dot{\theta}\ddot{\theta}+\omega_n^2\dot{\theta}\sin\theta=0, \tag{12.25}$$

이 식은 다음과 같이 바꾸어 쓸 수 있으므로,

$$\frac{d}{dt}\left(\frac{1}{2}\dot{\theta}^2-\omega_n^2\cos\theta\right)=0, \tag{12.26}$$

다음 결과를 얻는다.

$$\frac{1}{2}\dot{\theta}^2-\omega_n^2\cos\theta=C, \tag{12.27}$$

여기서 C는 초기 조건으로부터 결정되는 적분 상수이다.

초기 조건을 다음과 같다고 하면,

$$\theta(0)=\theta_0,\ \dot{\theta}(0)=0, \tag{12.28}$$

C의 값을 정한 후, 결과를 $\dot{\theta}$에 대해 정리하여 다음을 얻는다.

$$\dot{\theta}=\pm\,\omega_n\sqrt{2(\cos\theta-\cos\theta_0)}\,. \tag{12.29}$$

이 결과는 운동 방정식을 한 번 적분하여 얻은 것이므로 문제의 해로 볼 수도 있는데, 질점의 각속도를 각변위의 함수로 얻었다.

물론 위 식은 분리형이므로 한 번 더 적분할 수 있으며, 적분을 수행하면 θ가 $-\theta_0$

의 값을 가지기 전까지 적용할 수 있는 다음 결과를 얻는다.

$$-\int_{\theta_0}^{\theta}\frac{d\theta}{\sqrt{2(\cos\theta-\cos\theta_0)}}=\omega_n t. \tag{12.30}$$

이 식은 t가 θ의 함수로 얻어진 형태인데, θ를 t의 함수로 해를 구하는 것이 일반적이지만, $\theta(t)$ 대신에 $t(\theta)$를 얻었다고 해서 문제의 해를 구하지 않았다고 얘기할 수는 없다. 더구나 $t(\theta)$의 역함수를 구할 수 있다면 당연히 일반적인 의미에서의 해를 구한 것이 될 것이다.

한편, 단진자의 주기 T를 구하는 것이 우리의 우선적인 관심사라면, 식 (12.30) 좌변 적분의 상한을 0으로 택하면 이는 $t=\frac{T}{4}$에 상응하므로, 다음 결과를 얻는다.

$$T=\frac{4}{\sqrt{2}\,\omega_n}\int_0^{\theta_0}\frac{d\theta}{\sqrt{\cos\theta-\cos\theta_0}}. \tag{12.31}$$

이 식의 우변의 적분을 통상 우리가 많이 사용하는 적분으로 바꾸기 위해 다음과 같은 치환을 적용하면,

$$\sin\frac{\theta}{2}=\sin\frac{\theta_0}{2}\sin\phi\equiv\alpha\sin\phi, \tag{12.32}$$

피적분 함수의 분모 제곱근 안의 양을 다음과 같이 쓸 수 있으므로,

$$\cos\theta-\cos\theta_0=2\alpha^2(1-\sin^2\phi)=2\alpha^2\cos^2\phi, \tag{12.33}$$

결국 다음을 얻는다.

$$T=\frac{4}{\omega_n}\int_0^{\frac{\pi}{2}}\frac{d\phi}{\cos\frac{\theta}{2}}=\frac{4}{\omega_n}\int_0^{\frac{\pi}{2}}\frac{d\phi}{\sqrt{1-\alpha^2\sin^2\phi}}\equiv\frac{4}{\omega_n}K(\alpha). \tag{12.34}$$

여기서 $K(\alpha)$는 마지막 적분으로 정의된 양이며, 그림 12.2에 보였고, 통상 제1종 완전 타원 적분(complete elliptic integral of the first kind)으로 불린다.

$K(\alpha)$를 근사적으로 구하기 위해 테일러 급수로부터 얻는 다음 관계를 이용하면,

$$\frac{1}{\sqrt{1-\epsilon}} = 1 + \frac{\epsilon}{2} + \frac{3\epsilon^2}{8} + \cdots, \tag{12.35}$$

다음과 같은 근사식을 얻고,

$$K(\alpha) = \frac{\pi}{2}\left(1 + \frac{\alpha^2}{4} + \frac{9\alpha^4}{64} + \cdots\right), \tag{12.36}$$

이를 식 (12.34)에 대입한 후, $\frac{2\pi}{\omega_n} \equiv T_0$가 선형 이론에 의한 주기인 점을 고려하여 다음 결과를 얻는다.

$$T = T_0\left(1 + \frac{\alpha^2}{4} + \frac{9\alpha^4}{64} + \cdots\right). \tag{12.37}$$

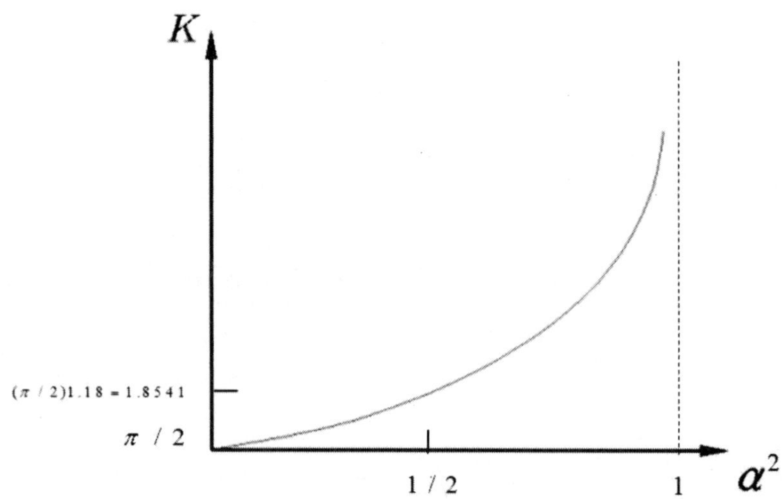

그림 12.2 제1종 완전 타원 적분

이 식에 따르면 극단적인 경우, 즉 $\theta_0 = \dfrac{\pi}{2}$이면, $\alpha^2 = \dfrac{1}{2}$을 대입하여 다음을 얻으므로,

$$T = T_0\left(1 + \frac{1}{8} + \frac{9}{256} + \cdots\right), \tag{12.38}$$

주기는 T_0에 비해 근사적으로 17.2 %(보다 정확하게는 18 %) 증가하는 것을 알 수 있다.

한편, $\theta_0 \ll 1$인 경우에는 $\alpha^2 \simeq \dfrac{\theta_0^2}{4} - \dfrac{\theta_0^4}{48}$로 볼 수 있으므로 이를 식 (12.37)에 대입하여 다음과 같은 근사를 얻는다.

$$T = T_0\left(1 + \frac{\theta_0^2}{16} + \frac{11\theta_0^4}{3072} + \cdots\right). \tag{12.39}$$

$\theta_0 = 10^\circ$인 경우에는 $\theta_0^2 = 3.046 \times 10^{-2}$이고, 위의 식 (12.39)에서 첫 번째 보정항이 0.19×10^{-2}이므로, T_0와 비교하여 0.2 %의 차이밖에 나지 않음을 알 수 있다.

위와 같은 해가 알려지면서 비선형 문제의 해를 구하는데 독립 변수와 종속 변수의 역할을 바꾸어 역함수를 구하는 시도가 활발히 진행되었고, 이와 관련하여 많은 특수 함수들이 정의되었다.

한편, 제1종 타원 적분 $F(\alpha, \phi)$는 단진자의 운동 양태와 관련하여, 제2종 타원 적분 $E(\alpha, \phi)$는 타원의 둘레의 길이와 관련하여, 또 보다 일반적인 경우에 대한 특수 함수로 제3종 타원 적분 $\Pi(n, \alpha, \phi)$도 정의되었다. 이들의 정의는 아래와 같으며,

$$F(\alpha, \phi) = \int_0^\phi \frac{d\phi}{\sqrt{1 - \alpha^2 \sin^2\phi}}, \tag{12.40}$$

$$E(\alpha, \phi) = \int_0^\phi \sqrt{1 - \alpha^2 \sin^2\phi}\, d\phi, \tag{12.41}$$

$$\Pi(n,\alpha,\phi)=\int_0^{\phi}\frac{d\phi}{(1+n\sin^2\phi)\sqrt{1-\alpha^2\sin^2\phi}}, \tag{12.42}$$

여기서 $K(\alpha)=F\left(\alpha,\frac{\pi}{2}\right)$는 제1종 완전 타원 적분, $E(\alpha)\equiv E\left(\alpha,\frac{\pi}{2}\right)$는 제2종 완전 타원 적분으로 각각 불린다.

이 외에도 위상 평면 해석, 섭동법과 관련하여 많은 비선형 방정식의 해들의 특성이 알려져 있으며, 전자에 대해서는 [참고문헌 8], 후자에 대해서는 [참고문헌 9]와 같은 보다 전문적인 서적을 각각 참조하기 바란다.

12.3 비선형 방정식에 대한 대표적인 알고리듬

아래에서는 비선형 문제를 풀 때 가장 많이 사용하는 두 가지 알고리듬, 즉 축차 근사법(successive approximation)과 뉴턴 방법에 대해 알아보기로 한다. 다음과 같은 형태의 방정식이 주어졌다고 할 때,

$$g(x)=0, \tag{12.43}$$

위 식을 만족하는 x는 근(root) 또는 해(solution)라고 한다.

1) 축차 근사법

먼저 위 문제를 다음과 같은 반복자(iterator)의 원형(prototype)으로 바꿀 수 있으면,

$$x=f(x), \tag{12.44}$$

식 (12.43)의 근을 구하는데 위 식을 반복자로 취하여 다음을 얻는다.

$$x_{j+1}=f(x_j),\ j=0,1,\cdots. \tag{12.45}$$

여기서 x_0는 적절히 취한다.

위 식을 사용할 때 발생하는 오차(error)에 대해 생각하면, 먼저 정리 2.12, 미분의 중간값 정리에 의해 다음을 얻고,

$$x_{j+1} = f(x) + f'(\xi_j)(x - x_j) = x + f'(\xi_j)(x - x_j),\ \xi_j \in [x_j, x], \quad (12.46)$$

오차는 다음 관계를 만족하므로,

$$e_{j+1} \equiv x_{j+1} - x = f'(\xi_j)(x - x_j) = -f'(\xi_j)e_j, \quad (12.47)$$

위의 방법을 사용하여 수렴하는 결과를 얻기 위해서는 다음 조건이 만족되어야 한다.

$$|f'(\xi_j)| < 1. \quad (12.48)$$

이 조건이 만족되어 수렴하는 경우, j가 하나씩 증가할 때마다 e_{j+1}이 e_j에 비례하여 감소하므로, 수렴도(rate of convergence)는 1차(first order)라고 한다.

2) **뉴턴 방법**[2)]

준선형화(quasi-linearization)라고도 불리는 이 방법에서는 먼저 주어진 함수 $y = g(x)$를 x_j 부근에서 다음과 같이 직선으로 근사하고,

$$y = g(x_j) + g'(x_j)(x - x_j), \quad (12.49)$$

$x = x_{j+1}$에서 $y = 0$가 만족되는 것으로 보아, 반복자를 위 식으로부터 다음과 같이 얻는다[그림 12.3 참조].

---

2) 수치 적분에 사용되는 식 (1.9)의 심프슨 규칙은 뉴턴에게서 심프슨이 배운 것이며, 비선형 방정식의 해를 구하는 이 방법은 실제로 심프슨이 최초로 제안한 것이지만 뉴턴 방법(Newton's method)이라고 불린다.

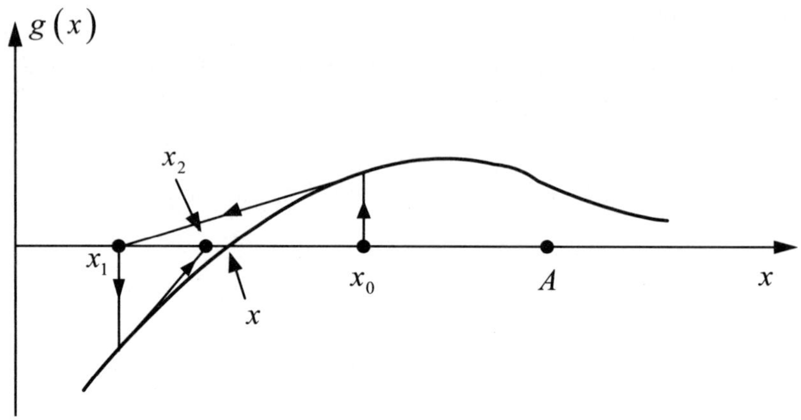

그림 12.3 뉴턴 방법

$$x_{j+1}=x_j-\frac{g(x_j)}{g'(x_j)},\ j=0,1,\cdots. \tag{12.50}$$

여기서 x_0는 적절히 취한다.

위와 같은 방법을 사용할 때의 오차에 대해 생각하기 위해 위의 식을 변형하여 얻는 다음 식을 생각한다.

$$(x_{j+1}-x_j)g'(x_j)=-g(x_j). \tag{12.51}$$

이 식의 $g'(x_j)$와 $g(x_j)$를 구하고자 하는 근 x에 대해 테일러 전개하면 다음을 얻는데,

$$\begin{aligned}&(x_{j+1}-x_j)\{g'(x)+g''(x)(x_j-x)+\cdots\}\\&\quad=-\left\{g(x)+g'(x)(x_j-x)+\frac{g''(x)}{2}(x_j-x)^2+\cdots\right\},\end{aligned} \tag{12.52}$$

위 식의 우변에 $g(x)=0$을 대입한 후, 오차의 정의를 사용하면 다음을 얻는다.

$$(e_{j+1}-e_j)\{g'(x)+g''(x)e_j+\cdots\}=-\left\{g'(x)e_j+\frac{g''(x)}{2}e_j^2+\cdots\right\}. \quad (12.53)$$

위 식을 e_{j+1}에 대해 정리하면 다음을 얻으며,

$$e_{j+1}\{g'(x)+O(e_j)\}=\left\{\frac{g''(x)}{2}e_j^2+O(e_j^3)\right\}, \quad (12.54)$$

결국 다음 결과를 얻는다.

$$e_{j+1}\sim\frac{g''(x)}{2g'(x)}e_j^2\,. \quad (12.55)$$

따라서 뉴턴 방법이 수렴하는 경우, j가 하나씩 증가할 때마다 e_{j+1}이 e_j의 제곱에 비례하여 감소하므로, 수렴도는 2차(second order)이다.

또한 위 식에서 알 수 있듯이, 뉴턴 방법을 사용하여 수렴해를 얻기 위해서는 초기의 오차가 작아야 한다는 조건을 만족시켜야 하며, 그렇지 못할 경우, 예를 들어 그림 12.3에서 점 A로부터 반복을 시작하면, j가 증가함에 따라 발산하거나, 또는 다른 근에 수렴할 수 있음에 유의한다.

이하에서는 위의 뉴턴 방법을 비선형 미분 방정식의 해를 구하는데 사용하는 예를 보인다. 다음과 같이 초기 조건과 더불어 1계 비선형 미분 방정식이 주어졌을 때,

$$yy'+y^2=1;\ y(0)=2, \quad (12.56)$$

선형인 근사 방정식을 얻기 위해 비선형항들에 대해 준선형화 작업을 수행하여 다음을 얻으며,

$$\begin{aligned} yy' &\sim y_j y'_j+\left.\frac{\partial(yy')}{\partial y}\right|_j (y-y_j)+\left.\frac{\partial(yy')}{\partial y'}\right|_j (y'-y'_j) \\ &= y_j y'_j+y'_j(y-y_j)+y_j(y'-y'_j)=y_j y'+y'_j y-y_j y'_j, \end{aligned} \quad (12.57)$$

$$y^2 \sim y_j^2 + \frac{\partial(y^2)}{\partial y}\bigg|_j (y-y_j) = y_j^2 + 2y_j(y-y_j) = 2y_jy - y_j^2, \tag{12.58}$$

이들을 주어진 식 (12.56)에 대입, 정리하여 반복자의 원형인 선형 방정식을 다음과 같이 얻는다.

$$y_jy' + (y'_j + 2y_j)y = 1 + y_j^2 + y_jy'_j, \tag{12.59}$$

결국 이 식에서 $y = y_{j+1}$로 취하여, 선형화된 반복자로 다음과 같은 1계 선형 미분 방정식을 얻는데,

$$y_jy'_{j+1} + (y'_j + 2y_j)y_{j+1} = 1 + y_j^2 + y_jy_j', \tag{12.60}$$

이 방정식은 식 (11.49)에서 고려했던 식과 동일한 형태를 가지므로, 그 해는 식 (11.54)에 다음을 대입하고,

$$M = \frac{y'_j}{y_j} + 2,\ \ N = \frac{1 + y_j^2 + y_jy'_j}{y_j}, \tag{12.61}$$

다음 관계를 이용하여,

$$\exp\left[\int^x Mdx\right] = e^{\ln y_j + 2x} = y_je^{2x}, \tag{12.62}$$

다음과 같이 얻는다.

$$y_{j+1} = \frac{e^{-2x}}{y_j}\left\{\int_0^x (1 + y_j^2 + y_jy'_j)e^{2\xi}d\xi + 4\right\},\ \ j = 0, 1, \cdots. \tag{12.63}$$

여기서 $y_0=2$이며 우변 괄호 안의 적분 상수 4는 초기 조건을 만족하도록 결정되었다.

위 식을 이용하여 y_1을 구하면 다음을 얻고,

$$y_1=\frac{e^{-2x}}{2}\left\{\int_0^x(1+4)e^{2\xi}d\xi+4\right\}=\frac{e^{-2x}}{2}\left\{\frac{5}{2}\left(e^{2x}-1\right)+4\right\}=\frac{5}{4}+\frac{3}{4}e^{-2x}, \tag{12.64}$$

반복자를 한 번 더 사용하여 다음을 얻는다.

$$\begin{aligned} y_2&=\frac{4e^{-2x}}{5+3e^{-2x}}\left\{\int_0^x\left(1+\frac{25+30e^{-2\xi}+9e^{-4\xi}}{16}-\frac{30+18e^{-2\xi}}{16}\right)e^{2\xi}d\xi+4\right\}\\ &=\frac{4}{5e^{2x}+3}\left\{\int_0^x\left(\frac{41e^{2\xi}-9e^{-2\xi}}{16}\right)d\xi+4\right\}=\frac{41e^{2x}+9e^{-2x}+78}{8\left(5e^{2x}+3\right)}. \end{aligned} \tag{12.65}$$

위에서 얻은 근사해가 얼마나 정확한 해를 주는지 알아보기 위해 주어진 미분 방정식의 해를 생각해 보자. 먼저 $u=y^2$으로 놓으면 주어진 방정식은 다음과 같이 쓸 수 있으며,

$$u'+2u=2;\ u(0)=4, \tag{12.66}$$

이 방정식은 분리형이므로 $g(x)=-2,\ h(u)=(u-1)$을 식 (11.7)에 대입하고 초기 조건을 고려하여 다음을 얻고,

$$\ln(u-1)=-2x+\ln 3, \tag{12.67}$$

따라서 $y(x)$를 다음과 같이 얻는다.

$$y(x)=\sqrt{1+3e^{-2x}}. \tag{12.68}$$

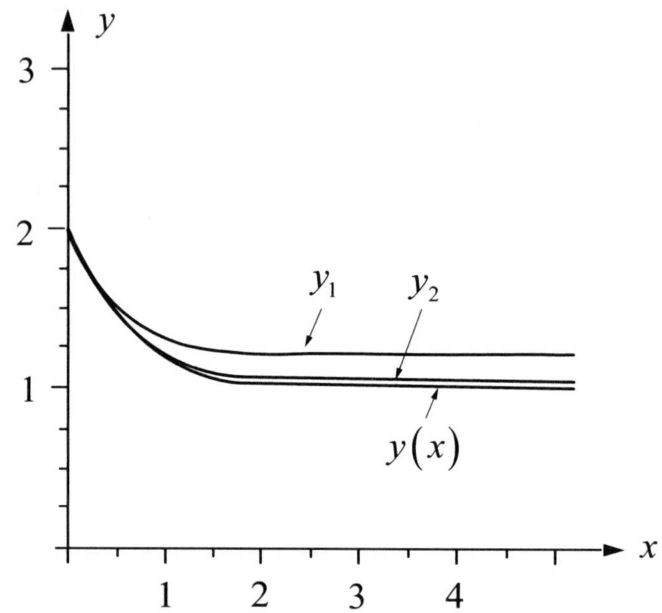

그림 12.4 엄밀해 $y(x)$와 1차 및 2차 근사해 y_1과 y_2의 비교

그림 12.4에 위의 엄밀해 $y(x)$, 또 위에서 구한 1차 및 2차 근사해인 $y_1(x)$, $y_2(x)$를 비교하여 보였다. $x \to \infty$일 때, $y \to 1$임에 반해, $y_1 \to \frac{5}{4}$, $y_2 \to \frac{41}{40}$이므로, 그 수렴이 전 구간에 걸쳐 비교적 빠른 것을 확인할 수 있다.

연습문제

1. 다음 미분 방정식들에 대해 정리 12.1을 적용하여 해의 존재성과 유일성에 대해 논하시오.

   1) $\ddot{x} + x = \sin t,\ x(0) = \dot{x}(0) = 0,$

   2) $\ddot{x} + x^2 = t,\ x(0) = 1,\ \dot{x}(0) = 3,$

3) $\dfrac{d^3x}{dt^3}-x\dfrac{dx}{dt}+2=0,\ x(1)=\dot{x}(1)=0,\ \ddot{x}(1)=3,$

4) $\dot{x}+tx^2=6,\ x(0)=2.$

2. 식 (12.13)으로 주어지는 Picard의 반복법을 사용하여 위의 {문제 1}에 대해 $\underline{x}_2$까지 구하고, 위에서 구한 해와 비교하여 그 정확성에 대해 논하시오.

3. 장반경이 a, 단반경이 b인 타원의 둘레 길이 L이 다음과 같이 주어짐을 보이시오.

$$L=4aE\left(\sqrt{a^2-b^2}/a\right)$$

여기서 $E(\alpha)$는 제2종 완전 타원 적분(complete elliptic integral of the second kind)이다.

4. 다음 적분을 타원 적분들을 사용하여 구하시오.

1) $\displaystyle\int_0^{\phi}\frac{\sin^2\phi\, d\phi}{\sqrt{1-\alpha^2\sin^2\phi}},\ k\in(0,1),$

2) $\displaystyle\int_0^{\phi}\frac{\cos^2\phi\, d\phi}{\sqrt{1-\alpha^2\sin^2\phi}},\ k\in(0,1),$

3) $\displaystyle\int_0^{\pi/2}\frac{dx}{\sqrt{\cos x}}$, 힌트: $\cos x=2\cos^2\dfrac{x}{2}-1$을 사용하시오.

4) $\displaystyle\int_0^{\pi/4}\frac{dx}{\sqrt{5+\cos x}}.$

5. 12.2절의 식 (12.41) 아래에서 정의된 완전 타원 적분에 대한 다음 근사식을 구하시오.

   1) $K(\alpha) = \frac{\pi}{2}\left(1 + \frac{1^2}{2^2}\alpha^2 + \frac{1^2 \cdot 3^2}{2^2 \cdot 4^2}\alpha^4 + \cdots\right)$,

   2) $E(\alpha) = \frac{\pi}{2}\left(1 - \frac{1}{2^2}\alpha^2 - \frac{1^2 \cdot 3}{2^2 \cdot 4^2}\alpha^4 + \cdots\right)$.

6. 다음과 같은 $\gamma(x)$, $T(x)$에 대한 비선형 연성 미분 방정식에 준선형화를 적용하여 반복자를 얻으시오.

$$\gamma'' + \left(1 - \frac{1}{T^2}\right)\frac{T}{\gamma} = 1,\ \ T'' + \gamma T^2 = 0.$$

13장

고계 선형 미분 방정식

13.1 선형 방정식의 해

정리 12.1은 선형 방정식을 포함하므로, 선형 방정식에 대한 해의 존재 및 유일성도 위의 정리에서 주어진 제한 조건 안에서 성립한다. 그러나 선형 방정식에 대해서는 해의 성질에 대해 보다 자세한 정보를 제공하는 정리가 알려져 있으므로 이 절에서는 이에 대해 생각한다.

준비 작업으로 다음과 같은 정의를 통해 n 개의 함수가 선형 독립인지 아닌지를 판별할 수 있는 도구를 가지기로 한다.

정의 13.1: Wronskian

x의 구간 $[a,b]$에서 정의되어 있고 $n-1$ 번 연속 미분 가능한 n 개의 함수 $u_1(x)$, $u_2(x)$, $\cdots$, $u_n(x)$에 대해 다음과 같이 행렬값으로 정의되는 함수를 Wronskian이라고 부르고, 통상 W로 표기한다.

$$W[u_1,u_2,\cdots,u_n] = \det\begin{pmatrix} u_1 & u_2 & \cdots & u_n \\ Du_1 & Du_2 & \cdots & Du_n \\ & & \cdots & \\ D^{n-1}u_1 & D^{n-1}u_2 & \cdots & D^{n-1}u_n \end{pmatrix}. \qquad (13.1)$$

여기서 미분 연산자 $D^j \equiv \dfrac{d^j}{dx^j}$, $j=1,2,\cdots,n-1$를 뜻한다.

정리 13.1: 선형 종속과 Wronskian

n 개의 함수 $u_1(x)$, $u_2(x)$, $\cdots$, $u_n(x)$가 선형 종속이면, x의 구간 $[a,b]$에서 다음이 성립한다.

$$W(x) \equiv 0. \tag{13.2}$$

이 정리의 증명은 선형 종속의 정의와 행렬값의 성질을 이용하여 비교적 쉽게 할 수 있다.

위의 정리는 그 역이 성립하지 않으므로, 구간 $[a,b]$에서 $W(x) \equiv 0$은 n 개의 함수 $u_1(x)$, $u_2(x)$, $\cdots$, $u_n(x)$가 선형 종속이기 위한 필요 조건이다. 따라서 다음 정리를 얻는다.

부속정리 13.1: 선형 종속과 Wronskian

구간 $[a,b]$에서 $W(x) \neq 0$는 n 개의 함수 $u_1(x)$, $u_2(x)$, $\cdots$, $u_n(x)$이 선형 독립이이 위한 충분 조건이다.

선형 독립, 종속과 Wronskian의 관계에 대해서는 그림 13.1을 참조하기 바란다.

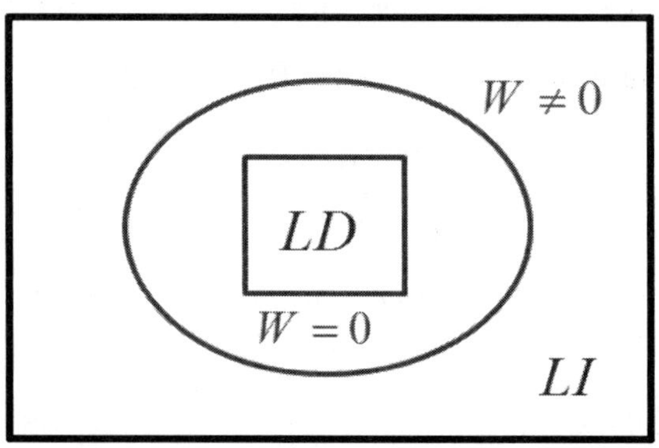

그림 13.1 Wronskian과 선형 독립, 종속

편의상 미분 연산자 $D^j \equiv \dfrac{d^j}{dx^j}$를 사용하기로 하면, n계 선형 미분 연산자 L은 다음과 같이 쓸 수 있다.

$$L = p_0(x)D^n + p_1(x)D^{n-1} + \cdots + p_n(x). \tag{13.3}$$

여기서 $p_0(x)$, $p_1(x)$, $\cdots$, $p_n(x)$는 x의 구간 $[a,b]$에서 연속이고, 특히 $p_0(x)$는 이 구간에서 영의 값을 가지지 않는다고 가정한다.

먼저 $Ly=0$인 제차 n계 선형 미분 방정식의 기본해(fundamental solutions)와 관련하여 다음 정리를 얻을 수 있다.

정리 13.2: 제차 선형 미분 방정식의 기본해

n계 선형 미분 연산자 L이 식 (13.3)과 같이 주어졌을 때, 제차 n계 선형 미분 방정식인 $Ly=0$는 구간 $[a,b]$에서 다음과 같은 n 개의 선형 독립인 해 $Y_1(x)$, $Y_2(x)$, $\cdots$, $Y_n(x)$를 가진다. j가 $1,2,\cdots,n$의 한 값을 가지며, x_0가 구간 $[a,b]$에 속하는 한 점이라고 할 때, Y_j는 다음과 같은 초기 조건을 만족하는 해이며, 이들은 **기본해**라고 불린다.

$$D^{(k-1)}Y_j(x_0) = \delta_{jk}. \tag{13.4}$$

여기서 δ_{jk}는 Kronecker의 델타이다.

위의 정리에서 $x=x_0$의 초기 조건, 식 (13.4) 때문에 $W[Y_1, Y_2, \cdots, Y_n] = 1$이므로, 부속 정리 13.1에 의해 $Y_1(x)$, $Y_2(x)$, $\cdots$, $Y_n(x)$가 선형 독립임을 얻는다는 점에 유의한다.

정리 13.3: 제차 선형 미분 방정식의 일반해

n계 선형 미분 연산자 L이 식 (13.3)과 같이 주어졌을 때, 제차 n계 선형 미분 방정식인 $Ly=0$는 구간 $[a,b]$에서 오직 n 개의 선형 독립인 해 $u_1(x)$, $u_2(x)$, $\cdots$, $u_n(x)$를 가지며, 그 일반해는 다음과 같이 이들의 선형 결합으로 주어진다.

$$y(x)=\sum_{j=1}^{n}a_ju_j(x). \tag{13.5}$$

위의 정리를 증명할 때, 모순법을 사용하여 $n+1$ 개의 선형 독립인 해는 존재할 수 없음을 보이는 것에 유의한다.

이제, $Ly=r(x)$인 비제차 n계 선형 미분 방정식의 일반해에 대해서는 다음과 같은 정리를 얻을 수 있다.

정리 13.4: 초기 조건을 만족하는 선형 미분 방정식의 유일해

n계 선형 미분 연산자 L이 식 (13.3)과 같이 주어졌을 때, 초기 조건이 구간 $[a,b]$에 속하는 한 점 x_0에 대해 다음과 같다.

$$y(x_0)=c_0,\ y'(x_0)=c_1,\ \cdots,\ y'(x_0)^{(n-1)}=c_{n-1}, \tag{13.6}$$

여기서 c_0, c_1, $\cdots$, c_{n-1}은 주어진 실수이다.

1) $Ly=0$의 해는 식 (13.5)의 형태로 유일하게 결정된다.
2) $r(x)$가 구간 $[a,b]$에서 연속이면, 비제차 n계 선형 미분 방정식 $Ly=r(x)$는 구간 $[a,b]$에서 다음과 같은 형태의 일반해를 가진다.

$$y(x) = \sum_{j=1}^{n} a_j u_j(x) + y_p(x). \tag{13.7}$$

여기서 $u_1(x)$, $u_2(x)$, $\cdots$, $u_n(x)$는 $Ly=0$를 만족하는 n 개의 선형 독립인 해이며, $y_p(x)$는 $Ly=r(x)$의 특수해이고, a_1, a_2, $\cdots$, a_n은 식 (13.7)이 초기 조건을 만족하도록 유일하게 결정된다.

위의 정리에서 $u_1(x)$, $u_2(x)$, $\cdots$, $u_n(x)$는 기본해의 선형 결합으로 얻을 수 있다. 또한 a_1, a_2, $\cdots$, a_n을 유일하게 결정할 수 있기 위해서는 $u_1(x)$, $u_2(x)$, $\cdots$, $u_n(x)$의 Wronskian이 영이 아니어야 하는데, $u_1(x)$, $u_2(x)$, $\cdots$, $u_n(x)$가 $Ly=0$의 해일 때는 이들의 선형 독립과 $W(x) \neq 0$이 등가인 점을 이용하여 보일 수 있다.

이제 어떤 미분 방정식이 주어졌을 때, 그 해가 우리가 생각하는 영역에서 존재하는지 또 유일한지에 대해서는 어느 정도 얘기할 수 있게 되었다. 특히 선형 미분 방정식에 대해서는 위의 정리에 따르면, 제차 방정식의 해와 비제차 방정식의 특수해를 알면 일반해를 구할 수 있다. 다음 절에서는 이와 같은 문제들을 예제를 통해 다루기로 한다.

수학자들의 소개

- Wronski(1778-1853, Poland, France): 수학 철학에 기여.

13.2 제차 선형 미분 방정식에 대한 해법

먼저 제차 선형 미분 방정식의 일반해를 구하는데, 네 가지 경우에 대해 생각한다.

1) **상수 계수**

예를 들어, 다음과 같이 계수가 상수인 제차 2계 선형 미분 방정식이 주어지면,

$$y'' - 4y = 0, \tag{13.8}$$

$y = e^{\lambda x}$를 가정하여 위 식에 대입하여 다음을 얻는다.

$$\lambda^2 - 4\lambda = (\lambda + 2)(\lambda - 2) = 0. \tag{13.9}$$

$y = e^{\lambda x}$의 치환을 통해 식 (13.8)의 미분 방정식이 통상 **보조 방정식**(complementary equation)으로 불리는 식 (13.9)의 대수 방정식으로 바뀌었음에 유의한다. 식 (13.9)의 λ에 대한 다항식은 보조 다항식으로도 불린다.

따라서 다음과 같이 2 개의 선형 독립인 해를 구하며,

$$u_1(x) = e^{-2x},\ u_2(x) = e^{2x}, \tag{13.10}$$

이들의 선형 결합으로 식 (13.8)의 일반해를 다음과 같이 구한다.

$$y(x) = a_1 e^{-2x} + a_2 e^{2x}. \tag{13.11}$$

위에서 $u_1(x)$, $u_2(x)$의 Wronskian을 구하면 다음과 같으므로,

$$W[u_1, u_2] = \begin{vmatrix} e^{-2x} & e^{2x} \\ -2e^{-2x} & 2e^{2x} \end{vmatrix} = 2 + 2 = 4 \neq 0, \tag{13.12}$$

부속 정리 13.1과 부합하는 점에 유의한다.

한편 다음과 같이 초기 조건이 부과된 문제가 주어지면,

$$y'' - 4y = 0;\ y(0) = 1,\ y'(0) = 0, \tag{13.13}$$

위의 식 (13.11)에 이를 대입하면 a_1, a_2에 대한 다음 선형 방정식을 얻고,

$$a_1 + a_2 = 1,\ -2a_1 + 2a_2 = 0, \tag{13.14}$$

이들로부터 a_1, a_2를 구하여 식 (13.13)으로 주어진 문제에 대한 해를 다음과 같이 구한다.

$$y(x) = \frac{1}{2}\left(e^{-2x} + e^{2x}\right) = \cosh 2x. \tag{13.15}$$

위에서 구한 해는 정리 13.2의 기본해 중 $Y_1(x)$임에 유의한다.

만약 주어진 문제가 다음과 같다면,

$$y'' + 4y = 0, \tag{13.16}$$

$y = e^{\lambda x}$를 가정하여 위 식에 대입하여 다음을 얻는다.

$$\lambda^2 + 4\lambda = (\lambda + 2i)(\lambda - 2i) = 0. \tag{13.17}$$

따라서 다음과 같이 2 개의 선형 독립인 해를 구하는데,

$$u_1(x) = e^{-2ix},\ u_2(x) = e^{2ix}, \tag{13.18}$$

이들은 실수 함수가 아니므로 다음과 같은 오일러 공식을 사용하여,

$$e^{ix} = \cos x + i\sin x, \tag{13.19}$$

2 개의 선형 독립인 실수 함수를 다음과 같이 얻는다.

$$u_1(x) = \cos 2x,\ u_2(x) = \sin 2x. \tag{13.20}$$

이들의 선형 결합으로 식 (13.16)의 일반해를 다음과 같이 구한다.

$$y(x) = a_1\cos 2x + a_2\sin 2x. \tag{13.21}$$

따라서 오일러 공식이 알려지기 전에는 $y = e^{\lambda x}$의 치환을 사용하여 해를 구하는 방법이 적용될 수 없었던 점을 알 수 있다. 실제로 오일러는 급수 해법(series solution method)을 사용하여 미분 방정식의 해를 수 십 년 동안 구했는데, 위와 같은 오일러 공식의 적용을 발견하고는 한탄을 금치 못했다고 알려져 있다.

식 (13.8), (13.16)과 같이 선형 미분 방정식의 계수가 상수인 경우에는 함수를 아무리 미분하여도 함수의 형태가 바뀌지 않는 함수라야만 해가 될 수 있다는 점에 착안하면 $y = e^{\lambda x}$의 치환을 어렵지 않게 얻을 수 있다. 실수 계수의 n차 방정식은 **대수학의 기본 정리**(fundamental theorem of algebra)[1)]에 의해 n 개의 복소해를 가지는 것이 보장되므로, 원칙상 위와 같은 방법을 사용하여 계수가 상수인 n계 선형 미분 방정식의 해를 구할 수 있다. 다만 보조 방정식으로 얻어지는 해가 복소해일 경우, 약간의 문제가 발생하는데, 오일러 공식을 사용함으로써 이와 같은 문제를 해결할 수 있다. 오일러 공식을 삼각 함수와 관련된 공식으로만 알고 있다면, 참으로 잘못 알고 있다고 할 것이다.

마지막으로 다음과 같은 문제가 주어졌다고 하자.

$$y'' + 4y = 0;\ y(0) = 1,\ y(\pi) = 0. \tag{13.22}$$

식 (12.21)에서 구한 일반해에 위의 조건을 대입하면 다음을 얻으므로,

$$a_1 = 0,\ a_1 = 0, \tag{13.23}$$

식 (13.22)의 해는 다음과 같아야 하는데,

$$y(x) = a_2 \sin 2x, \tag{13.24}$$

여기서 a_2는 임의의 실수이므로, 식 (13.22)로 주어진 문제의 해는 유일하지 않다. 식 (13.22)에서 부과된 조건은 초기 조건이 아닌 경계 조건임에 유의하면 위의 결과가 위의 정리 13.4의 1)과 위배되는 사항이 아닌 것임을 알 수 있다.

---

1) 복소함수에 관한 논의를 포함해야 하므로 여기서는 간단히 소개하는 것에 그쳤다.

2) **상수 계수; 보조 방정식이 중근을 가지는 경우**
주어진 미분 방정식이 다음과 같은 경우,

$$y'' + 4y' + 4y = 0, \tag{13.25}$$

$y = e^{\lambda x}$를 가정하여 위 식에 대입하여 다음을 얻는다.

$$\lambda^2 + 4\lambda + 4\lambda = (\lambda + 2)^2 = 0. \tag{13.26}$$

보조 방정식의 근이 $\lambda = -2$인 하나의 근만을 가지므로, $u_1 = e^{-2x}$를 구할 수는 있으나, 나머지 하나의 해를 구하는 것이 문제이다. 정리 12.4에 따르면 식 (13.25)로 주어진 미분 방정식은 반드시 2 개의 선형 독립인 해를 가져야 하므로, 다음과 같은 형태의 해를 가정한다.

$$u_2(x) = A(x)u_1(x) = Ae^{-2x}. \tag{13.27}$$

위의 가정과 다음 식을 식 (13.25)에 대입하고,

$$u_2{}'(x) = A'u_1 + Au_1{}',\ u_2{}'' = A''u_1 + 2A'u_1{}' + Au_1{}'', \tag{13.28}$$

u_1이 주어진 미분 방정식을 만족하며, 또 $u_1{}' = -2u_1$임을 고려하여, $A(x)$에 대한 미분 방정식을 다음과 같이 얻는다.

$$A'' = 0. \tag{13.29}$$

따라서 $A(x) = \alpha x + \beta$를 얻으며, β는 u_1에 상응하는 해를 주므로 결국 u_2를 다음과 같이 얻으며,

$$u_2(x) = xe^{-2x}, \tag{13.30}$$

따라서 식 (13.25)의 일반해는 다음과 같이 얻는다.

$$y(x) = (a_1 + a_2 x) e^{-2x}. \tag{13.31}$$

일반적으로 보조 다항식이 $(\lambda - a)^{m+1}$의 인자를 가지면 미분 방정식의 일반해는 다음과 같은 함수를 그 일부로 가진다.

$$u(x) = (a_1 + a_2 x + \cdots + a_m x^m) e^{ax}. \tag{13.32}$$

3) **비상수 계수의 미분 방정식; 코쉬-오일러 방정식**

상수가 아닌 계수를 가지는 선형 미분 방정식 중에 매우 간단한 형태의 해를 가지는 다음과 같은 미분 방정식을 생각하자.

$$x^2 y'' + xy' - 4y = 0. \tag{13.33}$$

이 식을 잠깐 들여다보면, 한 번 미분할 때마다 x가 곱해져 있어 만약 해가 $y = x^{\lambda}$의 형태를 가진다면 위와 같은 미분 방정식이 만족될 수 있음을 알 수 있다. 이와 같은 미분 방정식을 코쉬-오일러 미분 방정식, 또는 줄여서 코쉬-오일러 방정식(Cauchy-Euler equation)이라고 부른다.

위의 미분 방정식에 대해 $y = x^{\lambda}$의 해를 가정하면 λ에 대한 대수 방정식을 다음과 같이 얻는다.

$$\lambda(\lambda - 1) + \lambda - 4 = \lambda^2 - 4 = (\lambda + 2)(\lambda - 2) = 0. \tag{13.34}$$

따라서 다음과 같이 2 개의 선형 독립인 해를 구하며,

$$u_1(x) = x^{-2},\ u_2(x) = x^2, \tag{13.35}$$

이들의 선형 결합으로 식 (13.33)의 일반해를 다음과 같이 구한다.

$$y(x) = a_1 x^{-2} + a_2 x^2. \tag{13.36}$$

만약 다음과 같은 미분 방정식이 주어진다면,

$$x^2 y'' + xy' + 4y = 0, \tag{13.37}$$

이 식 역시 코쉬-오일러 미분 방정식이므로, $y = x^{\lambda}$의 해를 가정하면 λ에 대한 대수 방정식을 다음과 같이 얻는다.

$$\lambda(\lambda - 1) + \lambda + 4 = \lambda^2 + 4 = (\lambda + 2i)(\lambda - 2i) = 0. \tag{13.38}$$

따라서 다음과 같이 2 개의 선형 독립인 해를 구하는데,

$$u_1(x) = x^{-2i},\ u_2(x) = x^{2i}, \tag{13.39}$$

이들 역시 실수 함수가 아니라는 문제점이 있으나, 위의 식은 다음과 같이 바꾸어 쓸 수 있으므로,

$$u_1(x) = e^{-2i\ln x},\ u_2(x) = e^{2i\ln x}, \tag{13.40}$$

다시 한 번 오일러 공식을 사용하여 실수 함수인 2 개의 선형 독립인 해를 다음과 같이 구한다.

$$u_1(x) = \cos(2\ln x),\ u_2(x) = \sin(2\ln x). \tag{13.41}$$

이들의 선형 결합으로 식 (13.37)의 일반해를 다음과 같이 구한다.

$$y(x) = a_1 \cos(2\ln x) + a_2 \sin(2\ln x). \tag{13.42}$$

1)에서 고려한 상수 계수의 선형 미분 방정식과 식 (13.33) 또는 (13.37)과 같은 코쉬-오일러 방정식은 $x=e^t$ 또는 $t=\ln x$의 치환에 의해 동일한 방정식이 됨을 보일 수 있다.

예를 들어 식 (13.33)의 미분 방정식에 대해 위의 치환 $t=\ln x$를 적용하면, 다음 관계를 이용하여

$$\frac{d}{dx}=\frac{d}{dt}\frac{dt}{dx}=\frac{1}{x}\frac{d}{dt}, \tag{13.43}$$

다음 식을 얻는다.

$$\begin{aligned} x^2y''+xy'-4y &= x^2\frac{d}{dx}\left(\frac{1}{x}\frac{dy}{dt}\right)+\frac{dy}{dt}-4y \\ &= -\frac{dy}{dt}+\frac{d^2y}{dt^2}+\frac{dy}{dt}-4y=\frac{d^2y}{dt^2}-4y=0. \end{aligned} \tag{13.44}$$

이 식은 식 (13.8)과 같으므로, 식 (13.11)의 일반해에 x 대신 t를 사용하면 다음을 얻고,

$$y(t)=a_1e^{-2t}+a_2e^{2t}, \tag{13.45}$$

여기에 $t=\ln x$의 치환을 적용하면, 다음을 얻는데,

$$y(x)=a_1x^{-2}+a_2x^2, \tag{13.46}$$

이 식은 위에서 얻은 식 (13.36)과 동일함을 확인할 수 있다.

또한, 식 (13.37)에 치환 $t=\ln x$를 적용하면, 식 (13.16)에서 x 대신 t가 사용된 미분 방정식을 얻으며, 따라서 그 해인 식 (13.21)은 다음과 같이 쓸 수 있으므로,

$$y(t)=a_1\cos 2t+a_2\sin 2t, \tag{13.47}$$

$t=\ln x$의 치환을 적용하면, 식 (13.42)에 보인 것과 같은 결과를 얻는다.

한편, 코쉬-오일러 방정식에 대한 보조 다항식이 $(\lambda-a)^{m+1}$의 인자를 가질 경우, 식 (13.32)에 x 대신 t를 사용하고, $t=\ln x$의 치환을 적용하면 다음 결과를 얻는다.

$$u(x)=\left\{a_1+a_2\ln x+\cdots+a_m(\ln x)^m\right\}x^a. \tag{13.48}$$

4) **비상수 계수의 미분 방정식; 인수 분해**

다음과 같은 비상수 계수의 선형 미분 방정식이 주어진 경우,

$$y''-\left(1+x^2\right)y=0, \tag{13.49}$$

지금까지 고려한 방법을 사용할 수는 없지만, 혹시 위의 식을 다음과 같은 인수 분해 (factorization) 형태로 쓸 수 있나 생각한다.

$$y''-\left(1+x^2\right)y=(D-a)(D-b)y=0. \tag{13.50}$$

여기서 $D\equiv\dfrac{d}{dx}$이며, a, b는 x의 함수이다.

만약 식 (13.50)이 성립한다면 다음을 얻으므로,

$$(D-a)(y'-by)=y''-(a+b)y'-(b'-ab)y=0, \tag{13.51}$$

식 (13.49)과 비교하여 a, b에 대한 방정식을 다음과 같이 얻는다.

$$a+b=0,\ ab-b'=1+x^2. \tag{13.52}$$

첫 번째 식은 $a=-b$를 주고, 이를 두 번째 식에 대입하여 다음을 얻으며,

$$b'+b^2=1+x^2, \tag{13.53}$$

이 식의 해는 $b=x$임을 대입에 의해 쉽게 얻을 수 있으므로, 결국 식 (13.49)를 다음과 같이 바꾸어 쓸 수 있다.

$$(D+x)(D-x)y=0. \tag{13.54}$$

이 식을 푸는 데는 먼저 다음과 같이 치환하고,

$$v(x)=(D-x)y=y'-xy, \tag{13.55}$$

이를 식 (13.54)에 대입하여 다음과 같은 v에 대한 미분 방정식을 얻는다.

$$(D+x)v=v'+xv=0. \tag{13.56}$$

이 식은 분리형이므로 식 (11.7)에 y 대신 v를 사용하고, $h(v)=v$, $g(x)=-x$를 대입하여 다음을 얻으며,

$$\int^{v}\frac{dv}{v}=-\int^{x}x\,dx, \tag{13.57}$$

적분을 수행하여 다음을 얻고,

$$\ln v=-\frac{x^2}{2}+c, \tag{13.58}$$

여기서 c는 적분 상수다.

이를 v에 대해 정리하여 다음을 얻는다.

$$v(x)=Ce^{-\frac{x^2}{2}}. \tag{13.59}$$

여기서 $C=e^{c}$인 상수이다.

이 결과를 식 (13.55)에 대입하여 다음과 같은 y에 대한 미분 방정식을 얻는데,

$$y' - xy = Ce^{-\frac{x^2}{2}}, \tag{13.60}$$

이 식은 식 (11.49)에서 이미 생각한 1계 선형 미분 방정식이며, 그 해는 식 (11.54)로 주어져 있으므로, $M(x) =-x$, $N(x) = Ce^{-\frac{x^2}{2}}$을 대입하여 다음을 얻는다.

$$\begin{aligned} y(x) &= C\exp\left(\frac{x^2}{2}\right)\int^x \exp\left(-\frac{\xi^2}{2}\right)\exp\left(-\frac{\xi^2}{2}\right)d\xi \\ &= Ce^{\frac{x^2}{2}}\int^x e^{-\xi^2}d\xi = e^{\frac{x^2}{2}}\left(\alpha + C\int_0^x e^{-\xi^2}d\xi\right) = e^{\frac{x^2}{2}}\{\alpha + \beta erf(x)\}. \end{aligned} \tag{13.61}$$

여기서 $erf(x) \equiv \frac{2}{\sqrt{\pi}}\int_0^x e^{-\xi^2}d\xi$인 특수 함수이다.

또한 위 식에서 마지막 적분의 하한을 어떤 값으로 취하던지, 결국은 α의 값에만 영향을 끼치므로, 편의상 하한을 영으로 취하였는데, 이렇게 취하면 β의 값은 $y(0)$의 값과 상관없이 결정된다. 또한 위의 해가 선형 독립인 두 함수의 선형 결합으로 주어지고 있음에 유의한다.

13.3 비제차 선형 미분 방정식에 대한 해법

이 절에서는 비제차 선형 미분 방정식의 특수해를 구하는 방법에 대해 생각한다. 먼저 위에서 생각한 식 (13.60)에서 $C=1$로 택하고, $y(x)$ 대신 $x(t)$인 경우를 고려하면 다음과 같은 비제차 1계 선형 미분 방정식을 얻는다.

$$\dot{x} - tx = e^{-\frac{t^2}{2}}. \tag{13.62}$$

여기서 t에 대한 미분은 $\dot{()}$으로 나타내기로 한다. 먼저 위 식의 우변이 영인 제차 방정식은 다음과 같은 해를 가지므로,

$$u_1(t) = e^{\frac{t^2}{2}}, \tag{13.63}$$

식 (13.62)의 해는 정리 13.4의 2)에 의해 다음과 같은 형태로 주어진다.

$$x(t) = u_1(t) + x_p(t). \tag{13.64}$$

특수해 x_p를 구하는데 가장 유력한 방법은 Lagrange의 **매개변수 변환법**(method of variation of parameters)이다. 이 방법에서는 먼저 특수해 x_p를 다음과 같은 형태로 가정한다.

$$x_p(t) = A(t)u_1(t), \tag{13.65}$$

이를 식 (13.62)에 대입하여 A에 대한 미분 방정식을 다음과 같이 얻는다.

$$\dot{A}u_1 + A\dot{u}_1 - tAu_1 = \dot{A}u_1 + A\left(\dot{u}_1 - tu_1\right) = \dot{A}u_1 = e^{-\frac{t^2}{2}}. \tag{13.66}$$

위에서 두 번째 등호는 u_1이 제차 미분 방정식의 해인 것으로부터 얻는다.

위 식은 분리형이므로 다음과 같이 A를 얻으며,

$$A(t) = \int^t e^{-\tau^2} d\tau, \tag{13.67}$$

따라서 특수해를 다음과 같이 얻는다.

$$x_p(t) = e^{\frac{t^2}{2}} \int^t e^{-\tau^2} d\tau. \tag{13.68}$$

결국 식 (13.62)는 다음과 같은 일반해를 가지며,

$$x(t) = e^{\frac{t^2}{2}} \left(\alpha + C \int_0^t e^{-\tau^2} d\tau \right) = e^{\frac{t^2}{2}} \{ \alpha + \beta erf(t) \}. \tag{13.69}$$

위의 식 (13.61)과 동일한 결과를 얻음을 확인할 수 있다. 여기서 마지막 적분의 하한을 영으로 잡음에 따라 $\alpha = x(0)$가 되고, β는 $x(0)$와 독립적으로 결정됨에 유의한다.

아래에서는 다음과 같은 비제차 2계 선형 미분 방정식의 해를 구하는데 매개변수 변환법을 사용해 보자.

$$\ddot{x} + \omega_n^2 x = F(t). \tag{13.70}$$

여기서 ω_n은 임의의 주어진 실수이며, $F(t)$는 임의의 주어진 함수이다.

먼저 식 (13.70)의 우변이 영인 제차 방정식에 대해서는 $x = e^{\lambda t}$를 대입하여 다음과 같이 두 개의 선형 독립인 해를 구할 수 있으므로,

$$u_1(t) = \cos\omega_n t, \ u_2(t) = \sin\omega_n t, \tag{13.71}$$

특수해 x_p를 다음과 같은 형태로 가정한다.

$$x_p(t) = A(t)u_1(t) + B(t)u_2(t), \tag{13.72}$$

이를 식 (13.70)에 대입하면 A, B의 2계 미분이 포함되는 방정식이 얻어지므로, 이를 피하기 위해 $\dot{x}_p(t)$가 A, B의 1계 미분만을 포함하도록 하기 위해서는 다음을 가정한다.

$$\dot{A}u_1 + \dot{B}u_2 = 0. \tag{13.73}$$

따라서 다음을 얻으며,

$$\ddot{x}_p = \dot{A}\dot{u}_1 + \dot{B}\dot{u}_2 + A\ddot{u}_1 + B\ddot{u}_2, \tag{13.74}$$

위의 결과들을 식 (13.70)에 대입하여 다음을 얻는다.

$$\dot{A}\dot{u}_1 + \dot{B}\dot{u}_2 + A\left(\ddot{u}_1 + \omega_n^2 u_1\right) + B\left(\ddot{u}_2 + \omega_n^2 u_2\right) = \dot{A}\dot{u}_1 + \dot{B}\dot{u}_2 = F(t). \tag{13.75}$$

위에서 첫 번째 등호는 u_1, u_2가 제차 미분 방정식의 해인 것으로부터 얻으며, 따라서 $\dot{A}$, $\dot{B}$에 대한 선형 연립 방정식을 식 (13.73)과 위 식으로부터 다음과 같이 얻는다.

$$u_1\dot{A} + u_2\dot{B} = 0,\ \dot{u}_1\dot{A} + \dot{u}_2\dot{B} = F(t). \tag{13.76}$$

이 식의 계수 행렬의 행렬값은 u_1, u_2의 Wronskian $W = \omega_n$이므로 영이 아니며, 따라서 $\dot{A}$, $\dot{B}$를 다음과 같이 구할 수 있고,

$$\dot{A} = -\frac{u_2 F}{W},\ \dot{B} = \frac{u_1 F}{W}, \tag{13.77}$$

이들을 적분하고 식 (13.72)에 대입하여 특수해를 다음과 같이 얻는다.

$$x_p(t) = \frac{1}{W}\int^t \left\{-u_2(\tau)u_1(t) + u_1(\tau)u_2(t)\right\} F(\tau)\, d\tau. \tag{13.78}$$

이 식에 식 (13.71)을 대입하여 다음 결과를 얻으므로,

$$x_p(t) = \frac{1}{\omega_n}\int^t \left(-\sin\omega_n\tau\cos\omega_n t + \cos\omega_n\tau\sin\omega_n t\right)F(\tau)\,d\tau$$

$$= \frac{1}{\omega_n}\int^t \sin\omega_n(t-\tau)\,F(\tau)\,d\tau, \tag{13.79}$$

결국 식 (13.70)의 일반해를 식 (13.71), (13.79)로부터 다음과 같이 얻는다.

$$x(t) = a_1\cos\omega_n t + a_2\sin\omega_n t + \frac{1}{\omega_n}\int_0^t \sin\omega_n(t-\tau)\,F(\tau)\,d\tau. \tag{13.80}$$

여기서 우변 적분의 결과에 하한을 대입하면 결국 u_1, u_2의 선형 결합이 되므로, 적분 하한으로 어떤 값을 택하든지 a_1, a_2의 값에 영향을 미칠 뿐, 특수해 자체의 형태에는 아무런 영향을 주지 않는다. 여기서는 0을 택하였는데, 이와 같이 택하면 초기 조건을 만족하도록 하는 데는 특수해가 아무런 영향을 끼치지 않기 때문이다. 또한 위 식 우변의 적분은 바로 식 (6.42)에 주어진 라플라스 변환의 컨볼루션과 같은 형태임에 유의한다.

식 (13.70)에 $F(t) = \omega_n^2 f(t)$를 대입하면 라플라스 변환과 관련하여 고려한 식 (6.53)과 동일한 식이며, 따라서 식 (6.59)에 $a_1 = x(0)$, $a_2 = \dfrac{\dot{x}(0)}{\omega_n}$을 대입하면 바로 위에서 구한 해인 식 (13.80)을 얻는다.

지금까지 기술한 비제차 선형 미분 방정식을 푸는데 사용할 수 있는 매우 유력한 방법들은 다음과 같다.

1) 6장에서 이미 보인 바 있는 푸리에 변환이나 라플라스 변환의 **컨볼루션**을 사용하는 방법,
2) 푸리에 변환과 관련하여 식 (6.24)에서 고려한 바 있고, 또 14.3절에서 보다 자세히 다룰 **그린 함수**를 사용하는 방법,
3) 경계 조건이 주어진 비제차 2계 선형 미분 방정식과 관련하여 정리 10.6의 Sturm-Liouville 정리에서 다룬 바 있는 **고유 함수 전개**를 사용하는 방법,

4) 위에서 보인 **매개변수 변환**을 사용하는 방법,

주어진 비제차 선형 미분 방정식에 적절한 방법을 사용하여 유일해를 구하는 것은 원칙적으로는 가능하지만, 실제 문제를 푸는 경우에는 복잡한 계산을 포함하는 것이 일반적이며, 컴퓨터의 도움을 받는 것이 상례이다.

이 절의 마지막 예로 그림 10.3에 보인 것과 같은 2-자유도 진동계의 운동 방정식이 다음과 같이 초기 조건과 더불어 비제차 연립 미분 방정식으로 주어진 경우에 대해 생각한다.

$$\begin{pmatrix}\ddot{x}_1\\ \ddot{x}_2\end{pmatrix}+\begin{pmatrix}2 & -1\\ -1 & 2\end{pmatrix}\begin{pmatrix}x_1\\ x_2\end{pmatrix}=\begin{pmatrix}\sin 2t\\ 0\end{pmatrix};\ \begin{pmatrix}x_1(0)\\ x_2(0)\end{pmatrix}=\begin{pmatrix}1\\ 0\end{pmatrix},\ \begin{pmatrix}\dot{x}_1(0)\\ \dot{x}_2(0)\end{pmatrix}=\begin{pmatrix}0\\ 0\end{pmatrix}. \tag{13.81}$$

이 계의 제차해는 식 (10.68)에서 이미 구한 바와 같이 다음 식으로 주어지며,

$$x_{1h}(t)=\frac{1}{\sqrt{2}}(y_{1h}-y_{2h}),\ x_{2h}(t)=\frac{1}{\sqrt{2}}(y_{1h}+y_{2h}). \tag{13.82}$$

여기서 $y_{1h}(t)$, $y_{2h}(t)$는 식 (10.65)로 주어지는 정규 모드이다.

$$y_{1h}(t)=\alpha_1\sin(t+\phi_1),\ y_{2h}(t)=\alpha_2\sin\left(\sqrt{3}\,t+\phi_2\right). \tag{13.83}$$

여기서 α_1, α_2, ϕ_1, ϕ_2는 초기 변위 조건을 만족하도록 결정되는 실수이다.

10.4절 1)에서 사용했던 표기법과 얻었던 결과들을 사용하면 주어진 문제 (13.81)은 식 (10.63)을 얻었던 방법을 사용하여 다음과 같이 비연성(uncoupled) 방정식으로 바꾸어 쓸 수 있다.

$$\ddot{\underline{x}}^{\hat{d}}+\underline{A}^{\hat{d}}\underline{x}^{\hat{d}}=\underline{c}^{\hat{d}}. \tag{13.84}$$

여기서 $\underline{c}^{\hat{d}}$는 다음과 같다.

$$\underline{c}^{\hat{d}} = \left(\underline{R}^{\hat{e}}\right)^{-1}\underline{c}^{\hat{e}} = \begin{pmatrix} \frac{1}{\sqrt{2}} & \frac{1}{\sqrt{2}} \\ \frac{-1}{\sqrt{2}} & \frac{1}{\sqrt{2}} \end{pmatrix}\begin{pmatrix} \sin 2t \\ 0 \end{pmatrix} = \frac{\sin 2t}{\sqrt{2}}\begin{pmatrix} 1 \\ -1 \end{pmatrix}. \tag{13.85}$$

따라서 각각의 정규 모드에 대한 비제차 방정식은 다음과 같이 얻으며,

$$\ddot{y}_1 + y_1 = \frac{\sin 2t}{\sqrt{2}},\ \ddot{y}_2 + 3y_2 = -\frac{\sin 2t}{\sqrt{2}}, \tag{13.86}$$

특수해는 다음과 같이 얻는다.

$$y_{1p} = -\frac{\sin 2t}{3\sqrt{2}},\ y_{2p} = \frac{\sin 2t}{\sqrt{2}}. \tag{13.87}$$

따라서 다음과 같이 정규 모드로 나타낸 일반해를 얻고,

$$y_1(t) = \alpha_1 \sin(t+\phi_1) - \frac{\sin 2t}{3\sqrt{2}},\ y_2(t) = \alpha_2 \sin\left(\sqrt{3}\,t + \phi_2\right) + \frac{\sin 2t}{\sqrt{2}}, \tag{13.88}$$

이를 다시 자연 기저에 대해 나타내기 위해 식 (10.67)을 사용하여 얻은 결과를 성분별로 나누어 쓰면 다음과 같다.

$$x_1(t) = \frac{\alpha_1}{\sqrt{2}}\sin(t+\phi_1) - \frac{\alpha_2}{\sqrt{2}}\sin\left(\sqrt{3}\,t+\phi_2\right) - \frac{2\sin 2t}{3}, \tag{13.89}$$

$$x_2(t) = \frac{\alpha_1}{\sqrt{2}}\sin(t+\phi_1) + \frac{\alpha_2}{\sqrt{2}}\sin\left(\sqrt{3}\,t+\phi_2\right) + \frac{\sin 2t}{3}, \tag{13.90}$$

식 (13.81)에 주어진 초기 조건에 이 식을 대입하여 α_1, α_2, ϕ_1, ϕ_2에 대한 식을 다음과 같이 얻고,

$$\alpha_1\sin\phi_1 - \alpha_2\sin\phi_2 = \sqrt{2},\ \alpha_1\sin\phi_1 + \alpha_2\sin\phi_2 = 0, \tag{13.91}$$

$$\alpha_1\cos\phi_1 - \sqrt{3}\,\alpha_2\cos\phi_2 = \frac{4\sqrt{2}}{3},\ \alpha_1\cos\phi_1 + \sqrt{3}\,\alpha_2\cos\phi_2 = -\frac{2\sqrt{2}}{3}, \tag{13.92}$$

이 식으로부터 다음을 얻는다.

$$\alpha_1 = \frac{\sqrt{13}}{3\sqrt{2}},\ \alpha_2 = -\frac{\sqrt{7}}{\sqrt{6}},\ \phi_1 = \tan^{-1}\frac{3}{2},\ \phi_2 = \tan^{-1}\frac{\sqrt{3}}{2}. \tag{13.93}$$

이 경우에는 제차해의 계수들이 특수해에 대해 독립적으로 결정될 수 없음에 유의한다.

기진력 $\sin 2t$가 질점 1에 작용하지만, 정규 모드로 생각하면 기본 모드와 2차 모드에 방향은 반대이고 크기는 같은 기진력이 작용하게 되며, 결과적으로 질점 1과 질점 2가 모두 강제 진동을 하게 됨을 알 수 있다.

연습문제

1. 다음 미분 방정식들에 대한 보조 방정식을 풀어 일반해를 구하시오. 단 $D^n = \dfrac{d^n}{dt^n}$을 뜻한다.

   1) $(D^2+2D)x = 0$,
   2) $(D^3-6D^2+11D-6)x = 0$,
   3) $(D^2-5D+6)x = 0$,
   4) $(D^4+4D^2+4)x = 0$,
   5) $(D^3+1)x = 0$,
   6) $(D^3-3D^2+3D-1)x = 0$.

2. 만약 $y_1(x)$와 $y_2(x)$가 구간 I 상에서 다음 미분 방정식의 두 개의 해이고,

$$\{D^2 + p(x)D + q(x)\}y = 0$$

여기서 $p(x)$와 $q(x)$는 구간 I에서 연속이라고 할 때, $y_1(x)$와 $y_2(x)$의 Wronskian, 즉 $W(x)$는 다음과 같이 주어지는 것을 보이시오.

$$W(x) = W(\xi)\exp\left[-\int_{\xi}^{x} p(t)\,dt\right].$$

이 식은 **Abel 공식**(Abel's formula)이라고 불리며, 지수 함수의 값이 영이 될 수 없으므로, $W(x)$는 영이 아니거나, 아니면 I 내의 모든 곳에서 영이어야 한다. 단 $D^n = \dfrac{d^n}{dx^n}$을 뜻한다.

힌트: $W' + pW = 0$임을 보이시오.

3. 미분 연산자를 인수 분해하는 방법에 의해 다음 미분 방정식의 일반해를 구하시오. 단 $D^n = \dfrac{d^n}{dx^n}$을 뜻한다.

1) $(D^2 + 2D)y = e^x$,
2) $(D^2 - 5D + 6)y = x^2$,
3) $(D^2 + 9)y = f(x)$,
4) $(D + x)(D - 1)y = 0$.

4. $y_1(x) = x$가 다음 미분 방정식들의 하나의 해임을 이용하여 일반해를 구하시오.

1) $(D^2 + xD - 1)y = 0$,
2) $(xD^2 + xD - 1)y = 0$,
3) $(x^2D^2 + xD - 1)y = 0$,
4) $(x^3D^2 + xD - 1)y = 0$.

5. n이 정수일 때, 미분 방정식, $xy''+2ny'+kxy=0$은 $y=\dfrac{1}{x^n}D^n z$에 의해 만족됨을 보이시오. 단 z는 $z''+kz=0$의 해이다. 이와 같은 사실을 이용하여 다음 방정식의 일반해를 구하시오.

$$xy''+4y'+4xy=0.$$

6. 다음 미분 방정식의 일반해를 구하시오.

1) $y''+2y'=4x^2$, 2) $\ddot{x}+c\dot{x}=f(t)$, 단 c는 상수,

3) $y''''-y=\cosh x$, 4) $\ddot{x}+x=\tan t$.

7. 다음 미분 방정식의 해를 구하시오.

1) $\ddot{x}+\omega^2 x=F_0\delta(t-t_0),\ x(0)=\dot{x}(0)=0,\ t_0>0$,

2) $(D^2-1)y=x^2e^x,\ y(0)=1,\ y'(0)=0$,

3) $\ddot{x}+kx=F_0H(t-t_0),\ x(0)=\dot{x}(0)=0,\ t_0>0$.

8. 미분 방정식 $y''+p(x)y'+q(x)y=f(x)$의 제차해가 $Ay_1(x)+By_2(x)$일 때, 일반해는 다음과 같이 주어짐을 보이시오.

$$y(x)=Ay_1(x)+By_2(x)+y_2(x)\int\frac{f(\xi)y_1(\xi)}{W(y_1,y_2)}d\xi-y_1(x)\int\frac{f(\xi)y_2(\xi)}{W(y_1,y_2)}d\xi.$$

단 W는 Wronskian이다.

9. 다음과 같은 연립 미분 방정식의 일반해를 구하시오.

   1) $\dot{x}-2\dot{y}-x-y=1-t,\ \dot{x}+\dot{y}+4y=1+4t,$

   2) $\dot{x}=y,\ \dot{y}=z,\ \dot{z}=x,$

   3) $(tD+2)x-2y=0,\ 3x-(tD+1)y=-t,$

   4) $D^2u-2w=-10,\ (D+1)v+3w=15-3x,\ 3Du+2v=0.$

14장

급수 해법과 그린 함수

14.1 급수 해법

미분 방정식의 해를 구할 때, 미분 방정식이 성립하는 x의 모든 구간에서 그 방정식을 만족하는 해를 구하는 것이 물론 바람직하지만, 종종 어떤 점을 기준으로 그렇게 크지 않은 구간에 대해 급수해(series solution)를 얻는 것으로 충분할 경우가 있다.

이런 경우에는 처음부터 해를 멱급수의 형태로 가정하고 미분 방정식에 대입하여 계수를 결정하는 방법을 생각할 수 있으며, 이와 관련하여 다음과 같은 정리를 소개한다.

정리 14.1: 2계 선형 미분 방정식의 급수해; 보통점

다음과 같은 미분 방정식이 주어졌을 때,

$$p(x)y'' + q(x)y' + r(x)y = 0, \tag{14.1}$$

$\dfrac{q}{p}$와 $\dfrac{r}{p}$이

1) $x = 0$에서 정칙이고,

2) $|x| < \rho$에서 수렴할 때,

$x = 0$는 **보통점**(ordinary point)이라고 부른다.

위의 조건이 만족되는 경우, 식 (14.1)의 일반해는 다음과 같이 멱급수의 형태로 주어지는데,

$$y(x) = \sum_{j=0}^{\infty} c_j x^j = c_0 y_1 + c_1 y_2, \tag{14.2}$$

여기서 멱급수의 수렴 반경은 ρ 보다 작지 않으며, y_1과 y_2는 선형 독립이고, c_0, c_1은 미정 계수이다.

예를 들어 식 (13.8)에서 고려했던 다음과 같은 미분 방정식을 생각하자.

$$y'' - 4y = 0. \tag{13.8}$$

$\dfrac{q}{p} = 0$, $\dfrac{r}{p} = -1$이므로 $x = 0$는 보통점이며, $y(x) = \sum_{j=0}^{\infty} c_j x^j$과 같은 형태의 급수해를 가정하여, 주어진 식에 대입하여 다음을 얻는다.

$$\sum_{j=2}^{\infty} j(j-1) c_j x^{j-2} - 4 \sum_{j=0}^{\infty} c_j x^j = 0. \tag{14.3}$$

위 식 좌변의 첫 번째 급수에서 $j = m+2$로 치환하고, 두 번째 급수에서는 $j = m$으로 바꾸어 쓴 뒤 두 급수를 하나의 급수로 쓰면 다음을 얻는다.

$$\sum_{m=0}^{\infty} \{(m+2)(m+1) c_{m+2} - 4 c_m\} x^m = 0. \tag{14.4}$$

$1, x, x^2, \cdots$는 모두 선형 독립이므로, 위 식이 성립하기 위해서는 중괄호 안의 양이 모든 m에 대해 영이 되어야 하며, 따라서 다음을 얻는다.

$$c_{m+2} = \frac{4c_m}{(m+1)(m+2)}, \ m=0,1,\cdots. \tag{14.5}$$

그러므로 짝수인 m에 대해 다음을 얻고,

$$c_2 = \frac{4c_0}{2}, \ c_4 = \frac{4c_2}{3 \cdot 4} = \frac{4^2 c_0}{4!}, \ \cdots, \ c_{2j} = \frac{4c_{2j-2}}{(2j-1) \cdot 2j} = \frac{4^j c_0}{(2j)!}, \tag{14.6}$$

홀수인 m에 대해 다음을 얻으므로,

$$c_3 = \frac{4c_1}{2 \cdot 3}, \ c_5 = \frac{4c_3}{4 \cdot 5} = \frac{4^2 c_1}{5!}, \ \cdots, \ c_{2j+1} = \frac{4c_{2j-1}}{2j \cdot (2j+1)} = \frac{4^j c_1}{(2j+1)!}, \tag{14.7}$$

따라서 다음과 같은 해를 얻는다.

$$y(x) = c_0 \sum_{j=0}^{\infty} \frac{(2x)^{2j}}{(2j)!} + \frac{c_1}{2} \sum_{j=0}^{\infty} \frac{(2x)^{2j+1}}{(2j+1)!} = c_0 \cosh 2x + \frac{c_1}{2} \sinh 2x. \tag{14.8}$$

일반적으로는 위에서 구한 급수들이 알려진 함수라고 보기 힘들다. 식 (13.11)에서는 식 (13.8)의 해를 다음과 같이 얻었는데,

$$y(x) = a_1 e^{-2x} + a_2 e^{2x}. \tag{13.11}$$

식 (14.8)의 $\cosh 2x$, $\sinh 2x$는 위 식의 지수 함수의 선형 결합으로 주어지며, $\cosh 2x$, $\sinh 2x$는 선형 독립이므로 일관된 결과이다.

물리, 역학에서 다루게 되는 많은 문제에서 정리 14.1에서 가정한 조건, 즉 $\frac{q}{p}$와 $\frac{r}{p}$이 $x=0$에서 정칙이라는 조건이 만족되지 않는 경우가 많으며, 이와 같은 경우에 대해 다음과 같은 Frobenius 정리(Frobenius theorem)를 적용할 수 있다.

정리 14.2: Frobenius 정리 1

식 (14.1)과 같은 미분 방정식이 주어졌을 때 $\dfrac{q}{p}$와 $\dfrac{r}{p}$이 $x=0$에서 무계(unbounded)이지만, $\dfrac{xq}{p}$와 $\dfrac{x^2 r}{p}$은

1) $x=0$에서 정칙이고,
2) $|x|<\rho$에서 수렴할 때,

$x=0$는 **균정 특이점**(regular singular point)이라고 부른다.
위의 조건이 만족되는 경우, 식 (14.1)의 해 중 최소한 하나는 다음과 같은 Frobenius 형태로 주어지는데,

$$y(x)=x^{\alpha}\sum_{j=0}^{\infty}c_j x^j, \tag{14.9}$$

여기서 위의 급수의 수렴 반경은 ρ 보다 작지 않으며, 지수(index) α는 주어진 미분 방정식으로부터 결정되는 실수이다.

위의 정리는 정리 13.3에서 언급한 존재 정리의 일부분으로 볼 수 없다. 왜냐하면, 정리 13.3에서는 식 (13.3)의 $p_0(x)$가 구간 $[a,b]$에서 영이 아닌 것을 전제로 하고 있는데 반해, 위의 정리에서는 $p_0(x)$가 $x=0$에서 영의 값을 가질 수 있는 경우를 다루고 있기 때문이다

위에서 α는 미분 방정식으로부터 얻는 **지수 방정식**(indicial equation)이라고 불리는 방정식의 근인데, 이에 대해 0차 **베셀 방정식**(Bessel equation of order zero)을 예로 들어 생각해 보자. 0차 베셀 방정식은 다음과 같이 주어지는데,

$$x^2y''+xy'+x^2y=0, \tag{14.10}$$

$\dfrac{q}{p} = \dfrac{1}{x}$, $\dfrac{r}{p} = 1$이므로 $\dfrac{q}{p}$가 $x = 0$에서 무계이지만, $\dfrac{xq}{p} = 1$은 $x = 0$에서 정칙이므로, $x = 0$는 균정 특이점이다.

따라서 식 (14.9)와 같은 Frobenius 형태의 해를 가정하여 주어진 식에 대입하여 다음을 얻는다.

$$\sum_{j=0}^{\infty}(j+\alpha)(j+\alpha-1)c_j x^{j+\alpha} + \sum_{j=0}^{\infty}(j+\alpha)c_j x^{j+\alpha} + \sum_{j=0}^{\infty}c_j x^{j+2+\alpha} = 0, \qquad (14.11)$$

위 식 좌변의 첫 번째, 두 번째 급수에서 $j = 0$에 해당하는 항, 즉 x^{α} 항의 계수를 모으면 다음을 얻는데,

$$\{\alpha(\alpha-1)+\alpha\}c_0 = \alpha^2 c_0 = 0, \qquad (14.12)$$

이 식은 $\alpha = 0$로 취하여 만족시키기로 한다. 위에서 중괄호 안의 양을 영으로 놓았을 때 얻어지는 식을 지수 방정식이라고 부른다.

또 $j = 1$에 해당하는 항, 즉 $x^{\alpha+1}$ 항의 계수에 대해서는 다음을 얻는데,

$$\{(1+\alpha)\alpha + (1+\alpha)\}c_1 = (1+\alpha)^2 c_1 = 0, \qquad (14.13)$$

이미 $\alpha = 0$으로 취했으므로, $c_1 = 0$을 취하여 위 식을 만족시키기로 한다.

식 (14.11)에 $\alpha = 0$을 대입하고, 좌변의 첫 번째, 두 번째 급수에서는 $j = m+2$, 마지막 급수에 대해서는 $j = m$을 대입하여 세 급수를 하나의 급수로 쓰면 다음을 얻는다.

$$\sum_{m=0}^{\infty}\left[\{(m+2)(m+1)+(m+2)\}c_{m+2} + c_m\right]x^{m+2} = 0. \qquad (14.14)$$

$x^2, x^3, \cdots$는 모두 선형 독립이므로, 위 식이 성립하기 위해서는 대괄호 안의 양이 모든 m에 대해 영이 되어야 하며, 따라서 다음을 얻는다.

$$c_{m+2} = -\frac{c_m}{(m+2)^2},\ m = 0, 1, \cdots. \tag{14.15}$$

그러므로 짝수인 m에 대해 다음을 얻고,

$$c_2 = -\frac{c_0}{2^2},\ c_4 = -\frac{c_2}{4^2} = \frac{c_0}{2^2 4^2},\ \cdots,\ c_{2j} = -\frac{c_{2j-2}}{(2j)^2} = (-1)^j \frac{c_0}{2^2 4^2 \cdots (2j)^2}, \tag{14.16}$$

$c_1 = 0$이므로, $c_1 = c_3 = \cdots = 0$이 되어, 따라서 다음과 같은 해를 얻는다.

$$y(x) = c_0 \sum_{j=0}^{\infty} \frac{(-1)^j}{2^{2j}(j!)^2} x^{2j} = c_0 \sum_{j=0}^{\infty} \frac{(-1)^j}{(j!)^2} \left(\frac{x}{2}\right)^{2j} \equiv c_0 J_0(x). \tag{14.17}$$

여기서 마지막 급수는 **제 1종 0차 베셀 함수**(Bessel function of order zero of the first kind)이며, 정리 14.2에서 보장한 대로 하나의 해를 구했다.

식 (14.12)에서 $\alpha = 0$가 지수 방정식의 중근이었으므로, 위에서 본 바와 같이 하나의 해만을 얻었으며, 지수 방정식의 근이 어떻게 얻어 지느냐에 따라 여러 경우가 발생한다. 이에 대해서는 다음 정리로 간추려 둔다.

정리 14.3: Frobenius 정리 2

식 (14.1)과 같은 미분 방정식에 대해 $x = 0$가 균정 특이점일 때, 지수 방정식의 근의 성질에 따라 다음과 같은 경우로 나누어진다.

1) 하나의 실수 중근을 가지면 식 (14.9)와 같은 Frobenius 형태의 해는 하나만 존재한다.

2) 서로 다른 두 실근이 존재할 때,

i) 두 실근의 차이가 정수가 아니면(non-integer), 두 개의 선형 독립인 Frobenius 형태의 해가 존재한다.

ii) 두 실근의 차이가 정수이면, 큰 근에 상응하여 Frobenius 형태의 해가 존재하며, 작은 근에 상응하는 해는 선형 독립인 Frobenius 형태의 해가 얻어지는 경우도 있고, 해가 존재하지 않는 경우도 있다.

식 (14.10), 0차 베셀 방정식의 또 다른 해에 대해서는 다음 절에서 보다 자세히 다루기로 하고, 이하에서는 Frobenius 형태, 식 (14.9)의 정당성에 관해 생각해 보자. 먼저 식 (14.1)의 미분 방정식의 양변을 $p(x)$로 나누어 다음을 얻는데,

$$y'' + \frac{q}{p}y' + \frac{r}{p}y = 0, \tag{14.18}$$

이 식의 양변에 다시 x^2을 곱하면 다음을 얻는다.

$$x^2y'' + x\left(\frac{xq}{p}\right)y' + \left(\frac{x^2r}{p}\right)y = 0, \tag{14.19}$$

여기서 $x = 0$가 균정 특이점이므로 위 식은 다음과 같이 쓸 수 있고,

$$x^2y'' + x(a_0 + a_1x + \cdots)y' + (b_0 + b_1x + \cdots)y = 0, \tag{14.20}$$

$|x| \ll 1$에 대해서는 위 식은 다음과 같이 근사적으로 쓸 수 있는데,

$$x^2y'' + a_0xy' + b_0y = 0, \tag{14.21}$$

이 식은 13.2절 3)에서 고려한 코쉬-오일러 방정식이므로, $y = x^{\alpha}$의 해를 가진다.

따라서 원래의 방정식 (14.18)은 식 (14.9)와 같은 Frobenius 형태의 해를 가지는 것으로 가정할 수 있다.

위의 식 (14.21)에서 지수 방정식의 형태도 알 수 있는데, α는 식 (14.21)에 $y=x^{\alpha}$를 대입하여 얻어지므로, 지수 방정식을 다음과 같이 얻는다.

$$\alpha(\alpha-1)+a_0\alpha+b_0=\alpha^2+(a_0-1)\alpha+b_0=0. \tag{14.22}$$

예를 들어 0차 베셀 방정식의 경우에는 $a_0=1,\ b_0=0$이므로, 이를 위 식에 대입하면 $\alpha^2=0$, 바로 식 (14.12)에서 얻었던 식을 얻는다.

수학자들의 소개

- Bessel(1784-1846, Germany): 3체 운동과 관련된 Kepler 문제로부터 베셀 함수를 얻음.

14.2 베셀 방정식

베셀 방정식은 다양한 물리 현상과 관련하여 얻어지는 방정식이며, 파동, 확산, 평형 등의 제반 문제의 해결에 주요한 역할을 하는 방정식이다. 앞 절에서는 식 (14.10), 즉 0차 베셀 방정식을 고려하였는데 일반적인 베셀 방정식인 **ν차 베셀 방정식**(Bessel equation of order ν)은 다음과 같다.

$$x^2y''+xy'+(x^2-\nu^2)y=0, \tag{14.23}$$

여기서 ν는 임의의 실수이다.

위 식에 Frobenius 형태의 해를 가정하여 대입하면, 식 (14.22)에 $a_0=1$, $b_0=-\nu^2$을 대입하여 다음 지수 방정식을 얻으며,

$$\alpha^2 - \nu^2 = (\alpha - \nu)(\alpha + \nu) = 0. \tag{14.24}$$

따라서 $\alpha_1 = \nu$, $\alpha_2 = -\nu$이므로, 정리 14.3에 따르면 ν의 값에 따라 세 가지 경우가 발생한다.

1) $\nu = 0$인 경우

지수 방정식이 중근을 가지며, 앞 절에서 보인 바와 같이 첫 번째 해 J_0는 다음과 같은 Frobenius 형태로 얻었다.

$$J_0(x) = \sum_{j=0}^{\infty} \frac{(-1)^j}{(j!)^2} \left(\frac{x}{2}\right)^{2j}. \tag{14.17}$$

그런데, 지수 방정식이 중근을 가진다는 것은 상응하는 코쉬-오일러 방정식도 중근을 가진다는 뜻이며, 따라서 식 (13.48)로부터 두 번째 해의 형태는 다음과 같아야 함을 알 수 있다.

$$y = J_0(x)\ln x + \sum_{j=0}^{\infty} d_j x^j. \tag{14.25}$$

여기서 우변의 급수는 $y(x)$의 부분 중 $x = 0$에서 정칙인 부분이다.

이 식을 원래의 미분 방정식에 대입하여 급수의 계수를 결정하면 다음과 같은 **0차 Neumann 함수**(Neumann function of order zero)를 얻는다.

$$N_0 = J_0(x)\ln x + \sum_{j=0}^{\infty} \frac{(-1)^{j+1}\phi_j}{(j!)^2} \left(\frac{x}{2}\right)^{2j}. \tag{14.26}$$

여기서 $\phi_j = \sum_{m=1}^{j} \frac{1}{m}$이고, $\phi_0 = 1$이다.

물론 위 함수는 J_0와 선형 독립이므로, 이 함수를 두 번째 해로 사용하는 경우도 있지만, 대부분의 경우 다음과 같은 함수를 **제2종 0차 베셀 함수**(Bessel function of order zero of the second kind) Y_0로 다시 정의하여 사용한다.

$$Y_0 = \frac{2}{\pi}\{N_0 + (\gamma - \ln 2)J_0(x)\} = \frac{2}{\pi}\left\{\left(\gamma + \ln\frac{x}{2}\right)J_0(x) + \sum_{j=0}^{\infty}\frac{(-1)^{j+1}\phi_j}{(j!)^2}\left(\frac{x}{2}\right)^{2j}\right\}. \tag{14.27}$$

여기서 γ는 오일러 상수이다. 이와 같이 제2종 베셀 함수를 정의하는 이유는 아래에서 $x \to \infty$일 때의 두 함수의 양상을 고려하면서 확실해 질 것이다.

J_0, Y_0를 그림 14.1에 보였다.

$x \to 0$일 때 두 함수의 **선도항**(leading order term)은 식 (14.17), (14.27)로부터 다음과 같이 얻는다.

$$J_0 \sim 1,\ \ Y_0 \sim \frac{2}{\pi}\ln x. \tag{14.28}$$

J_0는 $x = 0$에서 정칙이지만, Y_0는 무계이며, $x = 0$에서 대수 함수적(logarithmic) 특이성을 가짐에 유의한다.

한편, $x \to \infty$일 때의 0차 베셀 함수의 거동을 알기 위해서 다음을 생각한다. 0차 베셀 방정식은 다음과 같이 다시 쓸 수 있고,

$$y'' + \frac{1}{x}y' + y = 0, \tag{14.29}$$

이 식에 다음과 같은 치환을 대입하면,

$$y = A(x)u(x), \tag{14.30}$$

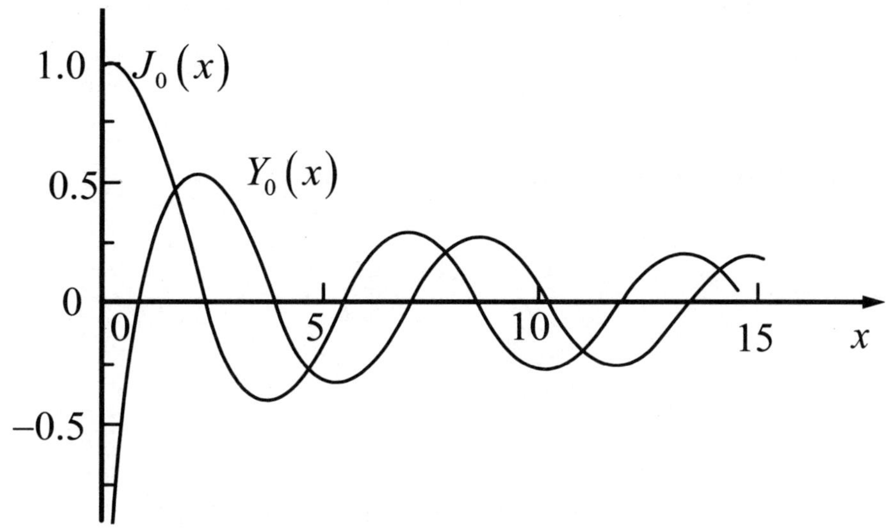

그림 14.1 제1종 및 제2종 0차 베셀 함수 J_0, Y_0

다음 식을 얻는다.

$$Au'' + \left(2A' + \frac{A}{x}\right)u' + \left(A'' + \frac{A'}{x} + A\right)u = 0, \tag{14.31}$$

여기서 1계 미분항의 계수를 없애기 위해서는 다음이 성립해야 한다.

$$A = \frac{C}{\sqrt{x}}, \tag{14.32}$$

여기서 C는 적분 상수이다.

이제 식 (14.31)의 양변을 A로 나누고, 식 (14.32)를 대입하면, 다음을 얻는다.

$$u'' + \left(1 + \frac{1}{4x^2}\right)u = 0, \tag{14.33}$$

따라서 $x \to \infty$일 때, u는 근사적으로 다음 미분 방정식을 만족할 것이며,

$$u'' + u = 0. \tag{14.34}$$

$x \to \infty$일 때의 0차 베셀 함수에 대해 다음 근사를 얻는다.

$$J_0 \sim \frac{\cos x}{\sqrt{x}}, \quad Y_0 \sim \frac{\sin x}{\sqrt{x}}. \tag{14.35}$$

보다 정밀한 점근 해석을 수행하면 다음 결과를 얻는다[1].

$$J_0 \sim \sqrt{\frac{2}{\pi x}} \cos\left(x - \frac{\pi}{4}\right), \quad Y_0 \sim \sqrt{\frac{2}{\pi x}} \sin\left(x - \frac{\pi}{4}\right). \tag{14.36}$$

위와 같은 점근 거동 때문에 파동 문제 등의 해석을 위해서 다음과 같이 Hankel 함수를 정의하게 된다.

$$H_0^{(1)}(x) = J_0 + i Y_0, \quad H_0^{(2)}(x) = J_0 - i Y_0. \tag{14.37}$$

위와 같이 정의하면, $x \to \infty$일 때의 **0차 Hankel 함수**(Hankel functions of order zero)들에 대해 다음을 얻는다.

$$H_0^{(1)}(x) \sim \sqrt{\frac{2}{\pi x}}\, e^{i\left(x - \frac{\pi}{4}\right)}, \quad H_0^{(2)}(x) \sim \sqrt{\frac{2}{\pi x}}\, e^{-i\left(x - \frac{\pi}{4}\right)}. \tag{14.38}$$

물리적으로 0차 베셀 함수는 축대칭인 파동을 나타낸다고 볼 수 있는데, 위의 식 (14.35)에서 보인 것과 같이, $x \to \infty$일 때에는 J_0는 코싸인, Y_0는 싸인처럼 거동하고,

---

1) 복소함수론의 내용을 포함하는 방법을 사용해야 하므로 여기서는 생략하였으며, 예를 들어 [참고문헌 10]을 참조하기 바란다.

제1종 0차 Hankel 함수(Hankel function of order zero of the first kind) $H_0^{(1)}$는 e^{ix}, **제2종 0차 Hankel 함수**(Hankel function of order zero of the second kind) $H_0^{(2)}$는 e^{-ix}처럼 거동하므로 점근 해석 시에 매우 효과적으로 사용할 수 있다.

식 (14.35)의 점근 거동에서 분모의 $\sqrt{x}$는 물리적으로는 에너지 보존과 관련이 있다. 2차원 수평면에서 진행하는 파동의 경우, 그 에너지는 진폭의 제곱에 비례하는데, 파정선(crest line)이 직선인 경우에는 그 길이에 변화가 없으므로 진폭이 일정하게 진행할 수 있다. 그러나 축대칭 파동의 경우, 예를 들어 밖으로 퍼져나가는 동심원 같은 경우에는, 파도가 반경 방향으로 진행할 때 파정선의 길이가 반경 x에 비례하여 증가하므로, 파도의 진폭은 $\frac{1}{\sqrt{x}}$에 비례하여 감소해야만 에너지 보존이 만족된다.

2) $\nu = n$, 즉 정수인 경우

지수 방정식이 $\alpha_1 = n$, $\alpha_2 = -n$의 두 실근을 가지며, 정리 14.3에 따라 $\alpha_1 = n$에 상응하는 **제1종 n차 베셀 함수**(Bessel function of order n of the first kind) $J_n(x)$는 J_0를 구할 때와 같은 방법으로 얻을 수 있으며, 다음과 같이 Frobenius 형태로 주어진다.

$$J_n(x) = \sum_{j=0}^{\infty} \frac{(-1)^j}{j!(n+j)!} \left(\frac{x}{2}\right)^{2j+n}. \qquad (14.39)$$

$\alpha_2 = -n$에 상응하는 해를 Frobenius 형태로 구하면 직접 계산에 의해 다음을 보일 수 있으므로,

$$J_{-n}(x) = (-1)^n J_n(x),$$

$J_{-n}(x)$는 $J_n(x)$와 선형 독립이 아니다.

$J_n(x)$에 선형 독립인 두 번째 해, **제2종 n차 베셀 함수**(Bessel function of order n of the second kind) $Y_n(x)$는 앞의 1)에서 Y_0를 구할 때와 같은 방법으로 다음과 같이 얻는다.

$$Y_n(x) = \frac{2}{\pi}\left(\gamma + \ln\frac{x}{2}\right)J_n(x) - \frac{1}{\pi}\sum_{j=0}^{n-1}\frac{(n-j-1)!}{j!}\left(\frac{x}{2}\right)^{2j-n}$$
$$-\frac{1}{\pi}\sum_{j=0}^{\infty}\frac{(-1)^{j+1}(\phi_j+\phi_{n+j})}{j!(n+j)!}\left(\frac{x}{2}\right)^{2j+n}. \qquad (14.40)$$

J_n을 그림 14.2에, Y_n을 그림 14.3에 각각 보였다.

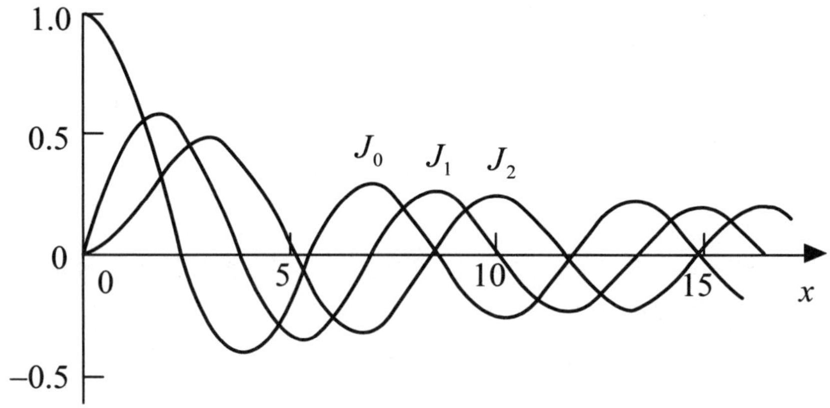

그림 14.2 제1종 n차 베셀 함수 J_n

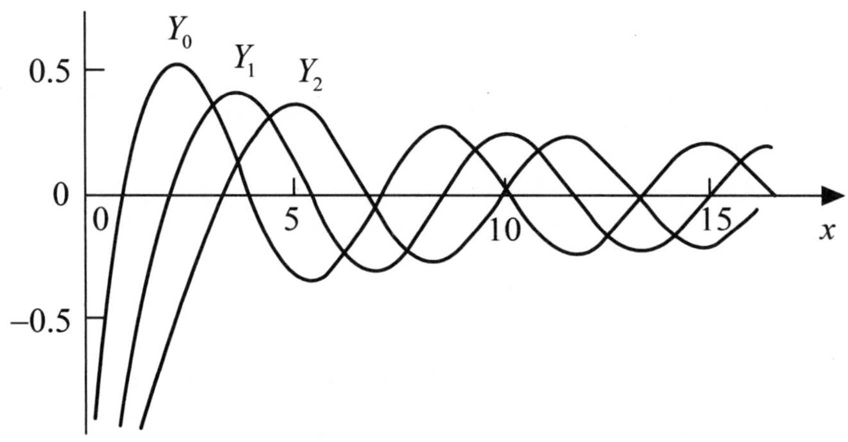

그림 14.3 제2종 n차 베셀 함수 Y_n

$x \to 0$일 때 두 함수의 선도항은 식 (14.39), (14.40)으로부터 다음과 같이 얻는다.

$$J_n \sim \frac{1}{n!}\left(\frac{x}{2}\right)^n,\ Y_n \sim -\frac{2^n}{\pi(n-1)!}x^{-n}. \tag{14.40}$$

J_n는 $x=0$에서 정칙이지만, Y_n는 무계이며, $x=0$에서 x^{-n}의 특이성을 가짐에 유의한다.

$x \to \infty$일 때의 n차 베셀 함수의 거동은 0차 베셀 함수에 대해 사용했던 것과 같은 방법을 사용하여 다음을 얻는다.

$$J_n \sim \sqrt{\frac{2}{\pi x}}\cos\left(x-\frac{n\pi}{2}-\frac{\pi}{4}\right),\ Y_n \sim \sqrt{\frac{2}{\pi x}}\sin\left(x-\frac{n\pi}{2}-\frac{\pi}{4}\right). \tag{14.41}$$

n차 Hankel 함수(Hankel function of order n)는 다음과 같이 정의되며,

$$H_n^{(1)}(x) = J_n + iY_n,\ H_n^{(2)}(x) = J_n - iY_n. \tag{14.42}$$

$x \to \infty$일 때의 n차 Hankel 함수는 다음과 같은 선도항을 가진다.

$$H_n^{(1)}(x) \sim \sqrt{\frac{2}{\pi x}}\,e^{i\left(x-\frac{n\pi}{2}-\frac{\pi}{4}\right)},\ H_n^{(2)}(x) \sim \sqrt{\frac{2}{\pi x}}\,e^{-i\left(x-\frac{n\pi}{2}-\frac{\pi}{4}\right)}. \tag{14.43}$$

한편, $\nu = n$인 경우뿐만 아니라 $\nu = n+\frac{1}{2}$, 즉 홀수의 반정수(half integer)일 때도 두 실근의 차이가 정수가 되므로, 이 경우에 속한다. 그런데 일반적인 ν에 대해, 식 (14.30) 이하에 보인 것과 같은 해석을 수행하면, 식 (14.33) 대신에 다음을 얻으므로,

$$u'' + \left\{1 + \frac{1}{x^2}\left(\frac{1}{4} - \nu^2\right)\right\}u = 0, \tag{14.44}$$

$\nu = \dfrac{1}{2}$인 경우에는 위의 식이 식 (14.34)가 되며, 선형 독립인 두 해, $J_{1/2}$과 $J_{-1/2}$은 다음과 같이 주어진다.

$$J_{1/2}(x) = \sqrt{\frac{2}{\pi x}}\sin x, \ J_{-1/2}(x) = \sqrt{\frac{2}{\pi x}}\cos x. \tag{14.45}$$

3) ν가 정수 또는 반정수가 아닌 임의의 실수인 경우

지수 방정식이 $\alpha_1 = \nu$, $\alpha_2 = -\nu$의 두 실근을 가지며, 정리 14.3에 따라, 두 개의 선형 독립인 Frobenius 형태의 해를 얻으므로 ν차 베셀 방정식의 일반해는 다음과 같이 주어진다.

$$y(x) = c_0 J_\nu(x) + c_1 J_{-\nu}(x). \tag{14.46}$$

여기서 **ν차 베셀 함수**(Bessel function of order ν) J_ν는 다음과 같다.

$$J_\nu(x) = \sum_{j=0}^{\infty} \frac{(-1)^j}{j!\Gamma(\nu+j+1)}\left(\frac{x}{2}\right)^{2j+\nu}. \tag{14.47}$$

계승 함수 대신에 감마 함수가 사용된 것을 제외하면 위 식은 식 (14.39), $\nu = n$, 즉 정수에 대해 얻은 결과와 동일함에 유의한다.

한편 위 식에서 $\nu = \dfrac{1}{2}$을 취하면, $x \to 0$일 때, 선도항은 식 (3.28)을 이용하여 $\sqrt{\dfrac{2x}{\pi}}$를 얻으며, 이는 식 (14.45)의 첫 번째 식의 선도항과 같음에 유의한다.

이하에서는 변수 변환에 의해 베셀 방정식과 같은 형태를 가지게 되는 미분 방정식들에 대해 고찰한다.

① **변형 베셀 방정식**(modified Bessel equations)

이 방정식은 다음과 같은데,

$$x^2y'' + xy' - (x^2 + \nu^2)y = 0, \tag{14.48}$$

$x = -i\xi$로 치환하면, 원래의 베셀 방정식, 식 (14.23)을 얻으므로, 위 식은 예를 들어 $J_\nu(\xi) = J_\nu(ix)$를 해로 가진다. 그러나 식 (14.47)에서 확인할 수 있는 바와 같이 $J_\nu(ix)$는 실수의 값을 가지지 않으며, $\nu = n$인 경우만 생각하기로 하면, $i^{-n}J_n(ix)$는 실수의 값을 가지는 것을 알 수 있다.

따라서 다음과 같이 **제1종 n차 변형 베셀 함수**(modified Bessel function of order n of the first kind) $I_n(x)$를 정의하면,

$$I_n(x) = i^{-n}J_n(ix) = \sum_{j=0}^{\infty} \frac{1}{j!(n+j)!}\left(\frac{x}{2}\right)^{2j+n}, \tag{14.49}$$

이 함수는 식 (14.48)을 만족할 것임을 알 수 있다.

또 **제2종 n차 변형 베셀 함수**(modified Bessel function of order n of the second kind) $K_n(x)$를 다음과 같이 정의하면,

$$K_n(x) = -\frac{\pi}{2}i^n Y_n(ix) = (-1)^{n+1}\left(\gamma + \ln\frac{x}{2}\right)I_n(x) + \frac{1}{2}\sum_{j=0}^{n-1}(-1)^j \frac{(n-j-1)!}{j!}\left(\frac{x}{2}\right)^{2j-n}$$

$$+ \frac{(-1)^n}{2}\sum_{j=0}^{\infty} \frac{\phi_j + \phi_{n+j}}{j!(n+j)!}\left(\frac{x}{2}\right)^{2j+n}, \tag{14.50}$$

이 함수는 식 (14.48)을 만족한다.

따라서 식 (14.48)에서 $\nu = n$인 경우에 대한 일반해는 다음과 같다.

$$y(x) = c_0 I_n(x) + c_1 K_n(x). \tag{14.51}$$

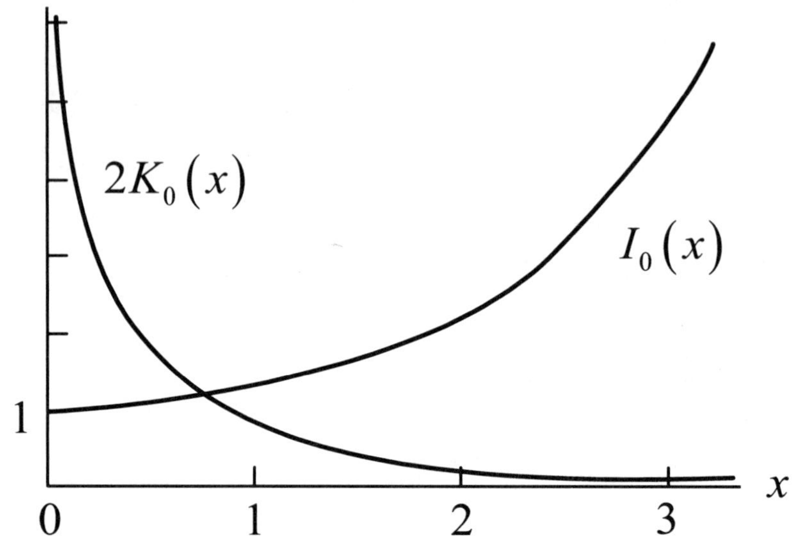

그림 14.4 0차 변형 베셀 함수 I_0, $2K_0$

I_0, K_0을 그림 14.4에 보였다.

$x\to 0$일 때 두 함수의 선도항은 식 (14.49), (14.50)으로부터 다음과 같이 얻는다.

$$I_0 \sim 1,\ K_0 \sim -\ln x. \tag{14.52}$$

I_0는 $x=0$에서 정칙이지만, K_0는 무계이며, $x=0$에서 대수 함수적 특이성을 가짐에 유의한다.

$x\to\infty$일 때의 0차 변형 베셀 함수의 거동은 0차 베셀 함수에 대해 사용했던 방법을 사용하여 얻는데, 식 (14.34) 대신에 다음 식을 얻으므로,

$$u''-u=0. \tag{14.53}$$

그러므로 $x\to\infty$일 때의 0차 변형 베셀 함수에 대해 다음 근사를 얻는다.

$$I_0 \sim \frac{e^x}{\sqrt{2\pi x}},\ K_0 \sim \sqrt{\frac{\pi}{2x}}\, e^{-x}. \tag{14.54}$$

2) 보다 일반적인 변환

다음과 같은 방정식이 주어졌다고 할 때,

$$\frac{d}{dx}\left(x^a \frac{dy}{dx}\right) + bx^c y = 0, \tag{14.55}$$

위 식은 다음과 같은 변수 변환에 의해 ν차 베셀 방정식으로 바뀐다.

$$y(x) = \sqrt{x^{1-a}}\, Z_\nu\left(\alpha b x^{1/\alpha}\right). \tag{14.56}$$

여기서 $\nu = \dfrac{1-a}{c-a+2}$, $\alpha = \dfrac{2}{c-a+2}$, Z_ν는 적절한 베셀 함수를 뜻하며, 한편 $c-a+2=0$이면 위 식은 오일러 방정식이 되므로, 그 경우는 위에 포함되지 않는다.

예를 들어 다음 미분 방정식은 **Airy 방정식**(Airy equation)으로 불리는데,

$$y'' + xy = 0, \tag{14.57}$$

위 식은 $a=0$, $b=1$, $c=1$를 식 (14.55)에 대입하면 얻어지고, $c-a+2=3$, $\nu = \dfrac{1}{3}$, $\alpha = \dfrac{2}{3}$이므로, 그 해는 다음과 같다.

$$y(x) = \sqrt{x}\, Z_{1/3}\left(\frac{2}{3}x^{3/2}\right). \tag{14.58}$$

따라서 Airy 방정식의 일반해는 다음과 같이 얻는다.

$$y(x) = c_0 \sqrt{x} J_{1/3}\left(\frac{2}{3}x^{3/2}\right) + c_1 \sqrt{x} J_{-1/3}\left(\frac{2}{3}x^{3/2}\right). \qquad (14.59)$$

위에서는 주로 베셀 방정식과 관련이 있는 식들을 생각하였으나, 르장드르 방정식, 초월 기하 방정식(hypergeometric equation), Hermite 방정식, Laguerre 방정식, Chebyshev 방정식 등, 많은 방정식들에 대해 Frobenius 형태의 해를 얻을 수 있으며, 이에 대해서는 보다 전문적인 특수 함수에 대한 서적, 예를 들어 [참고문헌 10]을 참고하기 바란다.

수학자들의 소개

- Hankel(1839-1873, Germany): 함수론과 수학사에 기여.
- Neumann(1832-1925, Germany): 포텐셜 이론, 전자기학 등의 수리물리학에 기여.
- Airy(1801-1892, UK): 선형 수면파 이론과 Airy 방정식에 기여.
- Hermite(1822-1901, France): 미분 방정식, 타원 함수, 2차 방형, 대수 등에 기여.
- Laguerre(1834-1886, France): 함수 근사와 미분 방정식에 기여.
- Chebyshev(1821-1894, Russia): 수론, 함수 근사, 직교 다항식에 기여.

14.3 그린 함수

이 절에서는 비제차 선형 상미분 방정식의 해법과 관련하여 매우 효과적인 방법인 **그린 함수**(Green function)를 사용하는 방법을 예제를 통해 설명하기로 한다.

먼저 예를 들어 다음과 같은 비제차 2계 미분 방정식이 경계 조건과 같이 주어졌다고 하자.

$$u'' + k^2 u = f(x);\ u(0) = a,\ u(\pi) = b, \qquad (14.60)$$

여기서 a, b는 주어진 실수이다.

위의 미분 방정식을 다음과 같이 미분 연산자 L을 사용하여 나타내고,

$$Lu = (D^2 + k^2)u,\ \ D \equiv \frac{d}{dx}, \tag{14.61}$$

구간 $[a,b]$에 대해 제곱 적분 가능한 모든 함수들의 집합으로 된 함수 공간 L_2를 선형 벡터 공간으로 간주하고, 이에 대해 스칼라곱을 아래에 보인 식 (7.41)과 같이 정의하자.

$$(g,h) = \int_0^{\pi} g(\xi)h(\xi)d\xi. \tag{7.41}$$

여기서 g, h는 L_2에 속한 임의의 두 함수이다. 따라서 L은 실수 유클리드 공간 L_2 상에 정의된 텐서로 볼 수 있다.

L_2에 속하는 임의의 함수 G와 식 (14.61)로 주어진 Lu의 스칼라곱을 생각하면 다음을 얻는다.

$$(Lu, G) = \int_0^{\pi} G(\xi)Lud\xi = \int_0^{\pi} G(\xi)(D^2 + k^2)ud\xi. \tag{14.62}$$

위 식 마지막 적분에 대해 두 번의 부분적분을 수행하면 다음을 얻는데,

$$(Lu, G) = GDu|_0^{\pi} - \int_0^{\pi}(DGDu + k^2 Gu)d\xi = -uDG\Big|_0^{\pi} + \int_0^{\pi}(D^2 G + k^2 G)u\,d\xi, \tag{14.63}$$

여기서 $G(0) = G(\pi) = 0$으로 취하여 두 번째 등호를 얻었다.

위 식 마지막 적분의 피적분 함수는 uLG이므로 결국 다음을 얻는다.

$$(Lu, G) = -uDG|_0^{\pi} + (u, LG). \tag{14.64}$$

여기서 만약 $LG(\xi,x)=\delta(\xi-x)$의 조건을 부과하면 다음을 얻는데,

$$(Lu,G)=-uDG|_0^\pi+\int_0^\pi u(\xi)\delta(\xi-x)\,d\xi=-uDG\Big|_0^\pi+u(x),\quad(14.65)$$

식 (14.60)으로부터 $Lu=f$이므로 이 식을 위에 대입하고 $u(x)$에 대해 정리하여 다음을 얻는다.

$$u(x)=(f,G)+uDG|_0^\pi=\int_0^\pi f(\xi)G(\xi,x)d\xi+\left\{u\frac{dG(\xi,x)}{d\xi}\right\}_{\xi=0}^{\xi=\pi}.\quad(14.66)$$

여기서 $G(\xi,x)$는 **그린 함수**라고 불린다.

위 식으로부터 그린 함수를 알면 미지 함수 $u(x)$를 구할 수 있는데, 그린 함수가 만족해야 하는 식을 정리하면 다음과 같다.

$$\frac{d^2G}{d\xi^2}+k^2G=\delta(\xi-x);\ \ G(0,x)=0,\ \ G(\pi,x)=0.\quad(14.67)$$

위에서 x는 상수처럼 간주한다.

원래 주어진 문제인 식 (14.60)인, 비제차 방정식을 만족하는 $u(x)$를 직접 구하는 대신, 식 (14.67)을 만족하는 그린 함수를 구하고, 식 (14.66)에 그린 함수를 대입하여 $u(x)$를 얻는 방법을 취하고 있음에 유의한다.

식 (14.67)의 미분 방정식의 우변은 델타 함수이므로 $\xi\neq x$인 영역에서는 영이 되므로, 사실상 식 (14.67)의 미분 방정식은 다음과 같은 식이다.

$$\xi<x;\frac{d^2G}{d\xi^2}+k^2G=0;\ \ G(0,x)=0,\quad(14.68)$$

$$\xi > x; \frac{d^2 G}{d\xi^2} + k^2 G = 0; \;\; G(\pi, x) = 0. \tag{14.69}$$

한편, 식 (14.67)의 미분 방정식을 ξ에 대해 $x-\epsilon$부터 $x+\epsilon$까지 적분하면 다음을 얻는다.

$$\int_{x-\epsilon}^{x+\epsilon} \left(\frac{d^2 G}{d\xi^2} + k^2 G \right) d\xi = \int_{x-\epsilon}^{x+\epsilon} \delta(\xi - x) d\xi = 1. \tag{14.70}$$

위 식에서 $\epsilon \to 0$을 취하면, 결국 다음을 얻는다.

$$\left. \frac{dG}{d\xi} \right|_{\xi = x-\epsilon}^{\xi = x+\epsilon} = 1. \tag{14.71}$$

그린 함수 G는 L_2에 속하므로, 당연히 그 기울기가 $\xi = x$에서 불연속일 수 있으며, 위 식은 그린 함수의 기울기가 $\xi = x$에서 1만큼 불연속적으로 증가한다는 점을 뜻하고 있다.

그린 함수에 대한 또 하나의 조건은 다음과 같이 표현되는 $\xi = x$에서의 그린 함수의 연속성이다.

$$G(\xi, x)|_{\xi = x-0} = G(\xi, x)|_{\xi = x+0}. \tag{14.72}$$

식 (14.68)과 식 (14.69)를 보면 2계 미분 방정식임에도 불구하고 경계 조건이 한 점에서만 주어져 있으므로, 그린 함수가 각각의 구간에서 유일하게 결정될 수 없다. 여기에 식 (14.71)로 주어진 단위 점프 조건(unit jump condition), 또는 줄여서 점프 조건과, 식 (14.72)로 주어진 연속 조건을 추가하여 그린 함수가 유일하게 결정되게 할 수 있다.

한편, 식 (6.28)에서 보았듯이 그린 함수는 '점 하중'에 대한 계의 반응으로 볼 수 있는데, 위의 식 (14.67)은 이를 더욱 명백하게 보여 주고 있다.

또한 주어진 비제차 미분 방정식, 식 (14.60)의 우변 $f(x)$는 임의의 함수이므로, 함수의 형태가 주어지기 전에는 직접 주어진 문제를 풀기가 곤란하다. 그러나 그린 함수는 $f(x)$의 형태와 독립적으로 구할 수 있으며, 일단 그린 함수를 구하면 주어진 $f(x)$에 대해 식 (14.66)에 보인 연산만 수행하면 미지함수를 구할 수 있다는 장점이 있다.

물리적으로 얘기하면, 외부에서 작용하는 힘의 형태와 상관없이 그린 함수는 결정되는데, 그린 함수는 델타 함수가 외력으로 작용할 때의 계의 반응, 즉 **충격 응답**(impulsive response)에 해당하며, 주어진 계의 특성을 나타내는 함수로 볼 수 있다.

이제 실제로 식 (14.68)의 해를 구하면 다음과 같고,

$$G(\xi,x) = A(x)\sin k\xi,\ \ \xi < x, \tag{14.73}$$

또한 식 (14.69)의 해는 다음과 같다.

$$G(\xi,x) = B(x)\sin k(\xi - \pi),\ \ \xi > x. \tag{14.74}$$

여기에 식 (14.71)의 단위 점프 조건을 적용하면 다음을 얻고,

$$\left.\frac{dG}{d\xi}\right|_{\xi = x - \epsilon}^{\xi = x + \epsilon} = kB(x)\cos k(x-\pi) - kA(x)\cos kx = 1. \tag{14.75}$$

또 식 (14.72)의 연속 조건을 적용하면 다음을 얻는다.

$$B(x)\sin k(x-\pi) - A(x)\sin kx = 0, \tag{14.76}$$

식 (14.75), (14.76)은 $A(x)$, $B(x)$를 미지 함수로 하는 선형 연립 방정식으로 볼 수 있으므로, 이들에 대해 Cramer 해법을 적용하여 다음과 같이 $A(x)$, $B(x)$를 구할 수 있다.

$$A(x) = \frac{\sin k(x-\pi)}{k \sin k\pi}, \ B(x) = \frac{\sin kx}{k \sin k\pi}. \tag{14.77}$$

이들을 식 (14.73), (14.74)에 대입하여 다음과 같이 그린 함수를 얻는다.

$$G(\xi,x) = \begin{cases} \dfrac{\sin k\xi \sin k(x-\pi)}{k \sin k\pi}, \xi < x, \\ \dfrac{\sin k(\xi-\pi) \sin kx}{k \sin k\pi}, \xi > x. \end{cases} \tag{14.78}$$

그림 14.5에 $x = \dfrac{\pi}{2}$, $k = 1.5$인 경우에 대해 위의 그린 함수를 보였으며, $\xi = x$를 전후하여 기울기가 단위 크기만큼 점프함에 유의한다.

따라서 주어진 식 (14.60)의 해는 위 식을 식 (14.66)에 대입하여 다음과 같이 얻는다.

$$\begin{aligned} u(x) &= \int_0^\pi f(\xi) G(\xi,x) d\xi + \left\{ u \frac{dG(\xi,x)}{d\xi} \right\}_{\xi=0}^{\xi=\pi} \\ &= \int_0^\pi f(\xi) G(\xi,x) d\xi + b \frac{\sin kx}{\sin k\pi} - a \frac{\sin k(x-\pi)}{\sin k\pi}. \end{aligned} \tag{14.79}$$

위의 식 (14.78)에서 $G(\xi,x) = G(x,\xi)$를 확인할 수 있으며, 이와 같은 '대칭성'(symmetry)은 'ξ에 가해진 단위 외력(unit external force) 때문에 x에 발생하는 반응(response)은, x에 가해진 단위 외력 때문에 ξ에 발생하는 반응과 같다'는 물리학에서 **Maxwell의 가역 정리**(Maxwell's reciprocity theorem)로 알려진 사실의 수학적 표현으로 볼 수 있다.

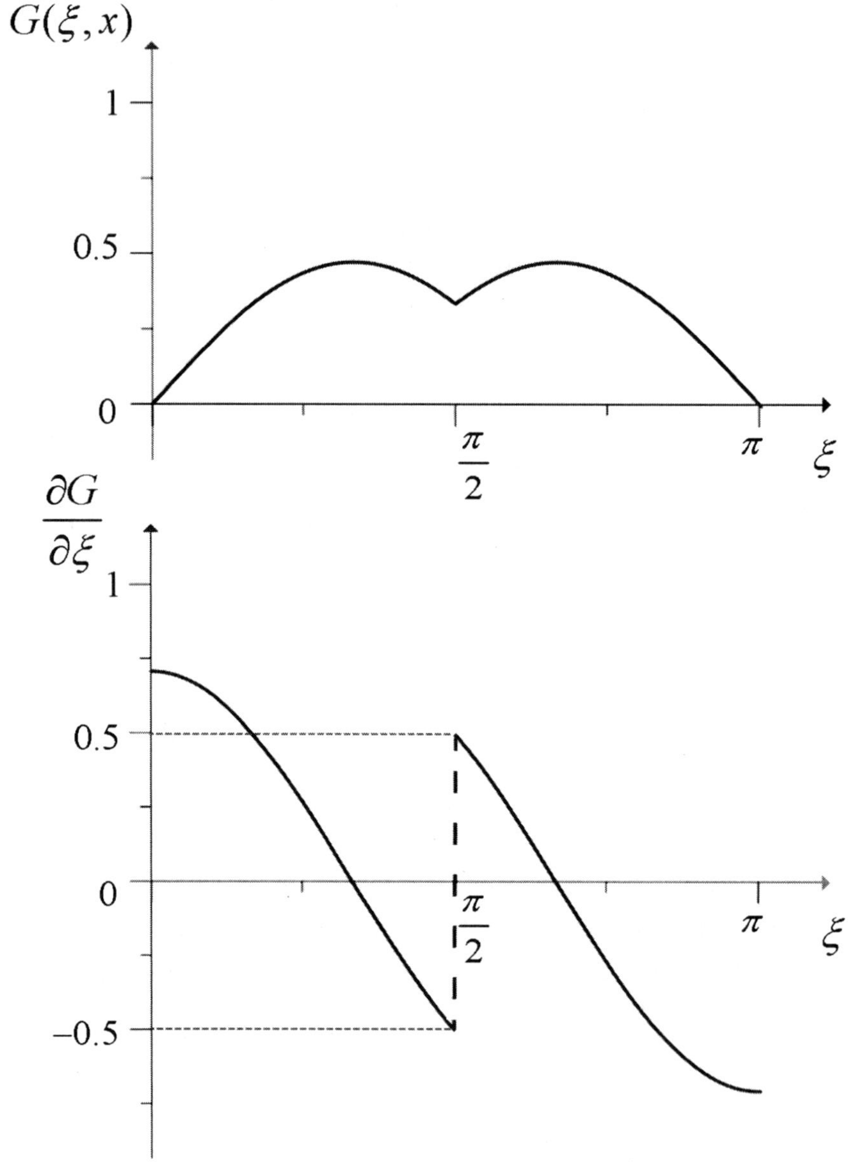

그림 14.5 $L = D^2 + k^2$ 에 대한 그린 함수, $x = \frac{\pi}{2}$, $k = 1.5$

또한 위의 식 (14.79)의 우변을 보면, 첫 번째 적분 항은 외적 요인인 $f(x)$에 기인하는 항이며, 두 번째와 세 번째 항은 경계 조건의 영향을 나타내는 항으로, 그 영향이 각각 분리하여 표현되고 있음에 유의한다. 다시 말하면, 경계 조건에 포함되어 있는 a, b의 값이 달라진다고 하더라도 그린 함수를 포함하는 항에는 변화가 없다는 점에 유의한다.

아래에서는 마지막으로 초기 조건이 주어진 비제차 1계 미분 방정식을 예제로 삼아 그린 함수 및 해를 구하는 과정을 다시 한 번 보이기로 한다.

다음과 같은 미분 방정식과 초기 조건이 주어졌다고 하면,

$$\dot{u} = f(t);\ u(0) = a, \tag{14.80}$$

미분 연산자 L은 다음과 같고,

$$Lu = Du = \frac{du}{dt}, \tag{14.81}$$

구간 $[0, T]$에 대해 함수 공간 L_2를 선형 벡터 공간으로 간주하며, L_2에 속한 임의의 두 함수 g, h에 대해 스칼라곱을 아래와 같이 정의하자.

$$(g,h) = \int_0^T g(\tau)h(\tau)d\tau. \tag{14.82}$$

여기서 T는 임의의 유한한 영보다 큰 실수이다. 그러면 L은 실수 유클리드 공간 L_2 상에 정의된 텐서로 볼 수 있다.

L_2에 속하는 임의의 함수 G와 식 (14.81)로 주어진 Lu의 스칼라곱을 생각하고, 부분적분을 수행하여 다음을 얻으며,

$$(Lu, G) = \int_0^\pi G(\tau)\dot{u}d\tau = uG\Big|_0^T - \int_0^T \frac{dG}{d\tau}ud\tau. \tag{14.83}$$

여기서 $G(T)=0$으로 취하고, $-\frac{dG}{d\tau}(\tau,t)=\delta(\tau-t)$의 조건을 부과하면 다음을 얻는다.

$$u(x)=(f,G)+aG(0,t). \tag{14.84}$$

따라서 그린 함수가 만족해야 하는 식을 정리하면 다음과 같고,

$$-\frac{dG}{d\tau}(\tau,t)=\delta(\tau-t);\ \ G(T,t)=0, \tag{14.85}$$

이 식을 위의 식 (14.68), (14.69)처럼 나누어 풀 수도 있겠지만, 식 (4.27)에 보인 바와 같이 위 식의 그린 함수는 Heaviside 단위 계단 함수에 상응하므로 다음을 얻는다.

$$G(\tau,t)=-H(\tau-t)+C, \tag{14.86}$$

여기서 적분 상수 C는 식 (14.85)에 보인 $\tau=T>t$에서의 조건을 만족시키려면 $C=1$이 되어야 하며, 따라서 다음과 같이 그린 함수를 얻는다.

$$G(\tau,t)=1-H(\tau-t). \tag{14.87}$$

여기서는 앞의 문제에서와는 달리 '점프 조건'이나 '연속 조건' 등을 생각하지 않았는데, 이는 델타 함수의 적분이 Heaviside 단위 계단 함수인 것을 활용하였기 때문이며, 식 (14.85)의 미분 방정식이 1계 미분 방정식이므로 이 경우에는 그린 함수의 기울기가 단위 점프를 하는 것이 아니고, 그린 함수의 값 자체가 단위 점프를 하며, 이는 식 (14.87)에서 확인할 수 있다.

식 (14.87)의 그린 함수를 식 (14.84)에 대입하여 주어진 문제 식 (14.80)의 해를 구하면 다음을 얻는다.

$$u(x)=\int_0^T f(\tau)G(\tau,t)d\tau+a=\int_0^t f(\tau)d\tau+a. \tag{14.88}$$

물론 이 해는 식 (14.80)의 미분 방정식을 직접 적분하고 초기 조건을 고려하여 구할 수도 있었지만, 여기서는 그린 함수 방법 자체의 특성과 적합성을 보이고자 하였다.

수학자들의 소개

- Maxwell(1831-1879, UK): 전자기학의 창시자이며, 기체 분자 운동론에 기여.

연습문제

1. 다음 미분 방정식들에 대해 Frobenius 방법을 사용하여 일반해를 구하시오.

   1) $y'' - y' = x$,

   2) $xy'' + y = 0$,

   3) $x^2y'' + xy' - 9y = 4x^3$,

   4) $y'' + xy = 0$, 구한 급수해와 식 (14.59)의 결과를 비교하시오.

2. 미분 방정식 $y'' + p(x)y' + q(x)y = 0$에 대해 14.2절의 식 (14.30)과 같은 $y = A(x)u(x)$의 치환을 사용하여 $u(x)$에 대한 다음과 같은 기준형(canonical form) 미분 방정식을 유도할 수 있음을 보이고,

$$u'' + r(x)u = 0,$$

   이때 $A(x) = \exp\left[-\int \frac{p}{2}dx\right]$, $r(x) = -\left(\frac{p'}{2} + \frac{p^2}{4} - q\right)A(x)$임을 보이시오.

3. {문제 2}에서 생각했던 기준형 미분 방정식에 대해 생각하자.

1) 다음과 같은 근사적인 인수 분해를 가정하여,

$$(D+\alpha)(D+\beta)u = u'' + ru = 0,$$

$\alpha(x)$, $\beta(x)$는 다음 관계를 만족해야 함을 보이시오.

$$\alpha = -\beta,\ \beta' - \beta^2 = r.$$

2) 위의 둘째 관계로부터 다음과 같은 반복자를 생각하면,

$$\beta_{j+1} = \sqrt{\beta_j' - r},$$

$\beta_0 = 0$로부터 $\beta_1 = i\sqrt{r}$을 얻으며, 따라서 다음을 얻음을 보이시오.

$$\beta_2 = i\sqrt{r\left(1 - \frac{i}{2}\frac{r'}{r^{3/2}}\right)}.$$

만약 $\left|\dfrac{r'}{r^{3/2}}\right| \ll 1$이 성립한다면, 다음을 얻음을 보이시오.

$$\beta_2 \simeq i\sqrt{r} + \frac{1}{4}\frac{r'}{r}.$$

3) $\beta = \beta_2$로 보아, $(D-\beta)v = 0$, $(D+\beta)u = v$를 풀면 $u(x)$의 일반해에 대해 다음과 같은 근사해를 얻을 수 있음을 보이시오.

$$u(x) \simeq \frac{1}{r^{1/4}}\left(Ae^{i\int \sqrt{r}\,dx} + Be^{-i\int \sqrt{r}\,dx}\right),$$

여기서 A, B는 상수이다.

위의 근사해는 WKB 공식(WKB formula)으로 알려져 있으며, WKB는 Wentzel, Kramers, Brillouin 등 이 공식을 제안한 학자들의 이름의 첫째 글자를 뜻한다.

4. 베셀 방정식에서 $\nu = \dfrac{3}{2}$인 경우, 다음과 같은 해를 얻음을 보이시오.

$$J_{3/2}(x) = \sqrt{\frac{2}{\pi x}}\left(\frac{\sin x}{x} - \cos x\right),$$

$$J_{-3/2}(x) = -\sqrt{\frac{2}{\pi x}}\left(\sin x + \frac{\cos x}{x}\right).$$

5. 제1종 베셀 함수가 다음 관계식을 만족함을 보이시오.

   1) $J_{-n}(x) = (-1)^n J_n(x)$, n은 정수,

   2) $xJ_\nu{}' = \nu J_\nu - xJ_{\nu+1}$,

   3) $xJ_\nu{}' = -\nu J_\nu + xJ_{\nu-1}$,

   4) $2\nu J_\nu{}' = xJ_{\nu-1} + xJ_{\nu+1}$,

   5) $2J_\nu{}' = J_{\nu-1} - J_{\nu+1}$,

   6) $\left(x^\nu J_\nu\right)' = x^\nu J_{\nu-1}$, 또한 $J_0{}' = J_1$.

6. 다음 미분 방정식의 일반해를 베셀 함수 또는 기본 함수(elementary functions)를 사용하여 구하시오.

   1) $xy'' + y' + kxy = 6x$,

   2) $xy'' + y' - kxy = f(x)$, {문제 13-8}의 결과를 이용하시오.

   3) $x^2y'' + xy' + \left(k^2x^2 - \dfrac{1}{9}\right)y = 0$,

   4) $y'' + x^4y = 0$.

7. 다음과 같은 초기치 문제에 대해 생각하자.

$$\ddot{x} + \omega^2 x = f(t),\ t \geq 0,\ x(0) = a,\ \dot{x}(0) = b.$$

그린 함수를 사용하여 해를 구하면 다음과 같음을 보이시오.

$$x(t) = \frac{b}{\omega}\sin\omega t + a\cos\omega t + \int_0^t G(\tau,t)f(\tau)\,d\tau,$$

여기서 $G(\tau,t) = \dfrac{\sin\omega(t-\tau)}{\omega}$이다.

8. 다음과 같은 계에 대해 그린 함수를 얻고 해를 구하시오.

$$y'''' = f(x),\ y(0) = y''(0) = 0,\ y'(0) = 2y'(1),\ y(1) = a.$$

9. 다음과 같은 경계치 문제에 대해 생각하자.

$$(xu')' + k^2 xu = f(x),\ t \geq 0,\ u(0) = a,\ u(b) = 0.$$

그린 함수를 사용하여 해를 구하면 다음과 같음을 보이시오.

$$u(x) = \int_0^b G(\xi,x) f(\xi)\, d\xi,$$

여기서 그린 함수는 다음과 같다.

$$G(\xi,x) = \begin{cases} \left[J_0(kb)\, Y_0(kx) - Y_0(kb) J_0(kx) \right] \dfrac{\pi J_0(k\xi)}{2J_0(kb)},\ \xi \in [0,x] \\ \left[J_0(kb)\, Y_0(k\xi) - Y_0(kb) J_0(k\xi) \right] \dfrac{\pi J_0(kx)}{2J_0(kb)},\ \xi \in [x,b] \end{cases}.$$

단 kb는 J_0의 영이 아니라고, 즉 $J_0(kb) \neq 0$임을 가정한다.

부 록

수학자 목차

- 가우스(Gauss; 1777-1855, Germany), 대수학의 기본 정리, 선형 방정식의 해법, 최소 자승법, 수치 계산, 곡면의 미분 기하, 적분 정리 등을 제시하였고, 수학 논문의 작성 틀 제시.
- 그린(Green, 1793-1841, UK), 적분 정리, 미분 방정식의 해법 등에 기여.
- 뉴턴(Newton; 1642-1727, UK), 미적분학의 공동 창시자.
- 라이프니쯔(Leibniz; 1646-1716, Germany), 미적분학의 공동 창시자.
- 라플라스(Laplace; 1749-1827, France), 라플라스 변환과 행렬값의 전개.
- 심프슨(Simpson; 1710-1761, UK), 일반적인 방정식의 근, 수치 적분 등에 기여.
- 오일러(Euler; 1707-1783, Switzerland), 미적분학의 응용 분야를 역학 전 분야로 넓힘.
- 유클리드(Euclid; BC325-270, Greece), Elements(기하원본)의 저자.
- 코쉬(Cauchy; 1789-1857, France), 엄밀한 의미의 해석학의 창시자.
- 테일러(Taylor; 1685-1731, UK), 유한 차분, 테일러 급수.
- 푸리에(Fourier; 1768-1830, France), 일반적인 적용 가능성이 있는 편미분 방정식의 해법.
- Airy(1801-1892, UK), 선형 수면파 이론과 Airy 방정식에 기여.
- Aitken(1895-1967, New Zealand, UK), 통계학, 수치 해석, 대수학 등의 분야에서 주요한 공헌.
- Banach(1892-1945, Poland), 현대적인 의미의 함수 해석학의 창시자이며, 위상 벡터 공간, 측도 이론(measure theory), 적분 및 직교 급수(orthogonal series)에 주요한 기여.
- Bessel(1784-1846, Germany), 3체 운동과 관련된 Kepler 문제로부터 베셀 함수를 얻음.
- Bolzano(1781-1848, Czech Republic), 수 체계와 관련된 집합론의 제안.
- Bromwich(1875-1929, UK), 연산 미적분학에 복소 적분을 이용하여 이론적 근거를 제공하고, 정의 10.3의 2차 방형(quadratic forms)에 대한 기여.
- 코쉬(Cauchy; 1789-1857, France), 엄밀한 의미의 해석학의 창시자.

- Cayley(1821-1895, UK), 행렬 대수, 비유클리드 기하학, n차원 기하학에 기여.
- Chebyshev(1821-1894, Russia), 수론, 함수 근사, 직교 다항식에 기여.
- Cramer(1704-1752, Switzerland), 선형 방정식의 해법에 기여.
- d'Alembert(1717-1783, France), 미분의 엄밀한 정의 및 편미분 방정식에 의한 파동 현상 연구.
- Dirac(1902-1984, UK), 양자 역학의 이론적 기반 제공.
- Dirichlet(1805-1859, Germany), 해석적 및 대수적 수론(number theory), 푸리에 급수에 대한 엄밀한 증명, 포텐셜 및 수동역학 문제의 엄밀한 해석.
- 유클리드(Euclid; BC325-270, Greece), Elements(기하원본)의 저자.
- 오일러(Euler; 1707-1783, Switzerland), 미적분학의 응용 분야를 역학 전 분야로 넓힘.
- 푸리에(Fourier; 1768-1830, France), 일반적인 적용 가능성이 있는 편미분 방정식의 해법.
- Frobenius(1849-1917, Germany), 선형 미분 방정식의 급수해, 타원 함수, 군 이론(group theory)에 기여.
- 가우스(Gauss; 1777-1855, Germany), 대수학의 기본 정리, 선형 방정식의 해법, 최소 자승법, 수치 계산, 곡면의 미분 기하, 적분 정리 등을 제시하였고, 수학 논문의 작성 틀 제시.
- Gram(1850-1916, Denmark), 적분 방정식, 확률론 및 수치 해석에 기여.
- 그린(Green, 1793-1841, UK), 적분 정리, 미분 방정식의 해법 등에 기여.
- Hankel(1839-1873, Germany), 함수론과 수학사에 기여.
- Heaviside(1850-1925, UK), 연산 미적분학(operational calculus)의 창안과, 벡터 표기법 및 전자기학에 기여.
- Hermite(1822-1901, France), 미분 방정식, 타원 함수, 2차 방형, 대수 등에 기여.
- Kronecker(1823-1891, Germany), 타원 함수와 대수적 수론에 기여.
- Lagrange(1736-1813, France), 해석 역학과 천체 역학의 정리, 변분법의 응용, 미분 방정식의 해법.
- Laguerre(1834-1886, France), 함수 근사와 미분 방정식에 기여.
- 라플라스(Laplace; 1749-1827, France), 라플라스 변환과 행렬값의 전개.
- 르베끄(Lebesgue, 1875-1941, France), 푸리에 해석 및 적분의 정의 확장,

해석학에 기여.

- Legendre(1752-1833, France), 타원 적분 및 르장드르 다항식에 기여.
- 라이프니쯔(Leibniz; 1646-1716, Germany), 미적분학의 공동 창시자.
- Liouville(1809-1882, France), 2계 미분 방정식의 고유값 문제 및 미분 기하학에 기여.
- Lipschitz(1832-1903, Germany), 1계 미분 방정식과 대수적 수론에 기여.
- Maxwell(1831-1879, UK), 전자기학의 창시자이며, 기체 분자 운동론에 기여.
- Neumann(1832-1925, Germany), 포텐셜 이론, 전자기학 등의 수리물리학에 기여.
- 뉴턴(Newton; 1642-1727, UK), 미적분학의 공동 창시자.
- Picard(1856-1941, France), 해석학, 함수론, 미분 방정식 및 대수 기하학에 기여.
- Rayleigh(1842-1919, UK), 불활성 기체 아르곤의 발견자이며, 음파 및 전자파를 아우르는 파동 이론에 기여.
- 리만(Riemann, 1826-1866, Germany), 비유클리드 기하학과 적분의 엄밀한 정의.
- Romberg(1909-2003, Norway), 수치 적분(1955)에 기여.
- Rudin(1921-2010, USA), 세 권의 해석학 교재로 유명.
- Schmidt(1876-1959, Germany), 함수 해석학(functional analysis) 및 적분 방정식에 기여.
- Schwarz(1843-1921, Germany), 변분법과 등각 사상에 기여.
- Shanks(1812-1882, UK), π, e, γ(=오일러 상수) 등 무리수의 정확한 계산.
- 심프슨(Simpson; 1710-1761, UK), 일반적인 방정식의 근, 수치 적분 등에 기여.
- Stirling(1692-1770, UK), 유한 차분, 급수의 수렴 가속, 점근 해석 등에 기여.
- Sturm(1803-1855, France), 2계 미분 방정식의 고유값 문제에 기여.
- Sylvester(1814-1897, UK), 행렬 이론에 기여.
- 테일러(Taylor; 1685-1731, UK), 유한 차분, 테일러 급수.
- Weierstrass(1815-1897, Germany), 근대적인 의미의 함수론의 창시자. 정칙 함수의 멱급수 표현 및 타원 함수의 성질.
- Wronski(1778-1853, Poland, France), 수학 철학에 기여.

참고문헌

1. 이승준, 역사로 배우는 공학수학, GS인터비전, 2010.
2. Abramowitz & Stegun, Tables and Mathematical formulas, Dover, 1970.
3. Rudin, W., Principles of mathematical analysis, 2nd Ed., McGraw-Hill, New York. 1964.
4. Dirac, P., Principles of quantum mechanics, Oxford, 1927.
5. Churchill, Fourier series and boundary value problems, McGraw-Hill, New York, 1956.
6. 이승준, 역사로 배우는 동역학, 개정판, GS인터비전, 2011.
7. Ince, Ordinary differential equations, Dover Publications, New York, 1956
8. Stoker, Nonlinear Vibrations, Interscience, New York, 1950.
9. Nayfeh, Perturbation methods, Wiley, New York, 1973.
10. Whittaker & Watson, A course of modern analysis, Macmillan, New York, 1947.
11. Greenberg, M., Foundations of applied mathematics, Prentice-Hall, New Jersey, 1978.

찾아보기

(C)

(D)

(E)

(F)

(G)

(H)

(I)

(K)

(L)

(M)

(N)

(O)

(P)

(Q)

(R)

(S)

(T)

(U)

(V)

(W)

(Z)

공학도를 위한 응용수학

2014년 9월 1일 초판 인쇄
2014년 9월 5일 인쇄 발행

저　　자 이승준
발 행 인 송기수
발 행 처 **도서출판 GS인터비전**
편 집 처 **도서출판 GS인터비전**
인　　쇄 **대일문예사**
등록번호 제 313-2011-120 호
I S B N 979-11-5576-039-0(93530)

주　　소 서울 마포구 토정로222 B동 207호
전　　화 02-976-7898
팩　　스 02-6468-7898
홈페이지 gsintervision.co.kr
E-Mail gsinter7@gmail.com

정가 24,000원